普通高等教育"十二五"规划教材
21世纪高等学校计算机系列实用规划教材

数据结构理论与实践

奚小玲　敖广武　主编

东北大学出版社
· 沈阳 ·

图书在版编目（CIP）数据

数据结构理论与实践 / 奚小玲，敖广武主编. —沈阳：东北大学出版社，2014.7
（2025.4重印）
ISBN 978-7-5517-0736-7

Ⅰ. ①数…　Ⅱ. ①奚…　②敖…　Ⅲ. ①数据结构　Ⅳ. ①TP311.12

中国版本图书馆 CIP 数据核字（2014）第 175729 号

内容简介

《数据结构理论与实践》是高职高专课程规划教材，可供计算机专业及计算机相关专业的教学使用。本书共分 8 章。第 1 章绪论，主要介绍数据、数据结构和算法等基本概念。第 2 章至第 6 章分别讨论线性表、栈、队列、串、数组、广义表、树及图等基本类型的数据结构，内容包括它们的逻辑结构、存储结构和在各种存储结构下相应运算的算法，并在讨论基本运算的基础上，给出一些应用例子。第 7 章和第 8 章讨论查找和排序，并介绍几种常用的查找和排序方法。该书各章后都有实训及习题，便于学生理解和在上机时参考使用。

出 版 者：东北大学出版社
地址：沈阳市和平区文化路 3 号巷 11 号
邮编：110004
电话：024—83687331（市场部）　83680267（社务室）
传真：024—83680180（市场部）　83680265（社务室）
E-mail：neuph @ neupress.com
http：//www.neupress.com
印 刷 者：廊坊市新阳印务有限公司
发 行 者：东北大学出版社
幅面尺寸：185mm×260mm
印　　张：21
字　　数：544 千字
出版时间：2014 年 9 月第 1 版
印刷时间：2025 年 4 月第 3 次印刷
责任编辑：郭爱民　刘　莹
封面设计：唯　美
责任校对：朗　坤
责任出版：唐敏志

ISBN 978-7-5517-0736-7　　定　价：65.00 元

前　言

数据结构课程是计算机科学与技术相关专业的专业基础课，以培养生产、建设、管理和服务等一线所需的技术应用型人才为目标，突出理论知识和应用能力的培养。通过这门课程的学习，使学生能够掌握执行速度快、占用空间少、可靠性高、可读性好的程序的编写方法与技巧，最终达到面对一个具体应用问题时，能选择最佳的逻辑结构、存储结构及实现算法，并能初步使用时间复杂度和空间复杂度来正确地评价算法的水平。

当使用计算机解决实际问题时，涉及数据的表示及数据的处理，而数据的表示及数据的处理正是数据结构课程的主要研究对象，通过这两方面内容的学习，为后续课程，特别是软件方面的课程打下坚实的基础，同时也提供必要的技能训练。因此，数据结构课程在计算机及其相关专业中处于举足轻重的地位。

本书内容安排合理，详略得当；讲解时始终贯彻由浅入深、易于理解的宗旨，对于重要和复杂的概念，讲述时配有例题进行示范；在文字表达上，力求简练清楚、概念清晰、通俗易懂；实现的算法具体，易于调试；描述的数据结构和算法结构清晰、可读性高、符合软件工程的规范，学生的学习过程也就是复杂程序的设计过程。授课教师可以根据本校学生的情况酌情删去书中的某些内容。目录中给出了参考性意见，建议可以删去带＊　＊的章节。本书的算法使用类C语言进行描述，配有相关的解释，以帮助读者理解。

本书由奚小玲和敖广武组织编写、统稿并任主编，张学东教授主审。书中章节主要由张学林、刘鹤、杨友斌、史永、齐大彬、吕明月、罗彩君、洛小红、焦峰亮、葛颖增、魏会生等编写。

本书为高职高专计算机专业教材，也适合作为应用型本科计算机专业的教材，还可以供一切从事计算机软件开发人员自学参考。

鉴于时间仓促和水平有限，书中错误及不足在所难免，敬请专家和读者批评指正。

编　者

2014年5月

目　录

第 1 章 绪 论

【学习目标】

本章作为全书的导引，介绍了组织数据和设计算法的相关知识，引入了数据、数据元素、数据结构、逻辑结构、存储结构、数据运算、算法描述和算法评价等基本概念。

【基本要求】

通过学习本章，掌握以下内容：

① 理解和熟悉数据结构的定义及其实现方法；

② 掌握算法的评价规则；

③ 算法时间复杂度、空间复杂度的概念和评价的表示方法。

1.1 数据结构的重要性

电子计算机是 20 世纪科学技术最卓越的成就之一。自 1946 年世界上第一台电子计算机问世以来，计算机产业和应用的发展远远超出了人们对它的预料。在计算机发展的初期，人们使用计算机主要是处理数值的计算问题，程序设计人员也把主要精力集中在程序设计的技巧上。随着计算机技术的飞速发展，计算机的应用范围不断扩大，已经不再局限于单纯的数值计算，更多地被应用于控制、管理及数据处理等非数值计算的处理工作。加工处理的信息也由简单的数值发展到字符、图像、声音等具有复杂结构的数据。

非数值型问题在人们的日常生活中是非常多的，也需要我们使用计算机来处理这些非数值问题。例如：在城市交通运输中，从 A 点到 B 点有很多条道路，每条道路的长度不同、拥挤程度不同，我们要选择一条最快的线路到达目的地，该如何选择？再比如，图书馆有成千上万条图书资料，我们该如何进行管理，才能快速查找到需要的资料？北京市有上千万的人口，我们应该怎样保存这些人口的资料信息，才能快速查找到需要查找的人？像这样的问题都是典型的非数值问题。

要用计算机处理这些非数值问题，就为我们提出了一个课题：如何在计算机内部描述这些非数值问题，采用什么样的算法可以快速、有效地完成问题的求解。用计算机解决任何问题都离不开程序设计。为了编制好的程序，必须分析程序处理的数据特性及数据之间的关系，这就是数据结构这门学科形成和发展的背景。

进一步地，对于不同的处理对象，要想设计出高质量的程序，就必须研究如何组织数据和处理数据，根据问题的要求及数据元素之间的特性，确定相应的存储结构和算法，这些都是数据结构研究的内容。

用计算机解决一个具体问题时，大致需要经过下列 3 个步骤：

① 从具体问题抽象出一个适当的数学模型；

② 设计一种解此数学模型的算法；

③ 编制程序，进行测试、调整，直至得到最终解答。

程序设计语言研究的范畴在第③步，而数据结构重点研究的属于数据模型如何形成算法的范畴。可以通过下面的例子来认识数据结构。

电话是联络通讯必不可少的工具。如何用计算机来实现自动查询电话号码呢？要求对于给定的任意姓名，若该人有电话号码，则迅速给出电话号码；否则，给出查找不到该人电话号码的信息。

对于这样的问题，可以按照客户向电信局申请电话号码的先后次序建立电话号码表，存储到计算机中。在这种情况下，由于电话号码表是没有任何规律的，查找时，只能从第一个号码开始，逐一进行，这样逐一按照顺序进行查找的效率是非常低的。为了提高查询的效率，可以根据每个用户姓名的第一个拼音字母，按照 26 个英文字母的顺序进行排列，这样，根据姓名的第一个字母，就可以迅速地进行查找，从而极大地减少了查找所需要的时间。进一步地，我们可以按照用户的中文姓名的汉语拼音顺序进行排序，这样就可以进一步提高查询效率。

在上述例子中，人们感兴趣的是如何提高查找效率。为了解决这个问题，就必须了解待处理对象之间的关系，以及如何存储和表示这些数据。在电话号码查询的例子中，每一个电话号码就是一个要处理的数据对象，也称为数据元素，在数据结构中，为了抽象地表示不同的数据元素，为了研究具有相同性质的数据元素的共同特点和操作，又将数据元素称为数据结点，简称为结点。电话号码经过处理，按照拼音排好了顺序，每个电话号码之间的先后次序就是数据元素之间的关系。数据结构就是研究这类非数值处理的程序设计问题的。

据统计，当今处理非数值计算性问题占用了 85% 以上的机器时间。这类问题涉及的数据结构更为复杂，数据元素之间的相互关系一般无法用数学方程式加以描述。因此，解决这类问题的关键不再是数学分析和计算方法，而是要设计出合适的数据结构，才能有效地解决问题。下面例子就是属于这一类的具体问题。

在图书馆信息检索系统中，当根据书名查找某本书的有关情况的时候，或者根据作者或某家出版社查找有关书籍的时候，或根据书刊号查找作者和出版社等有关情况的时候，只要建立了相关的数据结构，按照某种算法编写了相关程序，就可以实现计算机自动检索。由此，可以在图书馆信息检索系统中建立一张按照书刊号顺序排列的图书信息表和分别按照作者、书名、出版社顺序排列的索引表，如图 1.1 所示。由这四张表构成的文件便是图书信息检索的数学模型，计算机的主要操作便是按照某个特定要求（如给定书名），对图书馆藏书信息文件进行查询。

诸如此类的还有学生信息查询系统、商场商品管理系统、仓库物资管理系统等。在这类文档管理的数学模型中，计算机处理的对象之间通常存在一种简单的线性关系，这类数学模型可称为线性的数据结构。

书刊号	书名	作者	出版社	书架编号
7-302-02368-3	数据结构	严蔚敏	清华大学出版社	p302-419-2
5-301-00128-1	线性代数	李志中	复旦大学出版社	k203-048-1
7-81102-351-0	数据结构	杨勇虎	东北大学出版社	p302-428-5
5-303-01654-3	线性代数	赵 坚	清华大学出版社	k205-046-2
6-506-04314-2	离散数学	左孝凌	复旦大学出版社	t-304-056-2
7-406-03416-1	数据结构	李有亮	上海教育出版社	p302-433-4
7-406-01256-2	计算机组成	顾 浩	清华大学出版社	w306-224-2
7-81102-656-6	离散数学	孙 晶	东北大学出版社	t-306-433-5
7-408-056118-2	计算机组成	顾 浩	上海教育出版社	w-305-036-6

图书信息表（a）

数据结构	1，3，6
线性代数	2，4
离散数学	5，8
计算机组成	7，9

书名索引表（b）

杨勇虎	3
顾 浩	7，9
李志中	2
李有亮	6
严蔚敏	1
孙 晶	8
左孝凌	5
赵 坚	4

作者索引表（c）

清华大学出版社	1，4，7
复旦大学出版社	2，5
东北大学出版社	3，8
上海教育出版社	6，9

出版社索引表（d）

图 1.1 图书馆信息检索

在八皇后问题中，处理过程不是根据某种确定的计算法则，而是利用试探和回溯的探索技术求解。为了求得合理布局，在计算机中要存储布局的当前状态。从最初的布局状态开始，一步一步地进行试探，每试探一步，形成一种新的状态，整个试探过程形成了一棵隐含的状态树。如图 1.2 所示（为了描述方便，将八皇后问题简化为四皇后问题）。回溯法求解过程实质上就是一个遍历状态树的过程。在这个问题中所出现的树也是一种数据结构，它可以应用在许多非数值计算的问题中。

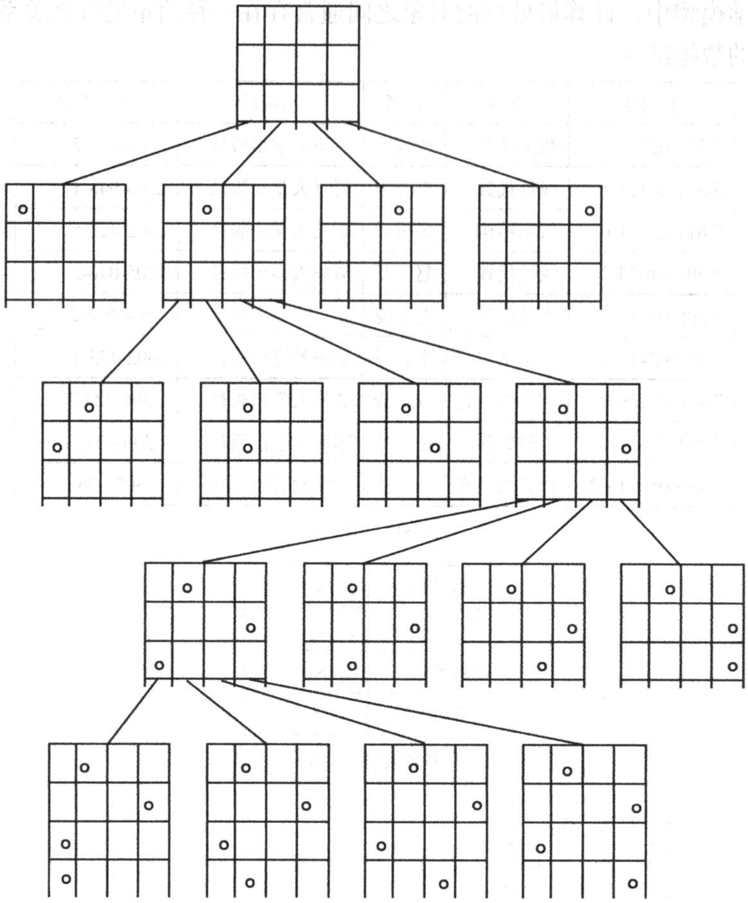

图 1.2　四皇后问题中隐含的状态树

在教学计划编排问题中，一个教学计划包含许多课程，在教学计划包含的许多课程之间，有些必须按照规定的先后次序进行，有些则没有次序要求。即有些课程之间有先修和后续的关系，有些课程可以任意安排次序。这种各门课程之间的次序关系可用一个被称做图的数据结构来表示，如图 1.3 所示。有向图中的每个顶点表示一门课程，若从顶点 v_i 到 v_j 之间存在有向边＜v_i，v_j＞，则表示课程 i 必须先于课程 j 进行。

由以上三个例子可见，描述这类非数值计算问题的数学模型不再是数学方程，而是诸如线性表、树、图之类的数据结构。因此可以说，数据结构课程主要是研究非数值计算的程序设计问题中出现的计算机操作对象以及它们之间的关系和操作的学科。

学习数据结构课程的目的是为了了解计算机处理对象的特性，将实际问题中涉及的处理对象在计算机中表示出来并对它们进行处理。与此同时，通过算法训练来提高学生的思维能力，通过程序设计的技能训练来促进学生的综合应用能力和专业素质的提高。

数据结构课程是计算机科学与技术专业的专业基础课，是十分重要的核心课程。所有的计算机系统软件和应用软件都要用到各种类型的数据结构。因此，要想更好地运用计算机来解决实际问题，要想有效地使用计算机、充分发挥计算机的性能，需要学习和掌握好数据结构的有关知识。学好数据结构这门课程，对于学习计算机专业的其他课程，如操作系统、数据库应用技术、软件工程等课程都是十分有益的。

课程编号	课程名称	先修课程
C_1	程序设计基础	无
C_2	离散数学	C_1
C_3	数据结构	C_1，C_2，C_5
C_4	汇编语言	C_1
C_5	C 程序设计语言	C_1
C_6	计算机图形学	C_3，C_4，C_5
C_7	接口技术	C_4
C_8	数据库原理	C_3，C_{10}
C_9	编译原理	C_4，C_5
C_{10}	操作系统	C_3

(a) 计算机专业的课程设置

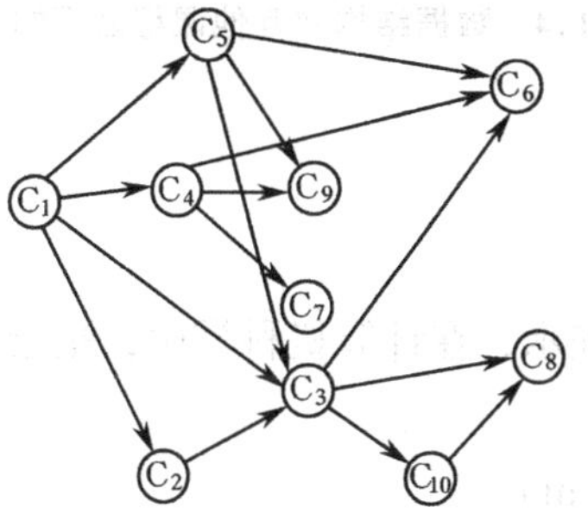

(b) 表示课程之间优先关系的有向图

图 1.3　教学计划编排问题的数据结构

1.2　基本概念和术语

数据结构在计算机科学中是一门综合性的专业基础课。数据结构的研究不仅涉及计算机的硬件（特别是编码理论、存储装置和存取方法等）的研究范围，而且和计算机软件的研究有着更密切的关系，无论是编译程序，还是操作系统，都涉及数据元素在存储器中的分配问题。在研究信息检索时，也必须考虑如何组织数据，以使查找和存取数据元素更为方面。因此可以认为，数据结构是介于数学、计算机硬件和计算机软件三者之间的一门计算机专业核心课程，其关系如图 1.4 所示。在计算机科学中，数据结构不仅是一般程序设计（特别是非数值计算的程序设计）的基础，而且是设计和实现编译程序、操作系统、数据库系统及其他系统程序和大型应用程序的重要基础，被广泛地应用于信息学、系统工程等各种领域。Pascal 创始人 Niklaus Wirth 提出：

Algorithm + Data Structures = Programs

{算法 + 数据结构 = 程序设计}

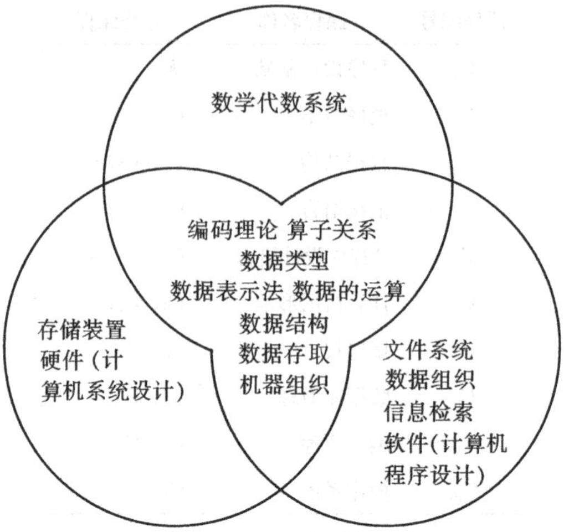

图 1.4　数据结构和其他课程之间的关系

1.2.1　基本概念

(1) 数据（Data）

数据是对客观事物的符号表示，在计算机科学中，是指所有能输入到计算机中并被计算机程序处理的符号的总称。

(2) 数据元素（Data Element）

数据元素是数据的基本单位，在计算机程序中，通常作为一个整体进行考虑和处理。有时，一个数据元素可由若干个数据项（Data Item）组成，数据项是数据的不可分割的最小单位。

(3) 数据对象（Data Object）

数据对象是性质相同的数据元素的集合，是数据的一个子集。例如，整数数据对象是集合 **N**={0，±1，±2，…}，字母字符数据对象是集合 C={‘A’，‘B’，…，‘Z’}。

(4) 数据结构（Data Structure）

数据结构是相互之间存在一种或多种特定关系的数据元素的集合。数据结构的形式定义为：数据结构是一个二元组，Data_Structure=(D, S)，其中：D是数据元素的有限集，S是D上关系的有限集。

在计算机科学中，复数可取如下定义：复数是一种数据结构，Complex=(C, R)，其中：C是含两个实数的集合 $\{c_1, c_2\}$；R={P}，而P是定义在集合C上的一种关系 $\{<c_1, c_2>\}$，其中有序偶 $<c_1, c_2>$ 表示 c_1 是复数的实部，c_2 是复数的虚部。

假设需要编制一个学校科学研究的事务管理的程序，管理学校科学研究课题小组的各项事务，则首先要为程序的操作对象—— 课题小组——设计一个数据结构。假设每个小组由一位教师、一至三名研究生及一至六名本科生组成，小组成员之间的关系是：教师指导研究生，而由每位研究生指导一至两名本科生。则可以如下定义数据结构：

$$Group=(P, R)$$

其中，$P=\{T, G_1, \cdots, G_n, S_{11}, \cdots, S_{nm}\}$，$1<=n<=3$，$1<=m<=2$，$R=\{R_1, R_2\}$

$R_1=\{<T, G_i> \mid 1<=i<=n, 1<=n<=3\}$

$R_2=\{<G_i, S_{ij}> \mid 1<=i<=n, 1<=j<=m, 1<=n<=3, 1<=m<=2\}$

数据结构一般包含数据的逻辑结构、数据的存储结构和数据的运算三方面内容。数据的逻辑结构是指数据元素之间的逻辑关系，与数据在计算机内部如何存储无关，数据的逻辑结构独立于计算机。例如，在城市交通中，两个地点之间就存在一种逻辑关系，两个地点之间的逻辑关系分为三种。第一种，两个地点之间有公共汽车可以直达；第二种，两个地点之间没有公共汽车可以直达，但可以通过中途换乘其他公共汽车而到达；第三种逻辑关系是两个地点之间没有公共汽车可以达到。又如在电话号码本中，电话号码如何进行分类，按照什么顺序进行排列等，都是数据之间的逻辑关系。

为了进一步研究数据的逻辑结构，可以将数据的逻辑结构分为线性结构和非线性结构两大类。根据数据元素之间关系的不同特性通常有如图 1.5 所示四类基本结构。

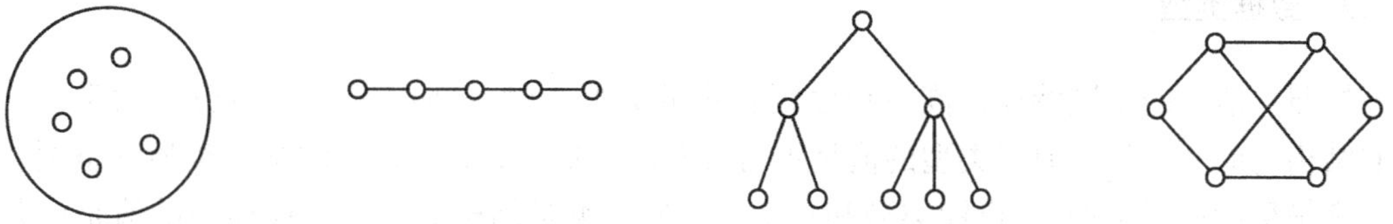

(a) 集合结构　(b) 线性结构　(c) 树型结构　(d) 图型结构

图 1.5　四类基本结构的示意图

线性结构包括线性表、栈和队列等。其主要特征为各个数据之间有明确的、唯一的“先后”顺序。在现实生活中，具有线性结构的实例非常多，例如我们在日常生活中的排队购物，队列中的每个人都有一个明确的先后次序关系。

非线性结构包括树、图和集合型结构。

树型结构的主要特征是结点之间存在一种层次关系，每一个结点对应下一层的多个结点，也就是说，数据元素之间的关系是“一对多”的关系。例如一所大学下面有几个系，每个系下面有许多班，每个班下面有许多学生，即大学—系—班—学生，每一层之间都是一种一对多的关系，这就是一个典型的树型结构。

而在图型结构中，任何两个结点之间都可能存在联系，数据元素之间存在多对多的关系。典型的图型结构就是城市交通。若城市中有单行线路，则从城市中的一个地点 A 出发，可以到达 N 个不同的地方，从城市的 M 个不同的地方出发又可以到达地点 A。城市交通就是一个典型的“多对多”的图型结构。

集合型数据结构中的数据元素之间除了“同属于一个集合”的关系外，别无其他关系。

数据的存储结构是指数据元素在计算机存储设备中的存储方式，既可以用顺序存储方式，也可以用链式存储方式。顺序存储方式的特点是借助元素在存储器中的相邻位置来表示数据元素之间的逻辑关系。非顺序存储方式的特点是借助指示元素存储地址的指针(Pointer) 表示数据元素之间的逻辑关系。

在城市交通的例子中，要研究如何在计算机中表示一个地点，如何在计算机中表示两个地点之间存在一条公共汽车线路，该线路有多长等。又如对于电话号码资料信息在计算机中如何保存，如何表示资料的分类，如何表示排好顺序的电话号码之间的先后次序关系。

数据的运算主要包括插入、删除、检索和排序等与问题相关的处理。数据结构通常具有下列一些基本操作。

① 插入。在数据结构的指定位置上添加一个新结点。

② 删除。删去数据结构中指定位置的结点。

③ 更新。修改数据结构中某个结点的值。

④ 查找。在数据结构中寻找满足指定条件的结点及其位置。

⑤ 排序。按照指定的顺序，使结点重新排列。

例如，在城市交通问题中，要设计求两点之间最短路线的算法，要能够判断从城市的任一点出发乘坐公共汽车是否可以达到城市的任何地方。在电话号码问题中，要设计如何插入一个新的电话号码信息，如何删除一个作废的电话号码信息，如何对电话号码进行快速整理排序，如何高效快速查找资料等算法。

1.2.2 数据类型

按照“值”的不同特性，高级程序语言中的数据类型（Data Type）可分为两类：一类是非结构的原子类型。原子类型的值是不可分解的。例如，C 语言中的基本类型（整型、实型、字符型和枚举类型）、指针类型和空类型。另一类是结构类型。结构类型的值是由若干成分按照某种结构组成的，因此是可以分解的，并且它的成分既可以是非结构的，也可以是结构的。

抽象数据类型（Abstract Data Type，简称 ADT）是指一个数学模型和定义在该模型上的一组操作，面向逻辑层次。抽象数据类型的定义仅仅取决于它的一组逻辑特性，而与其在计算机内部如何表示和实现无关，即不论其内部结构如何变化，只要它的数学特性不变，都不影响其外部的使用。

采用介于伪码和 C 语言之间的类 C 语言作为描述工具，简要说明如下。

① 预定义常量和类型格式如表 1.1 所示。

表 1.1　　预定义常量和类型

函数结果	状态代码
#define TRUE	1
#define FALSE	0
#define OK	1
#define ERROR	0
#define INFEASIBLE	-1
#define OVERFLOW	-2

② 数据结构的表示（存储结构）用类型定义（Typedef）描述。数据元素类型约定为 Elem Type，由用户在使用该数据类型时自行定义。

③ 基本操作的算法都用以下形式的函数描述：

```
函数类型函数名（函数参数表）{//算法说明
            语句序列
                        } // 函数名
```

除了函数的参数需要说明类型外，算法中使用的辅助变量可以不作变量说明，必要时，对其作用给予注释。一般而言，a，b，c，d，e 等用做数据元素名，i，k，l，m，n 等用做整型变量名，p，q 等用做指针变量名。当函数返回值为函数结果状态代码时，函数定义为 Status 类型。为了便于算法描述，除了值调用方式外，增添了 C 语言的引用调用的参数传递方式。在形参表中，以 & 打头的参数即为引用参数。

④ 赋值语句格式如表 1.2 所示。

表 1.2　　赋值语句格式表

语　句	格　式
简单赋值	变量名 = 表达式;
串联赋值	变量名 1 = 变量名 2 = …= 变量名 k = 表达式;
成组赋值	(变量名 1,…, 变量名 k) = (表达式 1,…, 表达式 k) ; 结构名 = 结构名; 结构名 = (值 1, …, 值 k); 变量名 [ ] = 表达式; 变量名 [起始下标 .. 终止下标] = 变量名 [起始下标 .. 终止下标]
交换赋值	变量名 <－－> 变量名;
条件赋值	变量名 = 条件表达式? 表达式 T : 表达式 F

⑤ 选择语句格式如表 1.3 所示。

表 1.3　　选择语句格式表

语　句	格　式
条件语句 1	if (表达式) 语句;
条件语句 2	if (表达式) 语句; else 语句;
开关语句 1	switch (表达式) { case 值 1 : 语句序列 1 ; break; … case 值 n : 语句序列 n ; break : default : 语句序列 n+1 ; }
开关语句 2	switch (表达式) { case 值 1 : 语句序列 1 ; break; … case 值 n : 语句序列 n ; break : default : 语句序列 n+1 ; }

⑥ 循环语句格式如表 1.4 所示。

表 1.4　　循环语句格式表

语　句	格　式
for	for (赋初值表达式序列 ; 条件; 修改表达式序列) 语句;
while	while (条件) 语句;
do-while	do { 语句序列; } while (条件) ;

⑦ 结束语句格式如表 1.5 所示。

表 1.5　　结束语句格式表

语　句	格　式
函数结束语句	return 表达式 return ;
case 结束语句	break ;
异常结束语句	exit（异常代码）;

⑧ 输入和输出语句格式如表 1.6 所示。

表 1.6　　输入和输出语句格式表

语　句	格　式
输入语句	scanf（［格式串］，变量 1，…，变量 n）; 或 cin>> 变量 1>>…>> 变量 n;
输出语句	printf（［格式串］，表达式 1，…，表达式 n); 或 cout<< 表达式 1<<…<< 表达式 n;

通常省略格式串。

⑨ 注释。

单行注释：// 文字序列。

⑩ 基本函数格式如表 1.7 所示。

表 1.7　　基本函数格式表

语　句	格　式
求最大值	max（表达式 1，…，表达式 n）
求最小值	min（表达式 1，…，表达式 n）
求绝对值	abs（表达式）
求不足整数值	floor（表达式）
求进位整数值	ceil（表达式）
判定文结束	eof（文件变量）或 eof
判定行结束	eoln（文件变量）或 eoln

⑪ 逻辑运算约定格式如表 1.8 所示。

表 1.8　　逻辑运算约定格式表

<table>
<tr><th>语　句</th><th>格　式</th></tr>
<tr><td>与运算 &&</td><td>对于 A&&B，当 A 的值为 0 时，不再对 B 求值。</td></tr>
<tr><td>或运算 ||</td><td>对于 A||B，当 A 的值为非 0 时，不再对 B 求值。</td></tr>
</table>

1.3 算　法

算法与数据结构的关系紧密，在算法设计时，先要确定相应的数据结构，而在讨论某一种数据结构时，也必然会涉及相应的算法。下面从算法特性、算法描述、算法性能分析与度量等三个方面对算法进行介绍。

1.3.1 算法特性

算法（Algorithm）是对特定问题求解步骤的一种描述，是指令的有限序列。其中每一条指令表示一个或多个操作。一个算法应该具有下列特性。

① 有穷性。一个算法必须在有穷步骤执行之后再结束，即必须在有限时间内完成。

② 确定性。算法的每一步必须有确切的定义，无二义性。算法的执行对应着的相同的输入仅有唯一的一条路径。

③ 可行性。算法中的每一步均可通过已实现的基本运算的有限次数执行得以实现。

④ 输入。一个算法具有零个或多个输入，这些输入取自特定的数据对象集合。

⑤ 输出。一个算法具有一个或多个输出，这些输出同输入之间存在某种特定的关系。

算法的含义与程序十分相似，但又有区别。一个程序不一定满足有穷性。例如，只要操作系统的整个系统不遭受破坏，它将永远不会停止，即使没有作业需要处理，它仍然处于动态等待中。因此，操作系统不是一个算法。另一方面，程序中的指令必须是机器可执行的，而算法中的指令则无此限制。算法代表了对问题的解，而程序则是算法在计算机上的特定的实现。一个算法若用程序设计语言来描述，则它就是一个程序。

算法与数据结构是相辅相成的。解决某一特定类型问题的算法可以选定不同的数据结构，而且选择恰当与否直接影响算法的效率；反之，一种数据结构的优劣由各种算法的执行来体现。

通常，设计一个“好”的算法应考虑达到以下目标。

(1) 正确性（Correctness）

算法应当满足具体问题的需求。“正确”一词的含义在通常的用法中有很大差别，大体可分为以下四个层次：

① 程序不含语法错误；

② 程序对于几组输入数据能够得出满足规格说明要求的结果；

③ 程序对于精心选择的典型、苛刻而带有刁难性的几组输入数据，能得出满足规格说明要求的结果；

④ 程序对于一切合法的输入数据都能产生满足规格说明要求的结果。

(2) 可读性（Readability）

算法首先是为了人的阅读与交流，其次才是机器执行。可读性好有助于人对算法的理解；晦涩难懂的程序易于隐藏较多错误，难以调试和修改。

(3) 健壮性（Robustness）

当输入数据非法时，算法也能适当地做出反应或进行处理，而不会产生莫名其妙的输出结果。

(4) 效率与低存储量需求

通俗地说，效率指的是算法执行时间。对于同一个问题，如果有多个算法可以解决，执行时间短的算法效率高。存储量的需求是指算法执行过程中所需要的最大存储空间。效率与低存储量的需求这两者都与问题的规模有关。

1.3.2 算法描述

算法可以使用各种不同的方法来描述。最简单的方法是使用自然语言。用自然语言来描述算法的优点是简单且便于人们对算法的阅读，缺点是不够严谨。通常，可以采用下列四种方法描述一个算法。

① 流程图算法描述。这种描述方法直观、易懂，但用来描述比较复杂的算法，就显得不够方便，也不够清晰简洁。

② 非形式算法描述。用中文语言，同时还使用一些程序设计语言中的语句来描述算法，这称为非形式算法描述。这种方法比较自然、方便表达，但经常会不够准确，容易产生二义性。

③ 类语言算法描述。类语言算法称为伪语言算法。这种算法不能直接在计算机上运行，但专业设计人员经常使用类 C 语言、类 Java 语言等来描述算法，它容易编写、阅读和统一格式，也比较容易转换为高级语言程序，便于算法实现。

④ 高级语言编写的程序或函数。这是可以在计算机上运行并获得结果的算法，使给定问题能在有限时间内被求解，但要求符合高级语言的规则，实际上就是程序。

使用程序流程图和非形式算法描述的特点是描述过程简洁、明了。用以上两种方法描述的算法不能够直接在计算机上执行，若要将它转换成可执行的程序，还存在一个编程的问题。可以直接使用某种程序设计语言来描述算法，但直接使用程序设计语言并不容易，而且不太直观，常常需要借助注释才能使人看明白。

为了解决理解与执行这两者之间的矛盾，人们常常使用一种称为伪码语言的描述方法来进行算法描述。伪码语言介于高级程序设计语言和自然语言之间，它忽略高级程序设计语言中一些严格的语法规则与描述细节，因此，它比程序设计语言更容易描述和被人理解，而比自然语言更接近程序设计语言。它虽然不能直接执行，但很容易被转换成高级语言。

高级语言最大的特点是能直接在计算机上运行，让人们可以直观地看到算法运行的结果。下面通过实际示例来看一下不同的算法描述的方法。在求两个整数 m，n（m≥n）的最大公因子中，可以用如图 1.6 所示流程图和语言来描述。

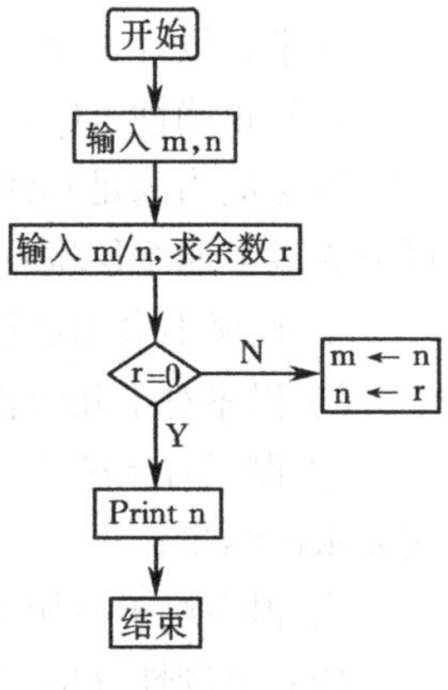

图 1.6 流程图描述法

(1) 流程图描述

在学习程序设计语言的时候，曾学习过流程图的设计方法，针对此问题，可以根据题意，给出如图 1.6 所示的流程图。它通过比较直观的方法给出了解决问题的流程。

(2) 非形式语言描述

① 求余数。以 n 除 m，并令 r 为余数（0≤r<n）。

② 判断余数是否为零。若 r=0，则结束算法，n 就是最大公因子。

③ 替换并返回①。若 r≠0，则 m←n，n←r 返回 a。

(3) 类语言描述

```
Int max_common_factor (int m, int n)
{ int r ;
r = m % n;
while (r ! = 0)
{m = n ; n = r ; r = m % n;}
return n ;
}
```

(4) 程序描述

```
void main( )
{ int m, n, r;
scanf("please input m, n: \ n", &m, &n) ;
r = m % n;
while (r ! = 0)
{m = n ; n = r ; r = m % n;}
printf("max-common-factor is:", r) ;
}
```

本教材采用类C语言来描述算法，主要目的是介绍算法的思路和实现过程，但也尽可能地将算法对应的C语言函数或程序提供给大家，以便更好地理解算法和实现算法。

采用C语言描述算法的原因在于C语言的数据类型丰富，语句精炼、灵活且执行效率较高，表达能力强，可移植性好，而且C语言的使用范围广，读者通过阅读算法的描述，不仅可以掌握数据结构的知识，也可以提高程序设计的能力，为从事C语言应用软件的开发作好准备。

为了便于算法的描述，在函数参数表中，除了值调用方式外，增添了C+ +语言的引用调用的参数传递方式。在形参表中，以 & 打头的参数即为引用参数。引用参数能被函数本身更新参数值，可以此作为输出数据的管道。

下面对C语言常用的数据类型和内存动态分配函数作一个简要概述。

(1) 基本数据类型

C语言有5种由计算机系统直接支持实现的基本数据类型：整型 int、浮点型 float、双精度型 double、字符型 char 和无值型 void。

① char 型存储空间为一个字节 8 位。

② float，double，long double 三种形式的存储空间分别为 4 字节、8 字节、16 字节，对应约 6 位、12 位、24 位有效数字。

③ int 型的存储空间为 2 字节 (16 位)，数值范围在 - 32768～32767。可以在 int 前加 short，long 和 unsigned 三种限定词，以缩小或扩大 int 型整数的存储空间和数值表示范围，unsigned int 表示其变量只能取正整数。

④ void 型用于确定函数无值返回。

(2) 指针类型

指针是C语言最显著的特征，允许直接对存储变量的地址进行操作，指针即地址。存放地址的变量称为指针变量。例如，int *p 定义了指针变量 p，指示一个整数型的存储单元。指针类型有两个特殊的指针运算符：& 和 *，&p 表示指针变量 p 所代表的内存地址，简称取地址，*p 表示指针变量 p 所指内存单元的值，简称取内容。

指针变量为动态变量，在程序中需要此变量时，为此变量申请内存空间；在不需要时，将其释放，以便合理地安排内存空间。这两种功能分别由标准函数 malloc() 和 free() 来实现。例如，一个指针在定义之后和赋值之前，其值是未知的。如果在对其赋值之前就引用，这不仅可能破坏程序，甚至可能破坏计算机的操作系统，这是非常严重的错误！按照惯例，未用指针应当赋以值 NULL，如 p=null。

若函数采用指针作为形参，则参数传递采用地址传递的形式，即把实参的地址传给形参，这时若函数类形参的值改变，则实参中的值跟着变化。

(3) 数组类型

数组是一个由若干同类型变量组成的集合，数组名标识了这一组数，数组元素的下标指示了数组元素在该数组中的顺序位置。在 C 语言中，数组下标的最小值即下界总是 0。数组下标的最大值称为上界，为数组定义值减去 1。如定义 int a[100]，则下界为 0，上界为 99。指针和数组是紧密相连的。一个数组名可以看成这组数的起始地址，也就是说，一个数组名就是一个指针变量，换句话说，一个数组也可以用指针变量来表示，如：

```
int a[100], *p;
p=a;
```

这里，p 被置成数组 a 的第 1 个元素的地址，要访问 a 的第 5 个元素，既可以表示为 a[4]，也可以表示为 *(p+4)。C 语言提供了两种存取数组元素的方法：数组下标检索和指针运算。用指针表示数组也是很普遍的。

(4) 字符串

C 语言中没有单独的字符串类型，而是把字符串定义成字符数组。每个字符串由“\0”表示其结束。一个字符串常量由一对双引号表示。当一个字符串常量被存入内存时，系统自动在其末尾添加“\0”。

(5) 结构体类型

结构体由一组称为结构体成员的数据项组成，每个结构体成员都有它们的标识符。定义一个结构体类型变量分为两步：定义结构体类型和定义结构体变量。例如：

```
struct student /* 定义结构体类型 */
{
long no;
char name[40];
char sex[2];
int age;
float score;
};
struct student s1, s[20], *sp; /* 定义结构体类型变量 */
```

或者在结构体类型定义后直接定义结构体变量，例如：

```
struct student /* 定义结构体类型及变量 */
{
long no;
char name[40];
char sex[2];
int age;
float score;
} s1,s[20], *sp;
```

具有同样类型的结构变量可以互相赋值，如 s1=s[1]。对结构成员的访问可以使用圆点运算符（.）描述，如 s1.name，s1.score 等。

（6）共用体类型

共同体是把不同类型的各个成员项作为一个整体，它们在内存中共用一段存储区，但不同的成员项以不同的方式被解释。共同体类型的定义和操作方法与结构体类型变量相同。例如：

```
union student /* 定义共同体类型 */
{
long stu_no;
char stu_name[20];
};
union student stu; /* 定义共同体类型变量 */
```

或者：

```
union student /* 定义共同体类型及变量 */
{
long stu_no;
char stu_name[20];
}stu;
```

与结构体类型不同的是，在结构体中，每个成员有自己独立的存储位置，而共同体的所有成员共享同一位置开始的存储区。由此可知，一个共同体变量在每个时刻只能保存它的某一个成员的值。共同体变量的使用方式与结构体变量一样。

（7）枚举类型

枚举类型变量的取值只能是指定的若干个值之一。定义一个枚举类型变量分为两步：枚举类型定义和枚举类型变量定义。例如：

```
enum color /* 定义枚举类型 */
{
red, green, blue, white, black, yellow;
};
```

```
enum color c1,c2; /* 定义枚举类型变量 */
```

枚举变量 c1 和 c2 只能取枚举类型定义中的 6 个值之一。枚举类型主要用于提高程序的可读性。

(8) 类型定义

对各种基本数据类型，C 语言都提供了类型名，如 int，float，char 等。定义新的数据类型是高级程序设计语言的一种重要机制。在写程序（算法）时，自己定义的数据类型被称为“用户定义类型”，与语言的内部基本数据类型在程序（算法）中同样使用。在 C 语言中，类型定义用关键字 typedef 引导。例如：

```
typedef int INTEGER;
typedef struct student /* 定义结构体类型及变量 */
{
long no;
char name[40];
char sex[2];
int age;
float score;
} student;
```

这样，就可用 INTEGER 类型名来代替 int 类型名，用 student 代替 struct student 结构体类型名。注意，这里的 student 是 struct student 结构体类型的一个新类型名，与前面定义的结构体类型变量不同。

这样的类型定义从 C 语言的角度看，都不是什么新类型，本身并不分配存储空间，而仅是为原有类型另外起了新名称。有时，定义新类型名是为了提高程序的可读性和清晰度。例如下面的定义：

```
typedef double LENGTH;
typedef double AREA;
```

在一个算法中，长度与面积可能都用双精度数表示，但把一个表示长度的变量与表示面积的变量相加，大概不是一个合理的操作。定义这样的类型名可以帮助人们在阅读算法时，看到这种内在的不一致问题。

(9) 动态内存分配函数

所谓动态内存分配，是指在程序执行过程中，动态地分配或者回收存储空间的分配内存的方法。动态内存分配相对于静态内存分配的特点如下：

① 不需要预先分配存储空间；

② 分配的空间可以根据程序的需要扩大或缩小。

根据程序的需要实现动态分配存储空间，常用到以下几个函数。

① 动态存储分配函数 malloc()。其原型为 void *malloc (unsigned int size)。其作用是在内存的动态存储区中分配一个长度为 size 的连续空间。其参数是一个无符号整型数，说明存储空间的大小 size，返回值是一个指向所分配的连续存储区起始地址的指针。必须注意的

是，当函数未能被成功地分配存储空间（如内存不足）时，就会返回一个 NULL 指针，所以在调用该函数时，应该检测返回值是否为 NULL 并执行相应的操作。

② 动态存储释放函数 free()。由于内存区域总是有限的，不能不限制地分配下去，而且一个程序要尽量节省资源，所以，当所分配的内存区域不用时，就要释放它，以便其他变量或者程序使用。这时就要用到 free 函数。

其函数原型为 void free（void ＊p），作用是释放指针 p 所指向的存储区。其参数 p 必须是先前调用 malloc 函数或 calloc 函数（另一个带计数和清零的动态分配存储区域的函数）时返回的指针。给 free 函数传递其他值很可能造成死机或其他灾难性的后果。

举例说明以上两个函数的使用。例如：

```
int n;
int *p;
...
scanf("%d",n);
p=(int*)malloc(n*sizeof());  /*分配 n 个整型数存储空间*/
if (p= =NULL ) {
... /*分配未成功,出错处理*/
}
else {
... /*分配成功,读入数据进行处理*/
}
... ...

free(p); /*释放已经不用的存储空间*/
```

在调用函数 malloc()，确定所分配的存储块大小时，一般利用 sizeof 运算符进行计算，而不是直接写出一个整数，以免出现不必要的错误。另外强调两点：一是每次动态分配都必须检查成功与否，而不应该盲目地执行下去；二是为了保证动态存储区的有效使用，在程序中，一旦知道某动态分配的存储块不使用了，就应该将它释放，这应该成为一种习惯。

③ 分配调整函数 realloc()。其原型为 void ＊realloc(void ＊p，unsigned int size)，该函数用于更改前面已经做过的存储分配，有两个参数：其一，指针 p 指向过去分配的存储空间；其二，size 表示当前希望分配的存储空间大小。如果新的要求不能满足，函数 realloc 返回一个空指针值，p 所指存储空间原来的内容保持不变。如果新的分配要求能满足，函数 realloc 返回指向一个能存放大小为 size 的数据存储空间的指针值，并保证新存储空间的内容与原存储空间内容一致。

例如，要把前面程序段中分配的 n 个整型存储空间变更到能存放 m 个整数的存储空间，可以用以下程序段处理：

```
q=(int ) realloc(p,m*sizeof(int));
if (q= = NULL) {
... ... /*分配未成功,p 仍然指向原存储空间 */
```

```
}
else {
p=q;
……  /*分配成功,通过 p 使用新的存储空间*/
}
```

这里的 q 是另一个整数指针，不直接使用指针 p 是为了避免分配失败时原存储空间的内容丢失。

1.3.3 算法性能分析与度量

可以从一个算法的时间复杂度与空间复杂度来评价算法的优劣。

当将一个算法转换成程序并在计算机上执行时，其运行所需要的时间取决于下列因素。

① 硬件的速度。例如，使用 486 机，还是使用 586 机。

② 书写程序的语言。实现语言的级别越高，其执行效率就越低。

③ 编译程序所生成目标代码的质量。对于代码优化较好的编译程序，其所生成的程序质量较高。

④ 问题的规模。例如，求 100 以内的素数与求 1000 以内的素数，其执行时间必然是不同的。

显然，在各种因素都不能确定的情况下，很难比较算法的执行时间。也就是说，使用执行算法的绝对时间来衡量算法的效率是不合适的。为此，可以将上述各种与计算机相关的软、硬件因素都确定下来。这样，一个特定算法的运行工作量的大小就只依赖于问题的规模（通常用正整数 n 表示），或者说它是问题规模的函数。

（1）时间复杂度

一个程序的时间复杂度（Time Complexity）是指程序运行从开始到结束所需要的时间。

一个算法是由控制结构和原操作构成的，其执行时间取决于两者的综合效果。为了便于比较同一问题的不同算法，通常的做法是：从算法中选取一种对于所研究的问题来说是基本运算的原操作，以该操作重复执行的次数作为算法的时间度量。在一般情况下，算法中原操作重复执行的次数是规模 n 的某个函数 T(n)。

许多时候要精确地计算 T(n) 是困难的，引入渐进时间复杂度在数量上估计一个算法的执行时间，也能够达到分析算法的目的。

定义 如果存在两个正常数 c 和 n_0，使得对所有的 n，$n \geqslant n_0$，有

$$f(n) \leqslant cg(n)$$

则有

$$f(n) = O(g(n))$$

例如，一个程序的实际执行时间为 $T(n) = 2.7n^3 + 3.8n^2 + 5.3$，则 $T(n) = O(n^3)$。

使用大 O 记号表示的算法的时间复杂度，称为算法的渐进时间复杂度（Asymptotic Complexity）。通常用 O(1) 表示常数计算时间。常见的渐进时间复杂度有

$$O(1) < O(\log_2 n) < O(n) < O(n\log_2 n) < O(n^2) < O(n^3) < O(2^n)$$

在各种不同算法中，若算法中语句执行次数为一个常数，则时间复杂度为 O(1)；另外，

在时间频度不相同时，时间复杂度有可能相同，如 $T(n)=n^2+3n+4$ 与 $T(n)=4n^2+2n+1$，它们的频度不同，但时间复杂度相同，都为 $O(n^2)$。

例如，分析以下程序段的时间复杂度：

```
for (i=1;i<n;i++)
{ y=y+1;
for (j=0; j<=(2*n); j++)
x++;
}
```

常见函数的时间复杂度按照数量递增排列及增长率。

常数阶 $O(1)$

对数阶 $O(\log_2 n)$

线性阶 $O(n)$

线性对数阶 $O(n\log_2 n)$

平方阶 $O(n^2)$

立方阶 $O(n^3)$

…………

k 次方阶 $O(n^k)$

指数阶 $O(2^n)$

(2) 空间复杂度

一个程序的空间复杂度（Space Complexity）是指程序运行从开始到结束所需要的存储量。

程序的一次运行是针对所求解的问题的某一特定实例而言的。例如，求解排序问题的排序算法的每次执行是对一组特定个数的元素进行排序。对该组元素的排序是排序问题的一个实例。元素个数可视为该实例的特征。

程序运行所需要的存储空间包括以下两部分。

① 固定部分。这部分空间与所处理数据的大小和个数无关，或者称与问题的实例的特征无关。主要包括程序代码、常量、简单变量、定长成分的结构变量所占的空间。

② 可变部分。这部分空间大小与算法在某次执行中处理的特定数据的大小和规模有关。例如，100 个数据元素的排序算法与 1000 个数据元素的排序算法所需要的存储空间显然是不同的。

一个算法在计算机存储器上所占用的存储空间，包括存储算法本身所占用的存储空间，算法的输入输出数据所占用的存储空间和算法在运行过程中临时占用的存储空间这三个方面。算法的输入输出数据所占用的存储空间是由要解决的问题决定的，是通过参数表由调用函数传递而来的，它不随着算法的不同而改变。存储算法本身所占用的存储空间与算法书写的长短成正比，要压缩这方面的存储空间，就必须编写出较短的算法。算法在运行过程中临时占用的存储空间随着算法的不同而异，有的算法只需要占用少量的临时工作单元，而且不随着问题规模的大小而改变，称这种算法是“就地”进行的，是节省存储的算法；有的算法需要占用的临时工作单元数与解决问题的规模 n 有关，它随着 n 的增大而增大，当 n 较大时，将占用较多的存储单元。

类似于算法的时间复杂度，一般以空间复杂度（Space Complexity）作为算法所需存储空间的量度，记做 $S(n) = O(g(n))$ 。表示随着问题规模 n 的增大，算法运行所需要存储量的增长率与 g(n) 的增长率相同。

如当一个算法的空间复杂度为一个常量，即不随着被处理数据量 n 的大小而改变时，可以表示为 O(1)；当一个算法的空间复杂度与以 2 为底的 n 的对数成正比时，可以表示为 $O(\log_2 n)$；当一个算法的空间复杂度与 n 成线性比例关系时，可以表示为 O(n)。若形参为数组，则只需要为它分配一个存储由实参传送来的一个地址指针的空间，即一个机器字长空间；若形参为引用方式，则也只需要为其分配存储一个地址的空间，用它来存储对应实参变量的地址，以便由系统自动地引用实参变量。

分析一个算法所占用的存储空间要从各方面综合考虑。如对于递归算法来说，一般都比较简短，算法本身所占用的存储空间较少，但运行时，需要一个附加堆栈，从而占用较多的临时工作单元；若写成非递归算法，一般可能比较长，算法本身占用的存储空间较多，但运行时，将可能需要较少的存储单元。

一个算法的空间复杂度会考虑在运行过程中为局部变量分配的存储空间的大小，它包括为参数表中形参变量分配的存储空间和为在函数体中定义的局部变量分配的存储空间两个部分。若一个算法为递归算法，则其空间复杂度为递归所使用的堆栈空间的大小，它等于一次调用所分配的临时存储空间的大小乘以被调用的次数（即为递归调用的次数加 1，这个“1”表示开始进行的一次非递归调用）。算法的空间复杂度一般也以数量级的形式给出。如当一个算法的空间复杂度为一个常量，即不随着被处理数据量 n 的大小而改变时，可以表示为 O(1)；当一个算法的空间复杂度与以 2 为底的 n 的对数成正比时，可以表示为 $O(\log_2 n)$；当一个算法的空间复杂度与 n 成线性比例关系时，可以表示为 O(n)。若形参为数组，则只需要为它分配一个存储由实参传送来的一个地址指针的空间，即一个机器字长空间；若形参为引用方式，则也只需要为其分配存储一个地址的空间，用它来存储对应实参变量的地址，以便由系统自动地引用实参变量。

对于一个算法，其时间复杂度和空间复杂度往往是相互影响的。当寻求一个较好的时间复杂度时，可能会使空间复杂度的性能变差，即可能导致占用较多的存储空间；反之，当寻求一个较好的空间复杂度时，可能会使时间复杂度的性能变差，即可能导致占用较长的运行时间。另外，算法的所有性能之间都存在或多或少的相互影响。因此，当设计一个算法（特别是大型算法）时，要综合考虑算法的各项性能、算法的使用频率、算法处理的数据量的大小、算法描述语言的特性、算法运行的机器系统环境等因素，才能够设计出比较好的算法。

习　　题

一、填空题

1. 数据结构的逻辑结构可以形式地用一个二元组 B = (K, R) 来表示，其中 K 是________________，R 是________________。

2. 算法的基本要求有__________、__________、__________、__________、__________。

3. 度量算法的效率可以通过__________和__________两方面进行。

4. 数据结构按照逻辑结构可以分为两大类，分别是__________和__________。

二、单项选择题

1. 计算机算法指的是（ ）。

(A) 排序方法　　(B) 调度方法

(C) 计算方法　　(D) 解决问题的有限运算序列

2. 算法分析的目的是（ ）。

(A) 找出数据结构的合理性　　(B) 研究算法中输入和输出的关系

(C) 分析算法的效率以求改进　　(D) 分析算法的易懂性和文档性

3. 在数据结构中，与所使用的计算机无关的是数据的（ ）结构。

(A) 存储　　(B) 逻辑

(C) 物理和逻辑　　(D) 物理

三、简答题

1. 简述下列术语：数据、数据元素、数据项、数据结构、数据类型。

2. 数据类型和抽象数据类型是如何定义的？二者有什么相同和不同之处？抽象数据类型的主要特点是什么？

3. 有实现同一功能的两个算法 A1 和 A2，其中 A1 的时间复杂度为 $T1=O(2^n)$，A2 的时间复杂度为 $T2=O(n^2)$，仅就时间复杂度而言，请具体分析这两个算法哪一个好。

四、算法分析题

试给出下面两个算法的运算时间。

(1)

```
for i←1 to n do
x ← x+1
END
```

(2)
```
for i← 1 to n do
for j←1 to n do
x← x+1
end
end
```

第 2 章 线性表

【学习目标】

线性表是最简单、最基本、最常用的一种线性结构。它有顺序存储和链式存储两种存储方法，它的主要基本操作是插入、删除和查找等。

通过本章的学习，要能够熟练地使用线性表的顺序存储和链式存储（数组和指针）下的几种基本操作：插入、删除、查找等。

【基本要求】

通过教学，使学生了解线性表的逻辑结构，理解线性表在计算机中的顺序存储和链式存储结构及相应操作的实现。

① 线性表的定义和基本操作。

② 线性表的顺序存储结构。

③ 线性表的链式存储结构。

④ 线性表的应用举例。

2.1 线性表的逻辑结构

2.1.1 线性表的定义

线性表是一种线性结构。线性结构的特点是数据元素之间存在一种线性关系，数据元素“一个接一个的排”。在一个线性表中，数据元素的类型是相同的，或者说线性表是由同一类型的数据元素构成的线性结构。在实际问题中，线性表的例子是很多的，如学生成绩表就是一个线性表，如表 2.1 所示，表中数据元素是每个学生所对应的一行信息，它由学号、姓名、性别和成绩四个数据项组成。通常把这种数据元素称为记录，含有大量记录的信息表又称为文件。

表 2.1 某班学生数据结构课程成绩表

学 号	姓 名	性 别	成 绩
001	王 阳	男	67
002	李 敏	女	89
003	王 学	男	76
…	…	…	…

综上所述，线性表定义如下：

线性表是具有相同数据类型的 n（n>=0）个数据元素的有限序列，通常记为：

$$(a_1, a_2, \cdots a_{i-1}, a_i, a_{i+1}, \cdots, a_n)$$

其中 n 为表长；当 n=0 时，称为空表。

表中相邻元素之间存在顺序关系。将 a_{i-1} 称为 a_i 的直接前趋，a_{i+1} 称为 a_i 的直接后继。就是说，对于 a_i，当 i=2，…，n 时，有且仅有一个直接前趋 a_{i-1}；当 i=1，2，…，n-1 时，有且仅有一个直接后继 a_{i+1}。而 a_1 是表中第一个元素，它没有前趋；a_n 是最后一个元素，它无后继。

需要说明的是：a_i 是序号为 i 的数据元素（i=1，2，…，n），通常将它的数据类型抽象为 datatype，datatype 根据具体问题而定，如在学生情况信息表中，它是用户自定义的学生类型；在字符串中，它是字符型。

2.1.2 线性表的基本操作

数据结构的运算是定义在逻辑结构层次上的，而运算的具体实现是建立在存储结构上的，因此下面定义的线性表的基本运算作为逻辑结构的一部分，每一个操作的具体实现只有在确定了线性表的存储结构之后，才能完成。

线性表上的基本操作有以下 8 种。

（1）线性表初始化 Init_List(L)

初始条件：表 L 不存在。

操作结果：构造一张空的线性表。

（2）求线性表的长度 Length_List(L)

初始条件：表 L 存在。

操作结果：返回线性表中的所含元素的个数。

（3）取表元 Get_List(L，i)

初始条件：表 L 存在且 1<=i<=Length_List(L)。

操作结果：返回线性表 L 中的第 i 个元素的值或地址。

（4）按值查找 Locate_List(L，x)，x 是给定的一个数据元素。

初始条件：线性表 L 存在。

操作结果：在表 L 中查找值为 x 的数据元素，其结果返回在 L 中首次出现的值为 x 的那个元素的序号或地址，称为查找成功；否则，在 L 中没有找到值为 x 的数据元素，返回一特殊值，表示查找失败。

（5）插入操作 Insert_List(L，i，x)

初始条件：线性表 L 存在，插入位置正确（1<=i<=n+1，n 为插入前的表长）。

操作结果：在线性表 L 的第 i 个位置上插入一个值为 x 的新元素，这样使原序号为 i，i+1，…，n 的数据元素的序号变为 i+1，i+2，…，n+1，插入后，表长=原表长+1。

（6）删除操作 Delete_List(L，i)

初始条件：线性表 L 存在，1<=i<=n。

操作结果：在线性表 L 中删除序号为 i 的数据元素，删除后使序号为 i+1，i+2，…，

n 的元素变为序号为 i，i+1，…，n-1，新表长=原表长-1。

(7) 前驱操作 Prior-List(L，cur_x，&pre_x)

初始条件：线性表 L 已经存在。

操作结果：若 cur_x 是 L 的数据元素，且不是第一个，则用 pre_x 返回它的前驱；否则，操作失败，pre_x 无定义。

(8) 后继操作 Next_List(L，cur_x，&next_x)

初始条件：线性表 L 已经存在。

操作结果：若 cur_x 是 L 的数据元素，且不是最后一个，则用 next_x 返回它的后继，否则，操作失败，next_x 无定义。

需要说明的有以下两点。

① 某数据结构上的基本运算，不是它的全部运算，而是一些常用的基本运算，而每一个基本运算在实现时，也可能根据不同的存储结构，派生出一系列相关的运算。比如线性表的查找在链式存储结构中还会有按序号查找；再如插入运算，也可能是将新元素 x 插入到适当位置上等，不可能也没有必要全部定义出它的运算集，读者掌握了某一数据结构上的基本运算后，其他运算可以通过基本运算来实现，也可以直接去实现。

② 在上面各操作中定义的线性表 L 仅仅是一个抽象在逻辑结构层次的线性表，尚未涉及它的存储结构，因此每个操作在逻辑结构层次上尚不能用具体的某种程序语言写出具体的算法，而算法只有在存储结构确立之后才能实现。

2.2　线性表的顺序存储结构

2.2.1　顺序表

线性表的顺序存储是指在内存中用地址连续的一块存储空间顺序存放线性表的各元素，用这种存储形式存储的线性表称为顺序表。因为内存中的地址空间是线性的，因此，用物理上的相邻实现数据元素之间的逻辑相邻关系，既简单又自然。

因为表中各个数据元素具有相同属性，所以占用的存储空间也相同。假设线性表中每个数据元素占用 l 个存储单元，第 1 个数据元素的起始地址为 $Loc(a_1)$，则

第 2 个数据元素的起始地址为 $Loc(a_2)=Loc(a_1)+l$

第 i 个数据元素的起始地址为 $Loc(a_i)=Loc(a_1)+(i-1)l \quad (i=1, 2, \cdots, n)$

第 n 个数据元素的起始地址为 $Loc(a_n)=Loc(a_1)+(n-1)l$

只要确定了存储线性表的起始位置，线性表中任一数据元素都可以随机存取，所以线性表的顺序存储结果是一种随机存取的存储结构。顺序存储结构的特点是：为表中相邻的数据元素 a_i 和 a_{i+1} 赋以相邻的存储位置 $Loc(a_i)$ 和 $Loc(a_{i+1})$。换句话说，以元素在计算机内“物理位置相邻”来表示线性表中数据元素之间的逻辑关系。如图 2.1 所示为线性表的顺序存储结构示意图。

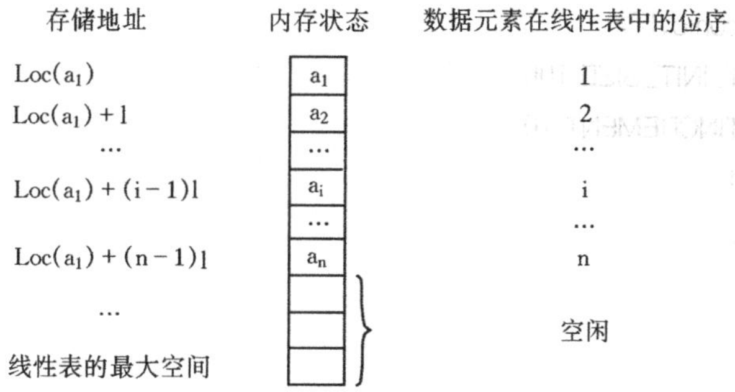

图 2.1 线性表的顺序存储结构示意图

线性表的顺序存储可以用如下的数据结构表示。

```
#define LIST_INIT_SIZE 100      //线性表存储空间的初始分配量
#define LISTINCREMENT 10        //线性表存储空间的分配量
typedef struct                  //线性表顺序存储结构的定义
{ int *elem;                    //存储空间的基址
int length;                     //当前长度
int listsize;                   //当前分配的存储容量
}SqList;                        //线性表顺序存储结构类型名
```

其中：

elem 为数组指针，指示线性表的基地址。

length 为指示线性表的当前长度。顺序表的初始化操作就是为顺序表分配一个预定义大小的数组空间，并将线性表的当前长度设为“0”。

listsize 为指示顺序表当前空间分配的存储空间大小，当插入元素而空间不足时，可进行再分配，即为顺序表增加一个大小为存储 LISTINCREMENT 个数据元素的空间。

2.2.2 顺序表上基本运算的实现

2.2.2.1 顺序表的初始化

顺序表的初始化即构造一张空表，这对表是一个加工型的运算。

(1) 算法思想

构造一张空线性表的主要步骤如下：

① 按照给定的线性表存储空间的初始分配量分配存储空间，若分配成功，则往下进行；

② 令线性表长为 0；

③ 令线性表当前存储容量为给定的线性表存储空间的初始分配量。

(2) 算法编写的参考程序

```
//InitList_Sq.cpp

#include <stdlib.h>
#include <malloc.h>
#include <iostream.h>
```

```
#include <conio.h>
#define LIST_INIT_SIZE 100
#define LISTINCREMENT 10
typedef struct
{ int *elem;
  int length;
  int listsize;
}SqList;

int InitList_Sq(SqList &L)                  //InitList_Sq() function
{ //Inititial a Sq_List
  L.elem=(int *)malloc(LIST_INIT_SIZE *sizeof(int));
  if (!L.elem) return(0);
  L.length=0;
  L.listsize=LIST_INIT_SIZE;
  return(1);
}//end of InitList_Sq() function

void main()                                 //main() function
{
SqList L;
cout<<"InitList_Sq.cpp"<<endl<<"============="<<endl<<endl;
if(!InitList_Sq(L))
   cout<<"Failure to Initialize a Sq_List !"<<endl;
else
   cout<<"Success to Initialize a Sq_List !"<<endl;
getch();
}//end of main() function
```

（3）算法分析

算法的基本操作是按照给定的线性表存储空间的初始分配量分配存储空间。若分配成功，则令线性表长为0，且令线性表当前存储容量为给定的线性表存储空间的初始分配量，所以该算法的时间复杂度为O(1)。

2.2.2.2　顺序线性表的插入运算

（1）算法思想

一般情况下，当在第 i(1<=i<=n) 个数据元素之前插入一个元素时，需要将第 n 个数据元素至第 i 个数据元素向后移动一个数组元素位置。插入一个元素的主要步骤如下：

① 检查插入要求的有关参数的合理性；

② 把原来第 n 个数据元素至第 i 个数据元素依次向后移动一个数组元素位置；

③ 把新数据元素放在第 i 个位置上；

④ 修正线性表的数据元素个数。

图 2.2 给出了顺序表在插入新元素前后的内存变化状况。

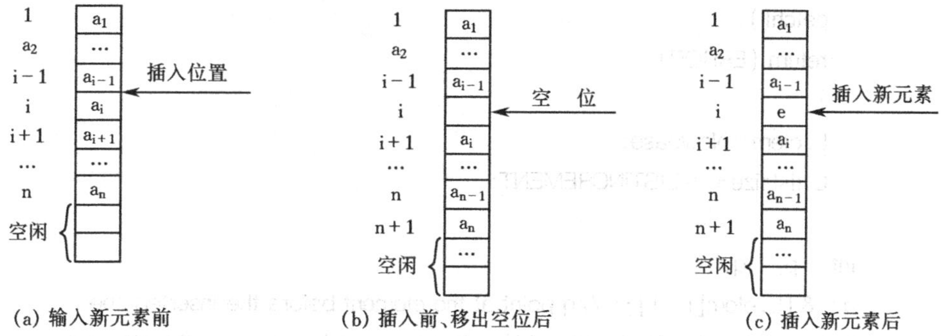

图 2.2 顺序表插入新元素的过程示意图

(2) 算法编写的参考程序

```
//ListInsert_sq.cpp
//This program is to insert a element into Sqlist
# include <malloc.h>
# include <iostream.h>
# include <conio.h>

# define LIST_INIT_SIZE 100
# define LIST_INIT_LENGTH 10
# define LISTINCREMENT 10
# define OK 1
# define ERROR 0

typedef struct SqList                        //define structure SqList
{ int *elem;
    int length;
    int listsize;
}SqList;

int ListInsert_sq(SqList &L, int i, int e)//ListInsert_sq()
{ if(i<1||i>L.length+1)                      //i (location) is illegal
    { cout<<"Initial failure!"<<endl;
      getch();
      return (ERROR);
    }
    if(L.length>=L.listsize)                 //insert into the end of the Sqlist
    { int *Newbase;
      Newbase=(int *)realloc(L.elem,(L.listsize+LISTINCREMENT)*sizeof(int));
```

```
        if(!Newbase)
        { cout<<"Overflow!"<<endl;
        getch();
        return (ERROR);
        }
        L.elem=Newbase;
        L.listsize+=LISTINCREMENT;
    }
    int *p, *q;
    q=&(L.elem[i-1]); //q point at the element before the inserted one
    for(p=&(L.elem[L.length-1]);p>=q;--p)    //move the element
     *(p+1)=*p;
     *q=e;
     ++L.length;
    return (OK);
} //ListInser_sq() end

void main()                              //main() function
{       int i,e,j;
        SqList list;
        list.length=LIST_INIT_LENGTH;
        list.listsize=LIST_INIT_SIZE;
        int array[11]={5,8,12,18,25,30,37,46,51,89};
        list.elem=array;
        cout<<endl<<endl<<"ListInsert_sq.cpp";
        cout<<endl<<"===================";
        cout<<endl<<endl<<"The old Sqlist is : ";
        for(j=0;j<10;j++)
          cout<<array[j]<<" ";
        cout<<endl<<endl<<"Please input the location to insert (1 to 11) : ";
        cin>>i;
        while(i<1||i>11)
        { cout<<endl<<"Please input the location to insert (1 to 11): ";
        cin>>i;
        }
        cout<<"Please input the integer to insert (eg,58) : ";
        cin>>e;
        if(ListInsert_sq(list,i,e))          //call ListInsert_sq()
        { cout<<endl<<"The new Sqlist is : ";
        for(j=0;j<=10;j++)
```

```
        cout <<array[j]<<" ";
    }
    cout<<endl<<endl<<"...OK!...";
    getch();
} //main() end
```

(3) 插入算法的性能分析

顺序表上的插入运算的时间主要消耗在数据的移动上，在第 i 个位置上插入 e，从 a_i 到 a_n 都要向下移动一个位置，共需要移动 n−i+1 个元素，而 i 的取值范围为：1<=i<=n+1，即有 n+1 个位置可以插入。设在第 i 个位置上作插入的概率为 P_i，则平均移动数据元素的次数为

$$E_{in} = \sum_{i=1}^{n+1} P_i(n-i+1)$$

设 $P_i = 1/(n+1)$，即为等概率情况，则

$$E_{in} = \sum_{i=1}^{n+1} P_i(n-i+1) = \frac{1}{n+1}\sum_{i=1}^{n+1}(n-i+1) = \frac{n}{2}$$

这说明在顺序表上作插入操作需要移动表中一半的数据元素。显然时间复杂度为O(n)。

2.2.2.3 顺序表的删除算法

线性表的删除运算是指将表中第 i 个元素从线性表中去掉，删除后使原表长为 n 的线性表。

(1) 算法思想

删除一个元素的主要步骤如下：

① 检查删除要求的有关参数的合理性；

② 把原来第 i+1 个数据元素至第 n 个数据元素依次向前移动一个数组元素位置；

③ 修正线性表的数据元素个数。

图 2.3 给出了顺序表在删除元素前后的内存变化状况。

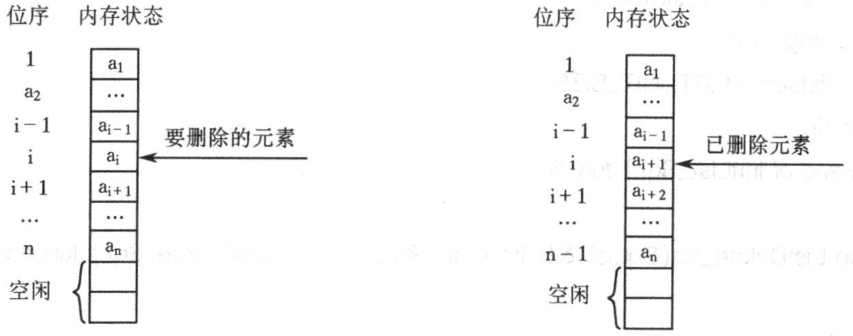

(a) 删除元素前　　(b) 删除元素后

图 2.3　顺序表删除一个元素的过程示意图

本算法注意以下问题：

① 删除第 i 个元素，i 的取值为 1<=i<=n，否则第 i 个元素不存在，因此要检查删除位置的有效性；

② 当表为空时，不能作删除；

③ 删除 a_i 之后，该数据已经不存在，如果需要，先取出 a_i，再作删除。

(2) 算法编写的参考程序

```
//ListDelete_Sq.cpp
//Delete the NO.i Element of Sq_List and get the value

#include <stdlib.h>
#include <iostream.h>
#include <conio.h>
#include <stdio.h>

//#define LIST_INIT_LENGTH 10 //LIST_INIT_LENGTH is the Init_Define_Length of Sq_List
//int array[LIST_INIT_LENGTH]={5,8,12,18,25,30,37,46,51,89};
                              //array use to assign init value of SqList
#define ElemType int
#define LIST_INIT_SIZE 100
#define LISTINCREMENT 10
typedef struct
{ int *elem;
  int length;
  int listsize;
}SqList;

int InitList_Sq(SqList &L)                    //InitList_Sq() function
{ //Inititial a Sq-List
  L.elem=(int *)malloc(LIST_INIT_SIZE *sizeof(int));
  if (!L.elem) return(0);
  L.length=0;
  L.listsize=LIST_INIT_SIZE;
  return(1);
}//end of InitList_Sq() function

void ListDelete_Sq(SqList &L,int i, int &e)        //ListDelete_Sq() function
{
   int *p, *q;
   if((i<1)||(i>L.length))
        { cout<<i<<" is OverFlow !"<<endl;
      exit(0);
   }
   p=&(L.elem[i-1]);
   e=*p;
```

```
    q=L.elem+L.length-1;
    for (++p;p<=q;++p)
        *(p-1)=*p;
    --L.length;
    cout<<"Success to Delete Sq_list !"<<endl;
}//end of ListDelete_Sq() function

void main()                                    //main() function
{
    SqList L;
    int e;
    int i,j;
    //L.elem=array;
    //L.length=LIST_INIT_LENGTH;
    cout<<"ListDelete_Sq.cpp"<<endl<<"==========="<<endl<<
    endl;

    InitList_Sq(L);
    cout<<"Please input the Length of Demo SqList L: <eg. 5> ";
    cin>>L.length;
    cout<<"Please input the data of Demo SqList L: <eg. {34,54,30,2,40,...}> "<<
    endl;
    for(j=0;j<L.length;j++)
      cin>>L.elem[j];

    cout<<endl;
    cout<<"Success to create a SqList:"<<endl;
    cout<<"Please input the NO.i element of Sq_List to delete: <eg. 3> ";
    cin>>i;
    ListDelete_Sq(L,i,e);
    cout<<"The SqList After Delete is: ";
    for(j=0;j<L.length;j++)
      cout<<L.elem[j]<<" ";
    cout<<endl<<"...OK...!"<<endl;
    getch();
}//end of main() function
```

(3) 删除算法的性能分析

与插入运算相同，其时间主要消耗在移动表中元素上，当删除第 i 个元素时，其后面的元素 a_{i+1}～a_n 都要向上移动一个位置，共移动了 n－i 个元素，所以平均移动数据元素的次数为

$$E_{de} = \sum_{i=1}^{n} p_i(n-i)$$

在等概率情况下，$p_i = 1/n$，则

$$E_{de} = \sum_{i=1}^{n} p_i(n-i) = \frac{1}{n}\sum_{i=1}^{n+1}(n-i) = \frac{n-1}{2}$$

这说明在顺序表上作删除运算时，大约需要移动表中一半的元素，显然该算法的时间复杂度为 O(n)。

2.2.2.4 顺序线性表的按值查找算法

线性表中的按值查找是指在线性表中查找与给定值 e 相等的数据元素。

(1) 算法思想

在顺序表中完成该运算最简单的方法是：从第一个元素 a_1 起，依次与 e 比较，直到找到一个与 e 相等的数据元素，则返回它在顺序表中的存储下标或序号；或者查遍整张表，都没有找到与 e 相等的元素，返回 0。

(2) 算法编写的参考程序

```
//LocateElem_Sq.cpp
//This program is to find a element in the Sqlist
# include <stdlib.h>
# include <malloc.h>
# include <iostream.h>
# include <conio.h>

# define LIST_INIT_SIZE 100
# define LIST_INIT_LENGTH 10
# define LISTINCREMENT 10
# define OK 1
# define ERROR 0

typedef struct SqList                        //define the SqList structure
{ int *elem;
  int length;
  int listsize;
}SqList;

int LocateElem_Sq(SqList L, int e)           //LocateElem_Sq() sub-function
{ int i=1;
  int *p=L.elem;
  while(i<=L.length&&*p++!=e)
      ++i;
  if(i<=L.length)
      return (i);
```

```
    else
      return (ERROR);
} //LocateElem_Sq() end

void main()                              //main() function
{ int i,e,j;
  SqList list;
  int array[10]={5,8,12,18,25,30,37,46,51,89};
  list.length=LIST_INIT_LENGTH;
  list.listsize=LIST_INIT_SIZE;
  list.elem=array;
  cout<<endl<<endl<<"LocateElem_Sq.cpp";
  cout<<endl<<"===================";
  cout<<endl<<endl<<"The old Sqlist is : ";
  for(j=0;j<10;j++)
    cout<<array[j]<<" ";
  cout<<endl<<endl<<"Please input the element to find : ";
  cin>>e;
  j=LocateElem_Sq(list,e);               //call LocateElem_Sq()_
  if(j)
    cout<<endl<<e<<" is found !"<<endl<<"Its location is "<<j<<" !";
  else
    cout<<e<<" is not found! ";
  cout<<endl<<endl<<"...OK!...";
  getch();
} //main() end
```

(3) 算法分析

本算法的主要运算是比较。显然，比较的次数与 e 在表中的位置有关，也和表的长度有关。当 $a_1=e$ 时，比较一次成功。当 $a_n=e$ 时，比较 n 次成功。平均比较次数为 $(n+1)/2$，时间性能为 $O(n)$。

2.2.3　顺序表应用举例

问题提出：现有两张表，分别存放甲乙两个班学生的总成绩。先需要对甲乙两个班所有的学生的总成绩进行排序。可以写一算法，进行两个班学生总成绩排序。

问题解决：分别将甲乙两个班学生成绩存入两张线性表 A，B，利用这两张线性表，合并生成一张新线性表 C，这张新线性表 C 的数据来自甲乙两个班成绩存入的线性表，并对这张新生成的线性表进行排序。

(1) 算法思想

首先给出线性表的类型定义：

```
typedef struct
{ int *elem;
  int length;
  int listsize;
}SqList;
```

(2) 算法编写的参考程序

```
//Merge_Sq.cpp
//To Merge two SqList A and B to C

#include <stdlib.h>
#include <iostream.h>
#include <conio.h>

//#define LIST_INIT_LENGTH_A 10
//LIST_INIT_LENGTH_A is the Init_Define_Length of SqList A
//#define LIST_INIT_LENGTH_B 10
//LIST_INIT_LENGTH_B is the Init_Define_Length of SqList B
//int array_A[]={1,3,5,7,9,11,13,15,17,19};
//int array_B[]={2,4,6,8,10,12,14,16,18,20};
//array_A and array_B use to assign init value of SqList

typedef int ElemType;
#define LIST_INIT_SIZE 100
#define LISTINCREMENT 10
typedef struct
{   int *elem;
    int length;
    int listsize;
}SqList;

int InitList_Sq(SqList &L)                    //InitList_Sq() function
{ //Inititial a Sq_List
  L.elem=(int *)malloc(LIST_INIT_SIZE *sizeof(int));
  if (!L.elem) return(0);
  L.length=0;
  L.listsize=LIST_INIT_SIZE;
  return(1);
}//end of InitList_Sq() function
```

```
int Merge_Sq(SqList &A, SqList &B, SqList &C)        //Merge_Sq() function
{                                                    //Merge the SqList A and B to C
  C.listsize=C.length=A.length+B.length;
  C.elem=(ElemType *)malloc(C.listsize*sizeof(ElemType));
  if(!C.elem)
  { cout<<" OverFlow !"<<endl;                       //failure to allocate room in RAM
    return(0);
  };
int i=0,j=0;
//i and j is the Subscript of A.elem[] and B.elem []
int k=0;                                             //k is the Subscript of C.elem[]
while((i<A.length)&&(j<B.length))
//To merge when i <=A.length and j>=B.length
    if(A.elem [i]<=B.elem [j])
      { C.elem [k]=A.elem [i];
        i++;k++;
      }//end of if
    else
      { C.elem [k]=B.elem [j];
        j++;k++;
      }//end of else

while(i<A.length )                                   //insert the rest of SqList A
{ C.elem [k]=A.elem [i];
  i++;k++;
}//end of while

while (j<B.length )                                  //insert the rest of SqList B
{ C.elem [k]=B.elem [j];
  j++;k++;
}
cout<<"Success to Merge A and B !"<<endl;
return(1);
}//end of Merge_Sq() function

void main()                                          //Main() function
{
  SqList A,B,C;
  int j;
  cout<<"Merge_Sq.cpp"<<endl<<"============"<<endl<<endl;
```

```
    InitList_Sq(A);
    InitList_Sq(B);
    InitList_Sq(C);
    cout<<"The SqList A's Length is: <eg. 5>";
    cin>>A.length;
    cout<<endl<<"Please input the data of SqList A in acsendant order: <eg. {1,3,5,7,
    9...}>"<<endl;
    for(j=0;j<A.length;j++)
        cin>>A.elem[j];
    cout<<endl;

    cout<<"The SqList B's Length is: <eg. 6>";
    cin>>B.length;
    cout<<endl<<"Please input the data of SqList B: <eg. {2,4,6,8,10,100,...}> "
    <<endl;
    for(j=0;j<B.length;j++)
        cin>>B.elem[j];
    cout<<endl;

    Merge_Sq(A,B,C);                                //To Merge A and B SqList
    cout<<"The SqList C is: "<<endl;
    for(j=0;j<C.length;j++)
        cout<<C.elem[j]<<" ";
    cout<<endl<<"...OK...!"<<endl;
    getch();
}//end of main() function
```

2.3　线性表的链式存储结构

由于顺序表的存储特点是用物理上的相邻实现逻辑上的相邻，它要求用连续的存储单元顺序存储线性表中各元素，因此，对顺序表插入、删除时，需要通过移动数据元素来实现，影响了运行效率。本节介绍线性表链式存储结构，它不需要用地址连续的存储单元来实现，因为它不要求逻辑上相邻的两个数据元素物理上也相邻，它是通过“链”建立起各个数据元素之间的逻辑关系，因此对线性表的插入、删除不需要移动数据元素。

2.3.1　单链表

链表是通过一组任意的存储单元来存储线性表中的数据元素的，那么怎样表示数据元素之间的线性关系呢？为了建立数据元素之间的线性关系，对每个数据元素 a_i，除了存放数据

元素自身的信息 a_i 之外，还需要和 a_i 一起存放其后继 a_{i+1} 所在的存储单元的地址，这两部分信息组成一个“结点”，结点的结构如图 2.4 所示，每个元素都如此。存放数据元素信息的称为数据域，存放其后继地址的称为指针域。因此 n 个元素的线性表通过每个结点的指针域拉成了一条“链子”，称为链表。因为每个结点中只有一个指向后继的指针，所以称其为单链表，具体结构如图 2.4 所示。

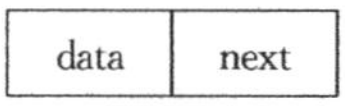

图 2.4 单链表结点结构

链表是由一个个结点构成的，结点定义如下：

```
typedef struct LNode
{ ElemType data;
  Struct LNode * next;
} LNode, * LinkList
```

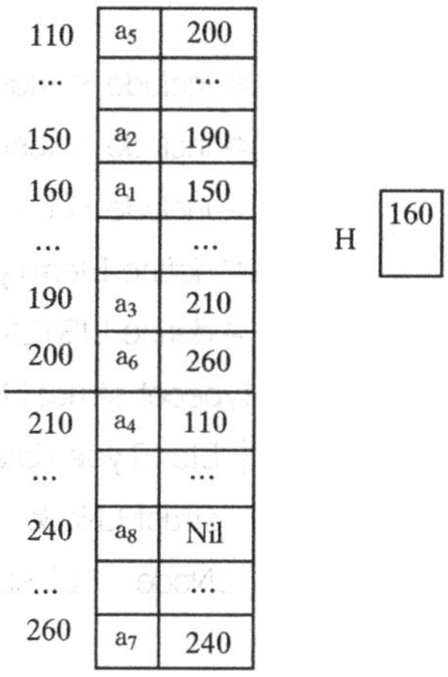

图 2.5 链式存储结构

如图 2.5 所示是线性表（a_1，a_2，a_3，a_4，a_5，a_6，a_7，a_8）对应的链式存储结构示意图。

当然，必须将第一个结点的地址 160 放到一个指针变量（如 H）中，最后一个结点没有后继，其指针域必须置空，表明到此结束，这样就可以从第一个结点的地址开始“顺藤摸瓜”，找到每个结点。

作为线性表的一种存储结构，人们关心的是结点之间的逻辑结构，而对每个结点的实际地址并不关心，所以通常的单链表用图 2.6 所示形式而不用图 2.4 所示形式表示。

通常用“头指针”来标识一张单链表，如单链表 L、单链表 H 等，是指某链表的第一个结点的地址放在指针变量 L 和 H 中。若头指针为“NULL”，则表示一张空表。

申请一个新的结点，如图 2.7 所示。如果一个结点不用了，要释放，从而释放出内存空间。

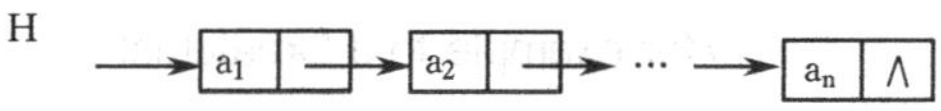

图 2.6 链表示意图

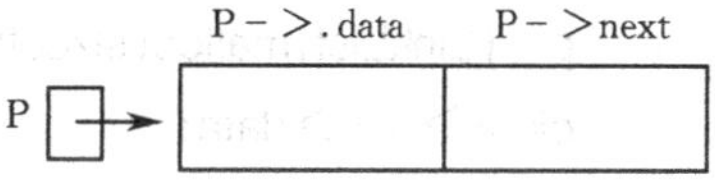

图 2.7 申请一个结点

2.3.2 单链表上的基本操作

单链表的特点：在单链表上插入、删除一个结点，必须知道其前驱结点。单链表不具有按序号随机访问的特点，只能从头指针开始，一个个地顺序进行。

2.3.2.1 单链表的取元素算法

（1）算法思想

在单链表中，任何两个元素存储位置之间没有固定的联系，每个元素的存储位置都包含在其直接前驱结点的信息之中。假设 p 是指向线性表中第 i 个数据元素的指针，该结点称为

p 结点或结点 a_i，则 p－＞next 是指向第 i＋1 个数据元素的指针。若 p－＞data＝a_i，则 p－＞next－＞data＝a_{i+1}。

由此，在单链表中，取得第 i 个数据元素必须从头指针出发寻找。因此，单链表是非随机的存储结构。

（2）算法实现的 C 语言程序

```
//GetElem_L.cpp
//Get the NO.i Element of LinkList

#include <stdlib.h>
#include <iostream.h>
#include <conio.h>
#define ElemType int
#define LIST_MAX_LENGTH 100 //LIST_MAX_LENGTH is the MaxLength of LinkList
typedef struct LNode
{ ElemType data;
  struct LNode *next;
}LNode, *LinkList;

void CreateList_L(LinkList &L, int n)                //CreateList_L() function
{ //To Creatre a LinkList L with HeadNode
   int i;
   LNode *p;
   L=(LinkList)malloc(sizeof(LNode));
   L->next=NULL;
   for(i=n;i>0;--i)
   {
   p=(LinkList)malloc(sizeof(LNode));
   cin>>p->data;                                     //for example to a CreateList
   p->next=L->next;
   L->next=p;
 } //end of for
}//end of CreateList_L() function

int GetElem_L(LinkList L, int i, int &e)             //GetElem_L() function
{//L is the HeadPointer of LinkList with HeadNode, when the No.i exist, assign the
 //value to variable e and return "OK!" otherwise return "Error!"
  LNode *p;
  int j=1;
  p=L->next;
```

```
    while(p&&j<i)
    {p=p->next; ++j;}
    if(!p||j>i)
    { cout<<"The NO. "<<i<<" element is not exist !"<<endl;
      getch();
      exit(0);
    }//end of if
    e=p->data;
    return (e);
}//end of GetElem_L() function

void main()                                     //main() function
{
    LinkList L;
    int e;                                      //e can be Every DataType
    int i, LListNodeNum;                        //j is a counter for cycle
    cout<<"GetElem_L.cpp"<<endl<<"============"<<endl<<endl;
    cout<<"Please input the LinkList NodeNum: <eg. 6> ";
    cin>>LListNodeNum;
    cout<<"Please input the LinkList NodeData: <23,45,2,5,-2,34,...> "<<endl;

    CreateList_L(L, LListNodeNum);
    cout<<endl<<"Success to CreateList L!"<<endl;
    cout<<"Which NO.? element of LinkList you want to get: <eg. 3> ";
    cin>>i;                                     //input the No.i
    if(i>LListNodeNum) cout<<endl<<"Input Error!"<<endl;
    GetElem_L(L, LListNodeNum-i+1, e);
    cout<<endl<<"The NO."<<i<<" element of LinkList is: "<<e;
    cout<<endl<<"...OK...!"<<endl;
    getch();
}
```

2.3.2.2　单链表的插入元素算法

(1) 算法思想

假设要在线性表的两个数据元素 a_{i-1}和 a_i 之间插入一个数据元素 e，已知 p 为其单链表存储结构中指向 a_{i-1}的指针。在第 i 个结点之前插入新结点的主要步骤如下：

① 寻找第 i-1 个结点，检查有关参数的合理性；

② 生成一个新结点；

③ 使新结点数据域的值为 e；

④ 将新结点插入到单链表中；

⑤ 修改第 i-1 个结点的指针域。

(2) 算法实现的 C 语言程序

```
//ListInsert_L.cpp
//This program is to insert a element into the LNode
#include <stdlib.h>
#include <malloc.h>
#include <iostream.h>
#include <conio.h>

#define INIT_LENGTH 10
#define OK 1
#define ERROR 0

typedef struct LNode                              //define LNode structure
{ int data;
  struct LNode *next;
}LNode, *Linklist;

int ListInsert_L(Linklist &L, int i, int e)       //ListInsert_L() sub-function
{ LNode *p=L;
  int j=0;
  while(p&&j<i-1)                                 //find the location
  { p=p->next;
    ++j;
  }
  if(!p||j>i-1)                                   //out of location
  { cout<<"Errer! The location is illegal!"<<endl;
    return (ERROR);
  }
  LNode *s;
  s=(Linklist)malloc(sizeof(LNode)); //create new LNode
  s->data=e;
  s->next=p->next;
  p->next=s;
  return (OK);
} //ListInsert_L() end

void main()                                       //main() function
{ int i,j,e;
  LNode node[10];
```

```
    LNode *L, *p;
    int array[INIT_LENGTH+1]={5,8,12,18,25,30,37,46,51,89};
    L=node;
    L=(Linklist)malloc(sizeof(LNode));
    L->next=NULL;
    for (i=10;i>0;i--)
    { p=(Linklist)malloc(sizeof(LNode));
    p->data=array[i-1];
    p->next=L->next;
    L->next=p;
    }
    p=L;
    cout<<endl<<endl<<"ListInsert_L.cpp";
    cout<<endl<<"===================";
    cout <<endl<<endl<<"The old LNode is : ";
    for(i=0;i<INIT_LENGTH;i++)
    { p=p->next;
    cout<<p->data<<" ";
    }
    cout<<endl<<endl<<"Please input the location to insert (1--11): ";
    cin>>j;
    cout<<"Please input the integer to insert (eg,58) : ";
    cin>>e;
    if(ListInsert_L(L,j,e))
    { cout <<endl<<"The new LNode is : ";
    p=L;
    for(i=0;i<11;i++)
    { p=p->next;
      cout<<p->data<<" ";
    }
    }
    cout<<endl<<endl<<"...OK!...";
    getch();
}
```

2.3.2.3 单链表的删除元素算法

(1) 算法思想

假设要在线性表删除数据元素 a_i，已知 p 为其单链表存储结构中指向 a_{i-1} 的指针。删除第 i 个结点的主要步骤如下：

① 寻找第 i-1 个结点，检查有关参数的合理性；

② 用一个指针 q 指向被删除结点；

③ 删除第 i 个结点，即修改第 i-1 个结点的指针；

④ 释放第 i 个结点。

(2) 算法实现的 C 语言程序

```
//ListDelete_L.cpp
//To Delete the NO.i Element of LinkList

#include <malloc.h>
#include <iostream.h>
#include <conio.h>

//#define LIST_Max_LENGTH 10                    //LIST_INIT_LENGTH is the Init_Max_
Length of LinkList
//int array[]={5,8,12,18,25,30,37,46,51,89};
                                                //array use to assign init value of
SqList
typedef struct LNode
{ int data;
  struct LNode *next;
}LNode, *LinkList;

void CreateList_L(LinkList &L, int n)           //CreateList_L() function
{   //To Creatre a LinkList L with HeadNode
    int i;
    LNode *p;
    L=(LinkList)malloc(sizeof(LNode));
    L->next=NULL;
    for(i=0;i<n;++i)
    {
        p=(LinkList)malloc(sizeof(LNode));
        cin>>p->data;
        p->next=L->next;
        L->next=p;
    }//end of for
}//end of CreateList() function

int ListDelete_L(LinkList &L, int i, int &e)    //ListDelete_L() function
{   //Delete the NO.i element of LinkList and return by variable e
    LNode *p, *q;
    int j=0;
    p=L;
```

```
    while(p->next&&j<i-1)
    { p=p->next; ++j;
    }
    if(!p||j>i-1)
    { cout<<"The NO. "<<i<<" element is not exist !"<<endl;
      getch();
      return(0);
    }
    q=p->next;
    p->next=q->next;                                    //delete the NO.i Node
    e=q->data;
    free(q);
    return (e);
}//end of ListDelete() function

void main()                                             //main() function
{
   LinkList L;
   LNode *p;
   int e;                                               //e can be Every DataType
   int i,j;                                             //j is just a counter for cycle
   int LListNodeNum;
   cout<<"ListDelete_L.cpp"<<endl<<"=========="<<endl<<endl;
   cout<<"Please input the LinkListNodeNum: <eg. 6> ";
   cin>>LListNodeNum;
   cout<<endl<<"The Demo LinkList to be: <eg. 5,8,12,18,25,13,...> "<<endl;
   CreateList_L(L,LListNodeNum);

   cout<<endl<<"Success to CreateList_L: ";
   p=L->next;
   while(p)                                             //display the Demo LinkList
   { cout<<p->data<<" ";
     p=p->next;
   }//end of for
   cout<<endl<<endl<<"Which NO.? element of LinkList you want to Delete: ";
   cin>>i;                                              //input the No.i
   if(i<= LListNodeNum)
   { cout<<"The NO. "<<i<<" element has been Delete: "<<ListDelete_L(L,i,e)
     <<endl;
     for(j=1;j<LListNodeNum;++j)
```

```
    {
      L=L->next;
      cout<<L->data<<" ";                        //output the LinkList
    }//end of for
      cout<<endl<<endl<<"...OK...!"<<endl;
    }//end of if
    else cout<<"Input Error!"<<endl;
    getch();
  }//end of main() function
```

2.3.3 循环链表

对于单链表而言，最后一个结点的指针域是空指针，若将该链表的表头指针置入该指针域，则使得链表头尾结点相连，便构成单循环链表，如图 2.8 所示。

在单循环链表上的操作基本与非循环链表相同，只是将原来判断指针是否 NIL 变为是否头指针而已，没有其他较大的变化。

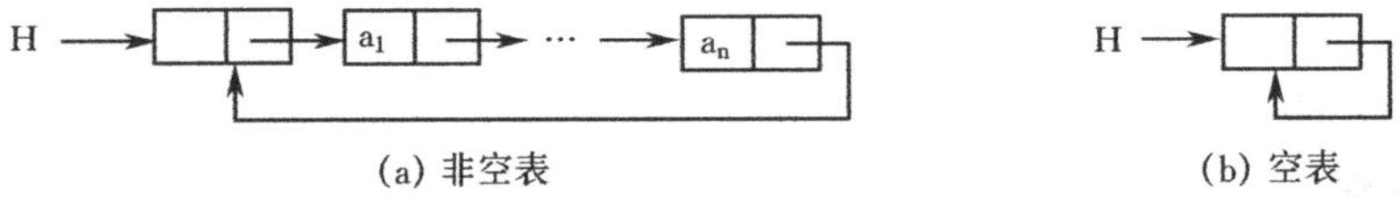

图 2.8　带头结点的单循环链表

对于单向链表，只能从头结点开始，遍历整张链表；而对于单向循环链表，则可以从表中任意结点开始，遍历整张链表，不仅如此，有时对链表常进行的操作是在表尾、表头进行，此时可以改变链表的标识方法，不用头指针而用一个指向尾结点的指针 R 来标识，可以提高操作效率。例如，对两张单循环链表 H_1 和 H_2 的连接操作，是将 H_2 的第一个数据结点接到 H_1 的尾结点，如用头指针标识，则需要找到第一个链表的尾结点，其时间复杂性为 O(n)；若链表采取尾指针 R_1 和 R_2 来标识，则时间性能为 O(1)。

2.3.4 双向链表及双向循环链表

在单链表中，结点的域中只有一个指针域，指针域用来指向后继元素的地址，用一个指针将线性链表连接起来。在处理某些问题时，要有双向指针将前后的相关结点联系起来，这种利用两个指针域，把线性表的结点连接起来的链表称为双向链表。每个结点的两个指针，一个用于指向前面的结点，称为前趋结点；另一个用于指向它后面的结点，称为后继结点。

定义了双向链表后，对链表进行访问、插入、删除等操作就更方便了，速度也加快了，它是用消耗内存的代价来换取时间的。双向链表结点的定义方法基本等同于单向链表，所不同的是结点中增加了一个指针域，如：

```
typedef struct DuLNode                          //define DuLinkList structure
{ int data;
  struct DuLNode *prior;
  struct DuLNode *next;
```

```
}DuLNode, *DuLinkList;
```

在双向链表中，将头结点的前趋指向尾结点，而尾结点的后继指向头结点，这样就形成了一张双向循环链表。

在循环链表中一般都多定义一个特殊的头结点，其目的在于方便对循环链表的操作，当对循环链表进行删除操作时，如果表为空，有头结点，就可以方便地判断表空：当头指针和尾指针都指向头结点时，则表示循环链表为空。

2.3.4.1 双向链表的插入操作

(1) 算法思想

在带头结点的双向循环线性表 L 中第 i 个位置之前插入元素 e，1≤i≤表长+1，在 L 中确定第 i 个元素的位置指针 p，若 p=NULL，则不存在；否则，将数据放入新结点的数据域，将 p 的前驱结点指针放入新结点的前向指针域，将 p 放入新结点的反向指针域，修改 p 的前驱结点的反向指针，修改 p 的前向指针。

(2) 算法编写的参考程序

```
/ListInsert_Dul.cpp
//This program is to insert a node into the DuLinkList
# include <stdlib.h>
# include <malloc.h>
# include <iostream.h>
# include <conio.h>

# define INIT_LENGTH 10
# define OK 1
# define ERROR 0

typedef struct DuLNode                          //define DuLinkList structure
{ int data;
  struct DuLNode *prior;
  struct DuLNode *next;
}DuLNode, *DuLinkList;

int ListInsert_DuL(DuLinkList &L, int i, int e)             //ListInsert_Dul()
{ DuLNode *p=L, *s;
  int j=0;
  if (i<1||i>INIT_LENGTH+1) //out of location
  { cout<<"Errer! Out of location !";
  return (ERROR);
  }
  while(j<i)                                    //delete the i_th element
  { p=p->next;
```

```
    ++j;
  }
  if(!(s=(DuLinkList)malloc(sizeof(DuLNode))))
  { cout<<endl<<"Allocate space failure!";
    return (ERROR);
  }
  s->data=e;
  s->prior=p->prior;
  s->next=p;
  if(i==1)
  L->next=s;
  p->prior->next=s;
  p->prior=s;
  return (OK);
} //ListInsert_Dul() end

void main()                                  //main() function
{ int i,j,e;
  DuLNode node[10];
  DuLNode *L, *p;
  int array[INIT_LENGTH+1]={5,8,12,18,25,30,37,46,51,89};
  L=(DuLinkList)malloc(sizeof(DuLNode));
  L->next=NULL;
  L->prior=NULL;
  for (i=INIT_LENGTH;i>0;i--)
  { p=(DuLinkList)malloc(sizeof(DuLNode));
  p->data=array[i-1];
  p->next=L->next;
  p->next->prior=p;
  L->next=p;
  }
  p=L;
  cout<<endl<<endl<<"ListInsert_Dul.cpp";
  cout<<endl<<"=====================";
  cout <<endl<<endl<<"The old DuLNode is : "; //output the old DuLinkList
  for(j=0;j<INIT_LENGTH;j++)
  { p=p->next;
  cout<<p->data<<" ";
  }
  cout<<endl<<endl<<"Please input the location to insert (1--11) : ";
```

```
  cin>>i;
  cout<<"Please input the integer to insert (eg,58) : ";
  cin>>e;
  if(ListInsert_DuL(L,i,e))
  { cout <<endl<<"The new DuLNode is : ";
  p=L;
  for(i=0;i<INIT_LENGTH+1;i++)
  { p=p->next;
   cout<<p->data<<" ";
  }
   }
   cout<<endl<<endl<<"...OK!...";
   getch();
} //main() end
```

(3) 算法分析

由于该算法执行时间主要取决于获得插入位置的操作，因此算法的时间复杂度为O(n)。

2.3.4.2 双向链表的删除操作

(1) 算法思想

删除带头结点的双向循环链表 L 中第 i 个元素并将元素值返回，1≤i≤表长。在 L 中，确定第 i 个元素，p 为指向该结点的指针；若 i<1 或 i>表长，则 p 为 NULL，第 i 个元素不存在；否则，将 p 指向的结点数据域中的值取出，修改 p 的前驱结点的反向指针，修改 p 的后继结点的前向指针，释放 p 结点。

(2) 算法的参考程序

```
//ListDelete_Dul.cpp
//This program is to delete an element in the DuLinkList
# include <stdlib.h>
# include <malloc.h>
# include <iostream.h>
# include <conio.h>

# define INIT_LENGTH 10
# define OK 1
# define ERROR 0

typedef struct DuLNode                          //define DuLinkList structure
{ int data;
  struct DuLNode *prior;
  struct DuLNode *next;
}DuLNode, *DuLinkList;
```

```
int ListDelete_DuL(DuLinkList &L, int i, int &e)        //ListDelete_Dul() sub-function
{ DuLNode *p=L;
  int j=0;
  if (i<1||i>INIT_LENGTH)                               //out of location
  { cout<<"Errer! Out of location!";
  return (ERROR);
  }
  if(i==1)                                              //delete the first element
  { p->next->prior=NULL;
    p=p->next;
    e=p->data;
    L=p;
    free(p);
    return (e);
  }
  while(j<i)                                            //delete the i_th element
  { p=p->next;
     ++j;
  }
  e=p->data;
  p->prior->next=p->next;
  p->next->prior=p->prior;
  free(p);
  return (e);
} //ListDelete_Dul() end

void main()                                             //main() function
{ int i,j,e;
  DuLNode node[10];
  DuLNode *L, *p;
  int array[INIT_LENGTH]={5,8,12,18,25,30,37,46,51,89};
  L=(DuLinkList)malloc(sizeof(DuLNode));
  L->next=NULL;
  L->prior=NULL;
  for (i=INIT_LENGTH;i>0;i--)
  { p=(DuLinkList)malloc(sizeof(DuLNode));
  p->data=array[i-1];
  p->next=L->next;
  p->next->prior=p;
```

```
        L->next=p;
        }
        p=L;
        cout<<endl<<endl<<"ListDelete_Dul.cpp";
        cout<<endl<<"===================";
        cout <<endl<<endl<<"The old DuLNode is : "; //output the old DuLinkList
        for(i=0;i<INIT_LENGTH;i++)
        { p=p->next;
        cout<<p->data<<" ";
        }
        cout<<endl<<endl<<"Please input the location to delete (1--10): ";
        cin>>j;
        i=ListDelete_DuL(L,j,e);                    //call ListDelete_Dul()
        if (i)
        { cout <<"The deleted element is : "<<i<<endl;
      cout <<"The new DuLNode is : ";
      p=L;
      for(i=0;i<INIT_LENGTH-1;i++)
      { p=p->next;
        cout<<p->data<<" ";
      }
         }
         cout<<endl<<endl<<"...OK!...";
         getch();
      }
```

(3) 算法分析

由于该算法执行时间主要取决于获得插入位置的操作，因此算法的时间复杂度为O(n)。

2.3.5 链表应用举例

问题提出：现有两张表，分别存放甲乙两个班学生的总成绩。先需要对甲乙两个班所有的学生的总成绩进行排序。可以写一算法，进行两个班学生总成绩排序。

在顺序表应用举例时，曾经用顺序存储的方法对该问题进行了详细的讲解，下面将用线性表的链式存储对该问题进行解决。假设头指针 L_a 和 L_b 的两个有序单链表分别代表甲乙两个班学生成绩，要求归并 L_a 和 L_b，得到一张有序链表 L_c，该表存储两个班所有学生的成绩。

算法编写程序如下。

```
//MergeList_L.cpp
//This program is to merge two sorted LNode into one
# include <stdlib.h>
```

```
#include <iostream.h>
#include <conio.h>

#define INIT_LENGTH 10

typedef struct LNode                               //define LNode structure
{   int data;
    struct LNode *next;
}LNode, *LinkList;

void MergeList_L(LinkList &La,LinkList &Lb,LinkList &Lc) //MergeList_L()
{   LNode *pa, *pb, *pc;
    pa=La->next;
    pb=Lb->next;
    Lc=pc=La;
    cout<<endl;
    while(pa&&pb)
        if(pa->data<=pb->data)
        { pc->next=pa;
        pc=pa;
        pa=pa->next;
        }
        else
        { pc->next=pb;
        pc=pb;
        pb=pb->next;
        }
        if (!pa)                                   //the end of pb
        { pc->next=pb;
        pc=pc->next;
        }
        else                                       //the end of pa
        { pc=pa;
    pc=pc->next;
    }
} //MergeList_L() end

void main()                                        //main() function
{   int i,j,e;
    LNode node1[INIT_LENGTH],node2[INIT_LENGTH],node3[INIT_LENGTH*2];
```

```
LNode *La, *Lb, *Lc, *p, *q;
int array1[INIT_LENGTH] = {5,8,12,18,25,30,37,46,51,89};
int array2[INIT_LENGTH] = {6,9,13,19,26,31,38,47,52,90};
La=node1;                                    //La points at node1[]
La=(LinkList)malloc(sizeof(LNode));
La->next=NULL;
Lb=node2;                                    //Lb points at node2[]
Lb=(LinkList)malloc(sizeof(LNode));
Lb->next=NULL;
Lc=node3;                                    //Lc points at node2[]
Lc=(LinkList)malloc(sizeof(LNode));
Lc->next=NULL;
for (i=INIT_LENGTH;i>0;i--)
{ p=(LinkList)malloc(sizeof(LNode)); //initial Lb
p->data=array1[i-1];
p->next=La->next;
La->next=p;
q=(LinkList)malloc(sizeof(LNode)); //initial Lb
q->data=array2[i-1];
q->next=Lb->next;
Lb->next=q;
}
p=La;                                        //output La
cout<<endl<<endl<<"MergeList.cpp";
cout<<endl<<"==============";
cout <<endl<<endl<<"LNode La is : ";
for(i=0;i<INIT_LENGTH;i++)
{ p=p->next;
cout<<p->data<<" ";
}
q=Lb;                                        //output Lb
cout <<endl<<"LNode Lb is : ";
for(i=0;i<INIT_LENGTH;i++)
{ q=q->next;
cout<<q->data<<" ";
}
MergeList_L(La,Lb,Lc);                       //call MergeList()
cout <<"LNode Lc is : ";
p=La;
for(i=0;i<INIT_LENGTH*2;i++)
```

```
    { p=p->next;
    cout<<p->data<<" ";
    }
    cout<<endl<<endl<<"...OK!...";
    getch();
} //main() end
```

上面介绍了线性表的逻辑结构及其两种存储结构：顺序表和链表。通过讨论可知它们各有优缺点，顺序存储有以下三个优点：

① 方法简单，各种高级语言中都有数组，容易实现；

② 不用为表示结点之间的逻辑关系而增加额外的存储开销；

③ 顺序表具有按元素序号随机访问的特点。

顺序存储也有两个缺点：

① 在顺序表中进行插入删除操作时，平均移动大约表中一半的元素，因此 n 较大的顺序表效率低；

② 需要预先分配足够大的存储空间，估计过大，可能会导致顺序表后部大量闲置；预先分配过小，又会造成溢出。

链表的优缺点恰好与顺序表相反。在实际中，怎样选取存储结构呢？通常有以下几点考虑。

① 基于存储的考虑。顺序表的存储空间是静态分配的，在程序执行之前必须明确规定它的存储规模，也就是说事先对"Maxlen"要有合适的设定，过大造成浪费，过小造成溢出。可见对线性表的长度或存储规模难以估计时，不宜采用顺序表；链表不用事先估计存储规模，但链表的存储密度较低，存储密度是指一个结点中数据元素所占的存储单元和整个结点所占的存储单元之比。显然链式存储结构的存储密度是小于 1 的。

② 基于运算的考虑。在顺序表中按序号访问 a_i 的时间性能是 O(1)，而链表中按序号访问的时间性能是 O(n)，所以如果经常做的运算是按序号访问数据元素，显然顺序表优于链表；而在顺序表中作插入、删除时，平均移动表中一半的元素。当数据元素的信息量较大，且顺序表较长时，这一点是不应忽视的；在链表中作插入、删除时，虽然也要找插入位置，但操作主要是比较操作，从这个角度考虑，显然后者优于前者。

③ 基于环境的考虑。顺序表很容易实现，任何高级语言中都有数组类型，链表的操作是基于指针的，相对来讲，前者简单些，这也是用户考虑的一个因素。

总之，两种存储结构各有长短，选择哪一种由实际问题中的主要因素决定。通常"较稳定"的线性表选择顺序存储，而频繁作插入、删除的，即动态性较强的线性表，宜选择链式存储。

2.4 一元多项式的表示及相加**

符号多项式的操作已经成为表处理的典型用例。在数学上，一个一元多项式的数学表示为

$$P_n(x)=p_0+p_1x+p_2x^2+\cdots+p_nx^n$$

一元多项式的计算机表示为

$$P=(P_0, P_1, P_2, \cdots, P_n)$$

在计算机中，可以利用算法，实现两个一元多项式的相加。设有两个一元多项式 P_A 和 P_B，采用链式存储结构为 P_a 和 P_b，进行多项式加法：$P_a=P_a+P_b$，利用两个多项式的结点构成“和多项式”，且“和多项式”与 P_a 共用有关头结点。

(1) 算法思想

给出一元多项式的链表存储结构：

```
struct Term
{    float coef;                         //系数
     int expn;                           //指数
     struct Term * next;                 //指针,指向下一个数据项
} * LinkList;
```

一元多项式相加的运算规则：对于两个一元多项式中所有指数相同的项，对应系数相加，如果其和不为零，则构成“和多项式”中的一项；对于两个一元多项式中所有指数不相同的项，则分别复抄到“和多项式”中去。

(2) 算法编写的参考程序

```
//AddPolyn.cpp
//Add Polynomial Pa and Pb
#include <iostream.h>
#include <malloc.h>
#include <conio.h>
#include <stdio.h>

struct Term
{   float coef;
    int expn;
    struct Term * next;
} * LinkList;
                              //typedef LinkList with polynomial
void CreateList_L(struct Term * &L, int n)
{                             //To Creatre a LinkList L with HeadNode
  int i;
  struct Term * p;
  L=(struct Term * )malloc(sizeof(Term));
  L->next=NULL;
  for(i=n;i>0;--i)
  {
```

```
    p=(struct Term *)malloc(sizeof(Term));
    cout<<"coef = ";
    cin>>p->coef;                    //Reverse order inputing for Creating a LinkList
    cout<<"expn = ";
    cin>>p->expn;
    p->next=L->next;
    L->next=p;
  }//end of for
  if(n) cout<<"Success to Create a LinkList !"<<endl;
  else cout<<"A NULL LinkList have been created !"<<endl;
} //end of function CreateList

char cmp(int qa_expn, int qb_expn)        //cmp() function
{//compare qa->expn and qb->expn
   if(qa_expn==qb_expn)
     return '=';
   else
     if(qa_expn>qb_expn) return'>';
       else return '<';
}//end of cmp() function

void AddPolyn(struct Term * &Pa, struct Term * &Pb) //AddPolyn() function
{ //Add the polynomial Pa and Pb
  struct Term *qa, *qb, *pre, *u;
  float sum;
  qa=Pa->next;                        //qa point to current node of Pa
  qb=Pb->next;                        //qb point to current node of Pb
  pre=Pa;                             //pre point to the HeadNode of Pa

  while(qa&&qb)                       //neither qa nor qb are NULL
     switch(cmp(qa->expn, qb->expn))
  {  case'<':
       pre=qa;qa=qa->next;
       break;
     case '=':                        //when the expn of qa == the expn of qb
       sum=qa->coef+qb->coef;
       if(sum!=0.0)
         { qa->coef=sum;pre=qa; //modify the current Node coef values of Pa
         }                            //end of if
       else
```

```
        { pre->next=qa->next;
    //otherwise qa->expn=qb->expn then delete current Node in Pa
        free(qa);
        }                           //end of else
        qa=pre->next;u=qb;qb=qb->next;
        free(u);
        break;
      case '>':
                                    u=qb->next;
        qb->next=qa;
        pre->next=qb;
        pre=qb;
        qb=u;
        break;
    }                               //end of switch
  if(!qa) pre->next=qb;             //to link the rest of node of Pb
  free(Pb);
  cout<<endl;
}//end of AddPolyn() function

void main()                         //main() function
{
   struct Term *Pa, *Pb, *p;
   int InitLNodeNum_Pa, InitLNodeNum_Pb;      //the Init LinkNode Numbers

  cout<<"AddPolyn.cpp"<<endl<<"=============="<<endl;
  cout<<endl<<"How many sessions of polynomial Pa do you want ? (eg. 4): ";
  cin>>InitLNodeNum_Pa;
  cout<<"Please input the Pa.coef and Pa.expn in descent order:"<<endl;
  cout<<"For example: (coef=3,expn=21);(coef=7,expn=9);(coef=4,expn=1);
  (coef=5,expn=0)"<<endl;
  CreateList_L(Pa, InitLNodeNum_Pa);  //to create polynomial Pa LinkList with
                                      //the InitLNodeNum_Pa=input number +1
  cout<<endl<<"How many sessions of polynomial Pb do you want ? (eg. 3): ";
  cin>>InitLNodeNum_Pb;
  cout<<"Please input the Pb.coef and Pb.expn in descent order:"<<endl;
  cout<<"For example: (coef=-7,expn=9);(coef=13,expn=6);(coef=8,expn=
  1)"<<endl;
  CreateList_L(Pb, InitLNodeNum_Pb);  //to create polynomial Pb LinkList with
                                      //the InitLNodeNum_Pb=input number +1
```

```
    AddPolyn(Pa,Pb);                  //AddPolyn Pa and Pb
    p=Pa;
    cout<<"Result:"<<endl;
    while(p->next)                    //output Pa=Pa+Pb
      {  p=p->next;
         cout<<"(Pc.coef="<<p->coef<<",";
         cout<<"Pc.expn="<<p->expn<<")"<<endl;
      }// end of while
    cout<<endl<<"OK...!"<<endl;
    getch();
}//end of main() function
```

(3) 算法分析

假设 P_A 多项式有 m 项，P_B 多项式有 n 项，那么算法的时间复杂度为 $O(m+n)$。

2.5 实　训

【实训 2.1】 我的图书馆。

【实训目的】 利用本章线性表（链表）的知识编写程序，实现一个综合应用程序。

【实训内容】 要求应用线性表解决问题。有若干图书，借出的书需要登记下来，用两张线性表分别保存现有图书和借书信息，并实现增加新书、借书、还书、打印等功能。学习命令式程序界面的编写方法。

提示如下：

① 在 book.h 中定义了描述书的 Book 类型，还有几个有关函数可以调用；

② 在 linklist.h 中完成链表的各种操作；

③ 借书时，输入书名，若有存书，则从存书表中删除，插入借书表；

④ 还书时，输入书名，若已借过此书，则从借书表中删除，插入存书表。

【参考代码】

部分参考程序如下。

```
#include <cstdlib>
#include <iostream>
using namespace std;

#include "book.h"
#define ElemType Book                 //使用 Book 作为线性表元素的类型
#include "linklist.h"

LinkList s;                           //存书表
LinkList b;                           //借书表
```

```
    void SystemInitialize( ) ;
    void SystemTerminate( ) ;
    void SystemRun( ) ;

    int main( int argc, char * argv[ ] )
    {

      SystemInitialize( ) ;
      SystemRun( ) ;
      SystemTerminate( ) ;

      system( "PAUSE" ) ;
      return 0;
    }

    void SystemInitialize ( )
    {
      InitList ( s ) ;
      InitList ( b ) ;

      Book mybooks[ ] = {
        {"C Programming Language"},
        {"Data Structures"},
        {"C+ + Programming Language"},
        {"Effactive C+ + "},
        {"More Effactive C+ + "},
        {"Design Patterns"}
      };
      for ( int i=0; i<6; i+ + )
            ListInsert( s, i, mybooks[i]) ;
}


void SystemRun( )
{
  char GetCommand( ) ;
  void DoCommand (char cmd) ;
  char cmd;
```

```
    do {
        cmd = GetCommand();
        DoCommand(cmd);
    } while ( cmd! ='q' );
}

char GetCommand ()
{
    char str[64];
    cout << "\na:新书 b:借书 r:还书 p:打印 q:退出" << endl;
    cout << ".";
    cin.getline(str, 64);
    return str[0];
}

void DoCommand ( char cmd )
{
    void AddNewBook();
    void BorrowBook();
    void ReturnBook();
    void PrintBookLists();

    switch ( cmd ) {
    case 'a':
        AddNewBook();
        break;
    case 'b':
        BorrowBook();
        break;
    case 'r':
        ReturnBook();
        break;
    case 'p':
        PrintBookLists();
        break;
    case 'q':
        break;
    default:
        cout << "\n命令错误" << endl;
    }
```

```
}

void AddNewBook()
{
  Book abook;

  cout << "\n输入新书名:";
  ReadBook(abook);
  if ( ListInsert(s,1,abook) )
    cout << "入库成功" << endl;
  else
    cout << "入库失败" << endl;
}

void BorrowBook()
{
  Book abook;
  int k;

  cout << "\n借书书名:";
  ReadBook(abook);
  k = LocateElem(s,abook,BookEqual);
  if ( k!=0 ) {
      // TODO (#1#): 借书
//       ListDelete(s,k,abook);
//       ListInsert(b,1,abook);
     //----------------------------------------

     cout << "\n借书成功" << endl;
   } else
     cout << "\n查无此书" << endl;
}

void ReturnBook()
{
  Book abook;
  int k;

  cout << "\n还书书名:";
```

```
    ReadBook(abook);
    k = LocateElem(b, abook, BookEqual);
    if ( k!=0 ) {
            // TODO (#1#): 还书
//          ListDelete(b, k, abook);
//          ListInsert(s, 1, abook);
        //-------------------------------------------
        cout << "\n还书成功" << endl;
    } else
        cout << "\n查无此书" << endl;
}

void PrintBookLists()
{
      cout << "\n库存 " << ListLength(s) << " 本书:\n";
      ListTraverse ( s, PrintBook );
      cout << "\n借出 " << ListLength(b) << " 本书:\n";
      ListTraverse ( b, PrintBook );
}

void SystemTerminate ()
{
        DestroyList ( s );
        DestroyList ( b );
}
/*
    Name: book.h
    Copyright:
    Author:
    Date: 07-03-05 23:05
    Description:
*/

#ifndef BOOK_H_INCLUDED
#define BOOK_H_INCLUDED

#include "ds.h" // for Status ...

#include <iostream>
using namespace std;
```

```
#include <string.h>


const int BOOK_NAME_SIZE = 32;
struct Book {
    char name[BOOK_NAME_SIZE];
};

bool BookEqual( Book a, Book b )
{
    return strcmp(a.name, b.name)==0;
}

Status PrintBook( Book b )
{
    cout << b.name << endl;
    return true;
}

void ReadBook ( Book& b )
{
    cin.getline(b.name, BOOK_NAME_SIZE);
}

#endif
/*
  Name: linklist.h
  Copyright:
  Author:
  Date: 21-03-05 20:21
  Description:
*/

#ifndef LINKLIST_H_INCLUDED
#define LINKLIST_H_INCLUDED

#include "ds.h" //for Status, OK ...

#ifndef ElemType
#define ElemType int /* 数据元素类型默认为 int */
```

```
#define ELEMTYPE_TAG
#endif

/****************************************************
* 单链表的存储结构定义
****************************************************/
typedef struct LNode {
   ElemType data;
   struct LNode *next;
} LNode, *LinkList;


/****************************************************
* 单链表的基本操作声明
****************************************************/

//创建并初始化为空表
Status InitList(LinkList &L);

//销毁整个表(从此之后不再可用)
Status DestroyList(LinkList &L);

//将表L置空
Status ClearList(LinkList &L);

//判断表L是否为空表
bool ListEmpty(LinkList L);

//求表L的长度
int ListLength(LinkList L);

//取表L中的第i个元素,并用e返回．操作成功返回OK,失败时返回ERROR
Status GetElem(LinkList L, int i, ElemType &e);

//在表L中定位元素e首次出现的位置．操作成功返回位序,失败时返回0
//    compare(a,b) 为比较函数,匹配时返回true,否则返回false
//               这里默认使用equal进行比较
int LocateElem(LinkList L, ElemType e,
      bool (*compare)(ElemType, ElemType));
```

```
//在表L中插入第i个元素e. 操作成功返回OK,失败时返回ERROR
Status ListInsert(LinkList &L, int i, ElemType e);

//删除表L中第i个元素,结果用e返回 . 操作成功返回OK,失败时返回ERROR
Status ListDelete(LinkList &L, int i, ElemType &e);

//遍历表L,对每个元素调用visit(x).
Status ListTraverse(LinkList L, Status (*visit)(ElemType));

/**************************************
* 单链表的基本操作的实现
**************************************/

//创建并初始化为空表
Status InitList(LinkList &L)
{
    // TODO (#1#): 创建空表
    return ERROR;
    //--------------------------------------
}

//销毁整个表(从此之后不再可用)
Status DestroyList(LinkList &L)
{
    // TODO (#1#): 销毁表
    return ERROR;
    //--------------------------------------
}

//将表L置空
Status ClearList(LinkList &L)
{
    // TODO (#1#): 清空表
    return ERROR;
    //--------------------------------------
}
```

```
//判断表L是否为空表
bool ListEmpty(LinkList L)
{
   // TODO (#1#): 链表判空
   return false;
   //------------------------------------------
--
}

//求表L的长度
int ListLength(LinkList L)
{
   // TODO (#1#): 链表求长度
   return 0;
   //------------------------------------------
--
}

//取表L中的第i个元素,并用e返回. 操作成功返回OK,失败时返回ERROR
Status GetElem(LinkList L, int i, ElemType &e)
{
   // TODO (#1#): 实现取元素GetElem(L,i,&e)
   return ERROR;
//--------------------------------------------
-
}

//在表L中定位元素e首次出现的位置. 操作成功返回位序,失败时返回0
//   compare(a,b) 为比较函数,匹配时返回true,否则返回false
int LocateElem(LinkList L, ElemType e, bool (*compare)(ElemType, ElemType))
{
    // TODO (#1#): 在表中定位元素e,用compare(a,b)匹配元素
//   LinkList p;
//   int j;
//
//   p = L->next; j = 1;
//   while(p!=NULL) {
//      if( compare(p->data,e) ) return j;
//      p=p->next;
//   }
```

```
    return 0;
    //--------------------------------------------------
--
}


//在表L中插入第i个元素e. 操作成功返回OK,失败时返回ERROR
Status ListInsert(LinkList &L, int i, ElemType e)
{
        // TODO (#1#): 在链表中插入元素
        return ERROR;
        //-----------------------------------------------
---
}

//删除表L中第i个元素,结果用e返回 . 操作成功返回OK,失败时返回ERROR
Status ListDelete(LinkList &L, int i, ElemType &e)
{
        // TODO (#1#): 在链表中删除元素
        return ERROR;
        //-----------------------------------------------
---
}

//遍历表L,对每个元素调用visit(x).
Status ListTraverse(LinkList L, Status (*visit)(ElemType))
{
        LinkList p = L->next;
        while ( p ) {
          if ( visit(p->data)==ERROR ) return ERROR;
          p = p->next;
        }
        return OK;
}


#ifdef ELEMTYPE_TAG
#undef ElemType
#undef ELEMTYPE_TAG
#endif
```

```
#endif // LINKLIST_H_INCLUDED
```

习　　题

一、填空题

1. 在顺序表中插入或删除一个元素，需要平均移动___________元素，具体移动的元素个数与___________有关。

2. 线性表中结点的集合是___________的，结点之间的关系是___________的。

3. 当向一个长度为 n 的向量的第 i（1≤i≤n+1）个元素之前插入一个元素时，需要向后移动___________个元素。

4. 删除一个长度为 n 的向量中第 i（1≤i≤n）个元素时，需要向前移动___________个元素。

5. 在顺序表中访问任意一结点的时间复杂度均为___________，因此，顺序表也称为___________的数据结构。

6. 顺序表中逻辑上相邻的元素的物理位置___________相邻。单链表中逻辑上相邻的元素的物理位置___________相邻。

7. 在单链表中，除了首元结点之外，任一结点的存储位置由___________指示。

8. 在 n 个结点的单链表中要删除已知结点 * p，需要找到它的___________，其时间复杂度为___________。

二、判断正误（在正确的说法前面打“√”，反之打“×”）

（　　）1. 链表的每个结点中都恰好包含一个指针。

（　　）2. 链表的物理存储结构具有同链表一样的顺序。

（　　）3. 链表的删除算法很简单，因为当删除链中某个结点后，计算机会自动地将后续的各个单元向前移动。

（　　）4. 线性表的每个结点只能是一个简单类型，而链表的每个结点可以是一个复杂类型。

（　　）5. 顺序表结构适宜于进行顺序存取，而链表适宜于进行随机存取。

（　　）6. 顺序存储方式的优点是存储密度大，且插入、删除运算效率高。

（　　）7. 线性表在物理存储空间中也一定是连续的。

（　　）8. 线性表在顺序存储时，逻辑上相邻的元素未必在存储的物理位置次序上相邻。

（　　）9. 顺序存储方式只能用于存储线性结构。

（　　）10. 线性表的逻辑顺序与存储顺序总是一致的。

三、单项选择题

1. 在计算机存储器内表示数据时，物理地址与逻辑地址相同并且是连续的，称之为（　　）。

(A) 存储结构　　(B) 逻辑结构　　(C) 顺序存储结构　　(D) 链式存储结构

2. 一个向量第一个元素的存储地址是 100，每个元素的长度为 2，则第 5 个元素的地址是（　　）。

(A) 110　　(B) 108　　(C) 100　　(D) 120

3. 在 n 个结点的顺序表中，算法的时间复杂度为 O(1) 的操作是（　　）。

(A) 访问第 i（1≤i≤n）个结点和求第 i 个结点的直接前驱（2≤i≤n）

(B) 在第 i 个结点后插入一个新结点（1≤i≤n）

(C) 删除第i个结点（1≤i≤n）

(D) 将n个结点从小到大排序

4. 向一个有127个元素的顺序表中插入一个新元素并保持原来顺序不变，平均要移动（　　）个元素。

(A) 8　　(B) 63.5　　(C) 63　　(D) 7

5. 链接存储的存储结构所占存储空间（　　）。

(A) 分为两部分，一部分存放结点值，另一部分存放表示结点之间关系的指针

(B) 只有一部分，存放结点值

(C) 只有一部分，存储表示结点之间关系的指针

(D) 分为两部分，一部分存放结点值，另一部分存放结点所占单元数

6. 链表是一种采用（　　）存储结构存储的线性表。

(A) 顺序　　(B) 链式　　(C) 星式　　(D) 网状

7. 当线性表采用链式存储结构时，要求内存中可用存储单元的地址（　　）。

(A) 必须是连续的　　(B) 部分地址必须是连续的

(C) 一定是不连续的　　(D) 连续或不连续都可以

8. 线性表L在（　　）情况下适合使用链式结构实现。

(A) 需经常修改L中的结点值　　(B) 需不断对L进行删除、插入

(C) L中含有大量的结点　　(D) L中结点结构复杂

9. 单链表的存储密度（　　）。

(A) 大于1　　(B) 等于1　　(C) 小于1　　(D) 不能确定

四、应用题

一张线性表存储在带头结点的双向循环链表中，L为头指针。算法如下：

① 说明该算法的功能。

② 在空缺处填写相应的语句。

```
void unknown (BNODETP *L)
{ ...
p=L->next; q=p->next; r=q->next;
while (q!=L)
{ while (p!=L) && (p->data>q->data)
p=p->prior;
q->prior->next=r; (1) ________;
q->next=p->next; q->prior=p;
(2) ________; (3) ________; q=r; p=q->prior;
(4) ________;
```

五、算法设计题

1. 假设有两张按元素值递增次序排列的线性表，均以单链表形式存储。请编写算法，将这两张单链表归并为一个按元素值递减次序排列的单链表，并要求利用原来两个单链表的结点存放归并后的单链表。

2. 已知一个非空线性链表由list指出，链结点的构造为（data.link）。请写一种算法，将链表中数据域值最小的那个链结点移到链表的最前面。要求：不得额外申请新的链结点。

第 3 章 栈与队列

【学习目标】

通过本章内容的学习，掌握栈和队列的概念与特征，掌握顺序存储结构的栈和队列的实现及其基本操作——进栈、出栈和判断栈空；入队、出队和判断队列为空，并能够依据实际问题确定何时用到栈和队列两种数据结构形式，并能够灵活地运用。

栈和队列作为两种特殊的线性表，它们的逻辑结构和线性表相同，但其操作不同于普通的线性表，本章主要讨论栈和队列的定义、表示方法与实现，以及对这两类问题进行分析和研究，从而确定其解决的方法。

【基本要求】

由于栈和队列是特殊的线性表，因此在学习本章内容过程中，要与前面所学的线性表知识进行比较，从而得出其异同点，通过对原有知识的复习巩固，抓住栈与队列的特点，从而完成本章的学习任务，加深对数据的逻辑结构、存储结构及算法的理解，强化对线性表的认识，掌握入栈、出栈、判断栈空等操作，掌握入队、出队和判断队列为空等操作，能够运用所学的知识解决实际问题。

3.1 栈

3.1.1 栈的概念及相关操作

(1) 栈的概念

提出问题：在现实生活中，总能碰到如下问题，如存放在衣箱中的服装，先放进去的总是在箱子的下面，而后放进去的服装总是放在箱子的上面；取出时，必须先取出后放进去的服装。又比如，火车编组站，如图 3.1(b) 所示，先进站的只能后出站，而后进站的必须先出站。这样的例子还有很多，可以随便找出几个来，大家可能注意到这些问题有一个共同的特点，就是后进先出，下面讨论这类问题，从而找到这类问题的解决方法。

在数据结构中，把具有这种特性的数据存储空间叫做栈，也叫做堆栈，是限制仅在表的一端进行插入或删除操作的线性表。因此，对栈来说，进行插入或删除操作的一端具有特殊的意义，将它称为栈顶（top)，位于栈顶位置的元素称为栈顶元素；相应地，将表的另一端称为栈底（bottom)，位于栈底位置的元素为栈底元素。如图3.1(a) 所示。不含元素的空表称为空栈，将元素插入到栈顶的操作，称为进栈；从栈顶删除元素的操作，称为出栈。

栈操作的特点：后进先出。

栈又称为“后进先出”的线性表，简称LIFO表。

由于栈的特点，先进栈的数据总是在栈的下面，后进栈的数据总是在栈的上面。最先进栈的数据必须最后才能够出栈，最后进栈的数据必须最先出栈。

栈的基本操作：栈共有以下五个基本操作。

① 初始化栈 InitStack(S)。设置一个空栈 S。

② 压栈 Push(S，x)。将元素 x 插入栈 S 中，使 x 成为栈 S 的栈顶元素。

③ 出栈 Pop(S，x)。当栈 S 非空时，由 x 返回栈顶元素，并从栈中删除栈顶元素。

④ 取栈顶元素 GetTop(S，x)。若栈 S 非空，则由 x 返回栈顶元素。

⑤ 判栈空 Empty(S)。若栈 S 为空栈，则结果为 1；否则，结果为 0。

(2) 栈按照存储结构分类

栈是特殊的线性表，但其存储结构与线性表相同，也包括如下两种。

① 顺序栈。即采用顺序结构存储的栈。

② 链栈。即采用链式结构存储的栈。

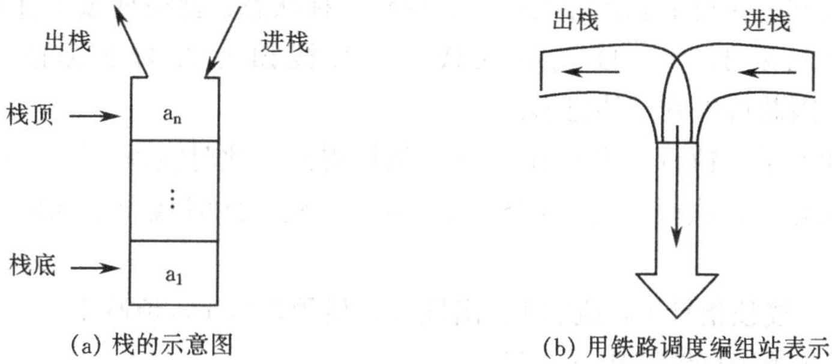

(a) 栈的示意图　　(b) 用铁路调度编组站表示栈

图 3.1　栈空间示意图

3.1.2　栈的顺序存储结构及其基本运算的实现

(1) 顺序栈

采用顺序结构存储的栈，它利用一组地址连续的存储单元依次存放自栈底到栈顶的所有数据元素，一般通过数组来实现，也就是说，将其存储在数组中，由于栈顶位置随着进栈和出栈等操作的不断进行而不断地变化，因此栈顶位置需要一个指针（top)，用来指定栈顶在顺序栈中的位置。

因此，顺序栈通常由一个一维数组和一个记录栈顶元素位置的变量组成。

顺序栈的C语言描述如下：

```
#define MaxSize <存储数据元素的最大个数>
typedef struct {
```

```
    ElemType data[MaxSize]; ＜存储数据元素的数组＞
    int top; ＜栈顶指针＞
}STACK;
```

ElemType 为栈中元素的数据类型，可以根据需要而指定为某种具体的类型。

data 域是一个一维数组，用于存储栈中元素。

top 域是栈顶指针。取值范围为 0～MaxSize－1。

top＝ －1 表示栈空，top＝MaxSize－1 表示栈满。

顺序栈的几种状态（最大长度 MaxSize 为 4）如图 3.2 所示。

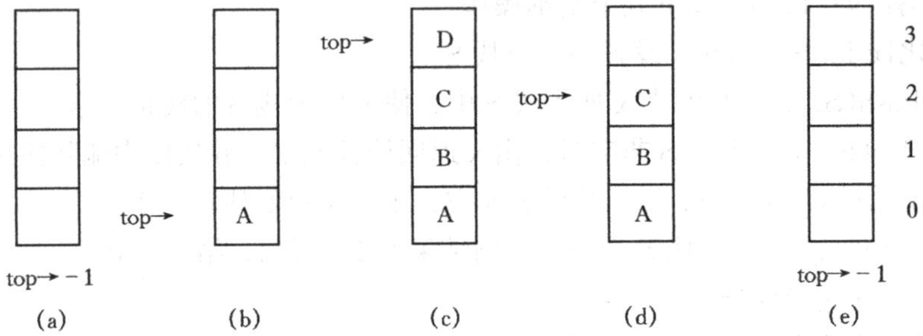

图 3.2　栈操作示意图

① 当栈中没有数据元素时，表示为空栈。栈顶指针所对应的值是 top＝－1。

② 表示在①基础上执行 Push(S，'A') 后得到这种状态，此时栈顶指针 top＝0。

③ 又有三个元素 B，C，D 先后入栈，此时栈顶元素的下标值 top＝3。由于 top＝MaxSize－1，因此可以判定栈已满。

④ 表示在③状态下，执行一次 Pop(S，x) 运算得到，此时栈顶下标 top＝2。

⑤ 表示在④状态下，执行三次 Pop(S，x) 运算得到，此时栈顶下标值 top＝－1，又变成栈空状态。

说明：入栈时，栈顶指针 top 值加 1；出栈时，栈顶指针 top 值减 1。

(2) 基本操作在顺序存储结构下的实现

将前面提到的栈的五种基本运算（操作）用 C 语言描述出来。

① 初始化栈 InitStack(S)。

```
void InitStack(STACK *S)
{ S->top= -1; } /* 将栈顶指针置 -1,表示此时栈中为空 */
```

② 压栈 Push(S，x)。

```
int Push(STACK *S, ElemType x)
{if(S->top==MaxSize-1) /* 判断此时栈是否为满 */
   {
     printf("\n Stack is full!");
     return 0; } /* 表示入栈操作失败 */
   S->top++; /* 修改栈顶指针 */
   S->data[S->top]=x; /* 将入栈的元素存储在栈顶指针所指向的存储单元 */
```

```
    return 1; }
```

③ 出栈 Pop(S, x)。

```
int Pop(STACK *S, ElemType *x)
{ if(Empty(S)) /*判断栈是否为空*/
{
        printf("\n Stack is free!");
        return 0;
    }
  *x=S->data[S->top];/*取出栈顶元素*/
  S->top--; /*修改栈顶指针*/
  return 1;
}
```

④ 取栈顶元素 GetTop(S, x)。

```
int GetTop(STACK *S, ElemType *x)
{
    if(Empty(S))
      {
        printf("\n Stack is free!");
        retrn 0;
           }
      *x=S->data[S->top]; /*取出栈顶元素*/
      return
}
```

Pop() 和 GetTop() 之间的差别在于前者数据出栈后修改栈顶指针；而后者在获得栈顶元素后，不修改栈顶指针。

⑤ 判断栈空 Empty(S)。

```
int Empty(STACK *S)
    { return (S->top==-1?1:0);}
```

需要说明的是，在进栈操作时，先修改栈顶指针，然后赋值；而出栈时，必须先取出元素的值，后修改栈顶指针，否则将产生错误操作。

(3) 栈的共享存储单元

两个栈共享大小为 m 的内存空间，空间分配方法示意如图 3.3 所示。

两个栈共享存储单元描述如下：

```
#define MaxSize /*共享存储单元的最大长度*/
typedef struct{
      ElemType data[MaxSize]; /*两个栈共有的存储元素的数组*/
```

```
    int top[2]; /* 栈顶指针数组 */
}STACK;
```

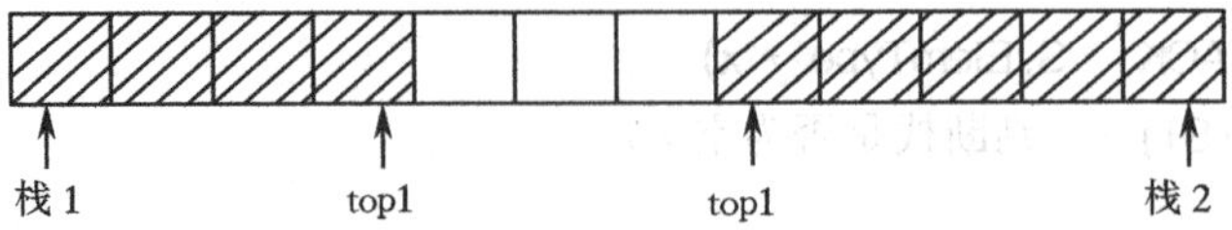

图 3.3　两个栈共用同一存储区间

说明：共享存储单元的两个栈，其元素类型必须相同。

两个栈共享存储单元的基本操作如下。

① 两个栈共享存储单元的入栈算法。

```
int Push(STACK  *S, ElemType x, int k)
{ /* 其中 k 用于说明对哪一个栈进行操作,取 0 和 1 */
  if(S->top[0]+1==S->top[1]) /* 判断栈是否为满 */
    {
      printf("\n stack is full!");
      return 0;
    }
  if(k==0){ S->top[0]++; /* 判断对哪一个栈进行入栈操作 */
           S->data[S->top[0]]=x;}
  else{
        S->top[1]--;
        S->data[S->top[1]]=x;
        }
  return 1;
}
```

② 两个栈共享存储单元的出栈算法。

```
int Pop(STACK  *S, int k, ElemType  *x)
{ if((k==0)&&(S->top[0]==-1)) /* 判断是否对低端栈进行操作并判断其是否
为空 */
    {
      printf("\n stack is free!");
      return 0; }
  if((k==1)&&(S->top[1]==MaxSize)) /* 判断是否对高端栈进行操作并判断
是否为空 */
  {
  printf("\n stack is free!"); return 0; }
  if(k==0){ /* 若对低端栈操作则将数据元素出栈,并修改指针 */
      *x=S->data[S->top[0]];S->top[0]--; }
  else{
```

```
        *x=S->data[S->top[1]];S->top[1]++;
      }
    return 1;
  }
```

两个栈共享存储单元可以提高存储空间的使用效率。

(4) 顺序栈操作练习

通过下面的例子，将顺序栈的入栈、出栈和判断栈空等基本操作加以综合应用，从而掌握其基本功能和如何使用。

```
#include <stdio.h>
typedef char ElemType;
#define StackSize 100 /*顺序栈的初始分配空间*/
typedef struct
{
   ElemType data[StackSize]; /*保存栈中元素*/
   int top; /*栈指针*/
} SqStack;
void InitStack(SqStack *st) /*st为引用型参数*/
{
   st->top=-1;
}
int Push(SqStack *st,ElemType x) /*进栈运算,st为引用型参数*/
{
   if (st->top==StackSize-1) /*栈满*/
      return 0;
   else                       /*栈不满*/
   {
      st->top++;
      st->data[st->top]=x;
      return 1;
   }
}
int Pop(SqStack *st,ElemType *x) /*出栈运算,st和x为引用型参数*/
{
   if (st->top==-1) /*栈空*/
      return 0;
   else              /*栈不空*/
   {
      *x=st->data[st->top];
      st->top--;
```

```
        return 1;
    }
}
int GetTop(SqStack *st,ElemType *x) /*取栈顶元素,x为引用型参数*/
{
    if (st->top==-1) /*栈空*/
        return 0;
    else
    {
        *x=st->data[st->top];
        return 1;
    }
}
    int StackEmpty(SqStack *st) /*判断栈空运算*/
    {
        if (st->top==-1) /*栈空*/
            return 1;
        else                    /*栈不空*/
            return 0;
    }
void main()
{
    SqStack st;
    ElemType e;
    InitStack(&st);
    printf("栈%s\n",(StackEmpty(&st)==1?"空":"不空"));
    printf("a进栈\n");Push(&st,'a');
    printf("b进栈\n");Push(&st,'b');
    printf("c进栈\n");Push(&st,'c');
    printf("d进栈\n");Push(&st,'d');
    printf("栈%s\n",(StackEmpty(&st)==1?"空":"不空"));
    GetTop(&st,&e);
    printf("栈顶元素:%c\n",e);
    printf("出栈次序:");
    while (!StackEmpty(&st))
    {
        Pop(&st,&e);
        printf("%c ",e);
    }
    printf("\n");
```

```
}
```

3.1.3 栈的链式存储结构及其基本运算的实现

(1) 栈的链式存储结构

栈的链式存储结构又称为链栈实现，是以链表作为栈的存储结构，并在这种存储结构上实现栈的基本运算。作为运算受限的单链表，根据建表时或进行插入时所采用的方法不同，栈顶的位置也有所不同，对于前插法，由于最后插入的元素位于表的开始结点处，因此，用前插法构造的栈，栈顶应位于表头；而对于后插法，相应的栈顶应位于表尾，本节所涉及的链栈将采用前插入，因此所有的操作都只能在链表的头部进行，故链栈没有必要像单链表那样加上头结点，链表的头指针就是链栈的栈顶指针。如图 3.4 所示为用前插法构造的链栈，用 top 代替了单链表中的头指针。

链栈操作过程中的几种状态如图 3.5 所示。

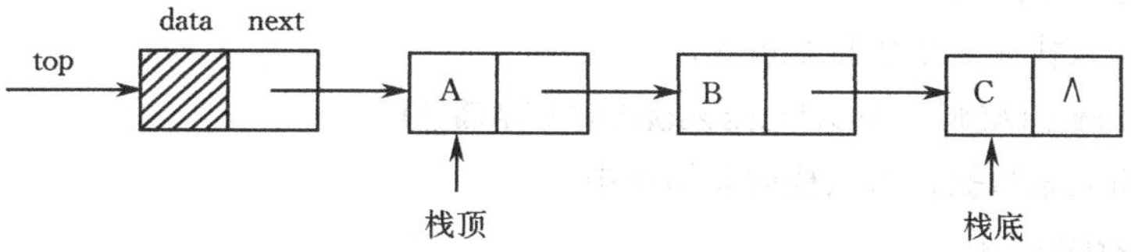

图 3.4 链式存储结构的栈

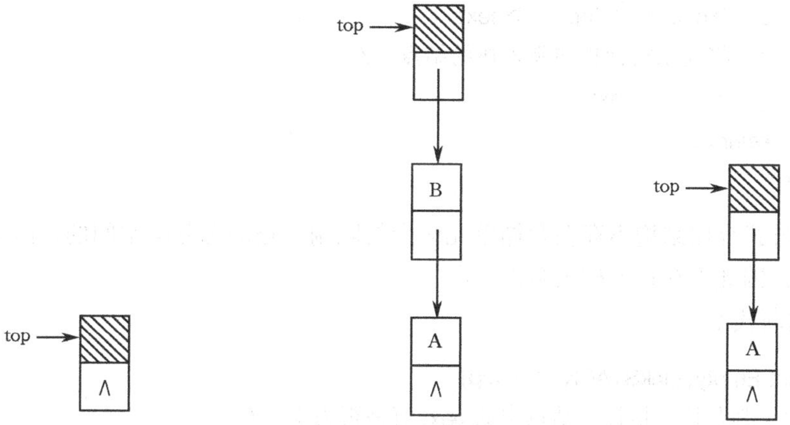

(a) top ->next = NULL 表示空栈　(b) A，B 两个元素顺序入栈　(c) B 元素出栈

图 3.5 链栈操作过程中的几种状态

链栈的描述与单链表的描述形式相同。

链栈的 C 语言描述如下：

```
typedef struct snode { /* 定义链栈结点类型 */
      ElemType data;
      struct snode * next;
   }LinkSTACK;
LinkSTACK * top; /* 声明栈顶指针 */
```

(2) 基本运算在链式存储结构的实现

① 栈初始化。

```
void InitStack(LinkSTACK * * top)
{ / * 生成新结点,作为栈顶指针 * /
    * top = (LinkSTACK * )malloc(sizeof(LinkSTACK));
   / * 将栈顶指针中指针项 next 置空值 * /
   ( * top) - >next = NULL;
}
```

② 压栈运算。

```
int Push(LinkSTACK * * top, ElemType x)
{ / * 为新结点声明指针变量 * /
  LinkSTACK * s;
  / * 为入栈元素生成新结点 * /
  s = (LinkSTACK * )malloc(sizeof(LinkSTACK));
  / * 将元素数据存入入栈的新结点中 * /
  s - >data = x;
  / * 将新入栈结点的链接指针 next 指向其入栈前的栈顶结点 * /
  s - >next = ( * top) - >next;
  / * 将栈顶指针指向新入栈的结点 * /
  ( * top) - >next = s;
  return 1;
}
```

由于链式存储结构不存在存储单元多少的限制，是动态分配空间的，因此不存在栈顶溢出的问题，因此不存在入栈失败的问题。

③ 判断栈空。

```
int Empty(LinkSTACK * * top)
/ * 判断栈顶指针的结点中的 next 值是否为空 * /
{ return (( * top) - >next = = NULL?1:0);}
```

④ 出栈运算。

```
int Pop(LinkSTACK * * top, ElemType * x)
{ LinkSTACK * s;
   / * 判断栈顶指针是否为空 * /
   if(Empty(top)){
     printf(" \ n stack is free!");
     return 0;
     }
/ * 将栈顶指针中的 next 赋给中间指针变量 s * /
```

```
    s=(*top)->next;
    /*将栈顶结点的数据取出*/
      *x=s->data;
    /*将中间指针变量s的next赋给栈顶指针*/
    (*top)->next=s->next;
    释放出栈元素的空间
    free(s);
    return 1;
}
```

⑤ 取栈顶元素。

```
int GetTop(LinkSTACK **top,ElemType *x)
{ if(Empty(top)){
        printf("\n stack is free!");
        return 0;
    }
  *x=(*top)->next->data;
  return 1;
}
```

出栈 Pop() 和取栈顶元素的差别在于前者释放栈顶结点的空间。

(3) 栈链式存储结构的操作练习

```
#include <stdio.h>
#include <malloc.h>
typedef char ElemType;
typedef struct lsnode
{
   ElemType data; /*存储结点数据*/
   struct lsnode *next; /*指针域*/
} LinkStack;
void InitStack(LinkStack *&ls) /*ls为引用型参数*/
{
   ls=NULL;
}
void Push(LinkStack *&ls,ElemType x) /*进栈运算,ls为引用型参数*/
{
  LinkStack *p;
  p=(LinkStack *)malloc(sizeof(LinkStack));
  p->data=x;
  p->next=ls;
  ls=p;
```

```
}
int Pop(LinkStack * &ls, ElemType &x)  /* 出栈运算,ls 为引用型参数 */
{
    LinkStack *p;
    if (ls= =NULL)  /* 栈空,下溢出 */
        return 0;
    else
    {
        p=ls;
        x=p- >data;
        ls=p- >next;
        free(p);
        return 1;
    }
}
int GetTop(LinkStack *ls, ElemType &x)  /* 取栈顶元素运算 */
{
    if (ls= =NULL)  /* 栈空,下溢出 */
        return 0;
    else
    {
        x=ls- >data;
        return 1;
    }
}
int StackEmpty(LinkStack *ls)  /* 判断栈空运算 */
{
    if (ls= =NULL)
        return 1;
    else
        return 0;
}
void main()
{
    LinkStack *ls;
    ElemType e;
    InitStack(ls);
    printf("栈%s\n",(StackEmpty(ls)= =1?"空":"不空"));
    printf("a 进栈\n");Push(ls,'a');
    printf("b 进栈\n");Push(ls,'b');
```

```
    printf("c进栈\n");Push(ls,'c');
    printf("d进栈\n");Push(ls,'d');
    printf("栈%s\n",(StackEmpty(ls)==1?"空":"不空"));
    GetTop(ls,e);
    printf("栈顶元素:%c\n",e);
    printf("出栈次序:");
    while (!StackEmpty(ls))
    {
        Pop(ls,e);
        printf("%c ",e);
    }
    printf("\n");
}
```

3.2 队 列

3.2.1 队列的概念和相关操作

(1) 队列的概念

提出问题：在现实生活中，经常遇到排队购物、商品的预定等问题，它们都有一个共同的特点，就是先到先处理，处理的过程是按照先后的顺序进行的，也就是先进先出，处理这类问题的数据结构就是队列。

队列也是一种运算受限的线性表。在这种线性表上，插入操作限定在表的某一端进行，删除操作限定在表的另一端进行。允许插入的一端称为队尾，允许删除的一端称为队头。这和人们日常生活中的排队是相同的，即新来的人总是加入队伍的尾部，每次离开的人总是排在队首的人。也就是说，先进入队列的元素总是先离开队列。因此队列是一种先进先出(First In First Out）的线性表（简称 FIFO)。与栈类似，在队列中允许删除的一端为队头，允许插入的一端为队尾，插入一元素到队尾的操作称为入队，从队头删除一元素的操作称为出队。队列中无数据元素则为空队列。

(2) 队列的基本操作

队列的操作与栈的操作类似，其基本操作也有以下五种。

① 队列初始化 InitQueue(SQ)。设置一个空队列 SQ。

② 入队列 EnQueue(SQ，x)。将 x 插入到队列 SQ 的队尾。

③ 出队 OutQueue(SQ，x)。将队头元素赋给 x，并删除队头元素。

④ 取队头元素 GetHead(SQ，x)。由 x 返回队头结点的值。

⑤ 判队列空 Empty(SQ)。队列 SQ 是否为空。若为空，返回 1；否则，返回 0。

队列有两种存储表示方法：顺序存储和链式存储。

3.2.2 队列的顺序存储结构及其基本运算的实现

(1) 队列的顺序存储结构

队列的顺序存储结构简称顺序队列，顺序队列实际上是运算受限的线性表，与顺序表相同，顺序队列也必须用一组地址连续的存储空间来存放当前队列中的元素。

顺序队列是用一维数组依次存放队列中的元素和分别指示队列的首端位置与队列的尾端位置的两个变量组成。

由于出队列的操作总是在顺序表的表头位置，若按照前面顺序表的操作方法来进行，势必会引起大量的元素的移动，为了避免这样无谓的操作，可以设两个指针，分别指示当前队头元素和队尾元素在连续存储空间中的位置，这两个变量分别称为“队头指针”和“队尾指针”，当进行出队操作时，可以让队头指针后移一位，进行入队操作时，可以让队尾指针后移一位，因此队头和队尾的位置在操作过程中都是变化的。

顺序队列的数据类型定义如下：

```
#define MaxSize /* 队列的最大容量 */
typedef struct{
    ElemType data[MaxSize+1];
    int front, rear;
  }SQUEUE;
```

其中 MaxSize 是指预分配的存储空间所能容纳队列元素的最多个数；ElemType 为元素类型，data[ ] 为存放数据元素的数组；front 和 rear 分别为队头指针和队尾指针。为了方便起见，规定队头指针 front 总是指向当前队头元素的前一个位置，队尾指针 rear 总是指向当前队尾元素的位置，由于 C 语言数组下标从 0 开始，队列中的元素将从 C 语言一维数组的第二个单元开始存放。因此，在初始状态下，队列的头、尾指针都指向一维数组的第一个存储单元，即下标为 0 的存储单元。

顺序队列的几种状态如图 3.6 所示。

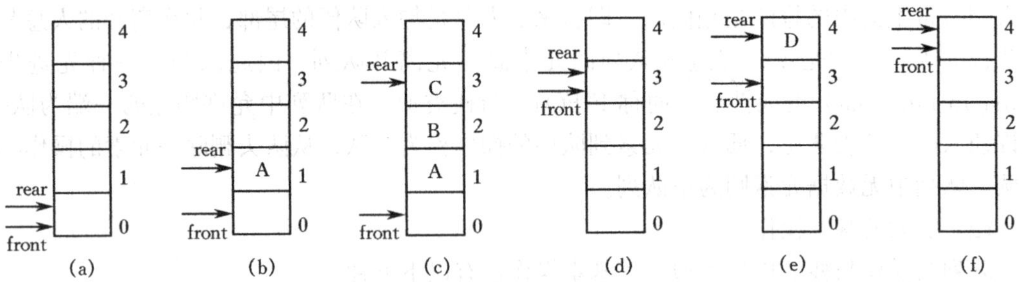

图 3.6 顺序队列（MaxSize=5）的几种状态

操作过程说明如下：

① 表示空队列，rear=front=0；

② 元素 A 入队后，rear=1，front=0；

③ B，C 依次入队后，rear=3，front=0；

④ A，B，C 依此出队后，rear=front=3；

⑤ D 入队后，rear = 4，front = 3；

⑥ D 出队后，rear = front = 4。

初始状态时，队列为空，front 和 rear 都指向数组的头一个位置，即下标为 0 的位置。

```
SQUEUE sq; /＊声明一个队列 sq＊/
```

若不考虑溢出，sq 为顺序队列，则入队运算可以描述为：

```
sq.rear = sq.rear + 1; /＊ 队尾指针加一＊/
sq.date[sq.rear] = x; /＊元素 x 入队＊/
```

出队运算的指针操作可描述为：

```
sq.front = sq.front + 1 /＊队头指针加 1＊/
```

在上述前提下，空队列时，头、尾指针之间的关系为：

```
sq.front = sq.rear;
"溢出"与"假溢出"
```

显然，当前队列中的元素个数（即队列的长度）是 sq.rear - sq.front，队尾减去队头指针。队满的条件是当前队列长度等于队列所能容纳的元素的最多个数，即 sq.rear - sq.front = MaxSize。但是，如果当前的尾指针等于预分配存储空间的上界（即 sq.rear = MaxSize）时，即使队列不满（即当前队列中的元素个数小于 MaxSize），再作入队操作也会引起溢出。产生这种现象的原因是在顺序队列中，被删除元素的空间在该元素被删除后就永远使用不到，这种现象称为“假溢出”，一旦发生“假溢出”，可以将全部的元素向前移动，直到队头指针为 0，但这种方法很耗费时间。为了克服这一缺点，同时又不移动大量的元素，一种比较巧妙的方法是把队列设想成一张循环的表，试想 sq.data[1] 接在 data[MaxSize] 之后，即若 sq.rear + 1 = MaxSize + 1，则令 sq.rear = 1；由于数组下标从 0 开始，所以这种队列的入队操作修改队尾指针可以描述为：

```
sq.rear = (sq.rear + 1) % MaxSize;
```

然而，在循环队列中，又出现了一个新的问题，如何来判断队满和队空？

(sq.rear + 1) % MaxSize = = sq.front 为队列满的判定条件；Sq.rear = = sq.front 为队空的判断条件，少用一个存储单元，即下标为 0 的存储单元。如图 3.7(c)为队满，图 3.7(a)和(e)为队空，如果不少用一个存储单元，就会出现队满和队空无法区别的情况，即 sq.rear = = sq.front，即图 3.7(a)和(e)和图 3.7(c)的情况无法区分。

少用一个存储单元，即下标为 0 的存储单元，可以看成 data[1]和 data[MaxSize - 1]是连接在一起的。

操作过程说明如下：

① 表示空队列，rear = front = 0；

② 元素 A 入队后，rear = 1，front = 0；

③ B，C，D 依次入队后，rear = 4，front = 0；

④ A 出队后，front = 1，rear = 4；

⑤ B，C，D 出队后，rear = front = 4。

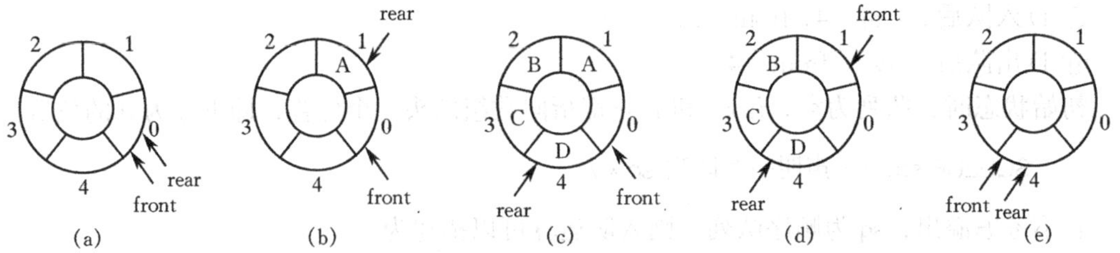

图 3.7　具有五个存储单元的循环队列操作过程

(2) 循环队列的基本操作

根据上面的分析，假设已经定义了一个循环队列 sq，在循环队列上实现的五种基本操作如下。

① 置空队列。

```
void InitQueue(SQUEUE *SQ)
{ SQ->rear=0;
SQ->front=0;}
```

② 入队操作。

```
int EnQueue(SQUEUE *SQ,ElemType x)
{ if((SQ->rear+1)%MaxSize==SQ->front){
    printf("\n Queue is full!");
    return 0;}
  SQ->rear=(SQ->rear+1)%MaxSize;
  SQ->data[SQ->rear]=x;
  return 1;}
```

③ 出队操作。

```
ElemType OutQueue(SQUEUE *SQ,)
{ /*如果队列非空,则删除队列 SQ 的队头元素,并返回该元素,否则返回 NULL
  if(Empty(SQ)){ /*如果队列已空*/
    printf("\n Queue is free");
    return NULL;
  }
  SQ->front=(SQ->front+1)%MaxSize;
  return SQ->data[SQ->front];
}
```

④ 判断队列空。

```
int Empty(SQUEUE *SQ)
{ return(SQ->rear==SQ->front)?1:0;}
```

⑤ 取队头元素。

```
ElemType GetHead(SQUEUE  * SQ )
{ / * 如果队列 SQ 非空,则返回队列 SQ 的队头元素,否则返回 NULL * /
   int k
   if(SQ->rear= =SQ->front) / * 如果队列已空 * /

   {
     printf("队列已空!\n");/ * 提示出错,即返回 NULL 即空队列 * /
     return NULL;
}
   else / * 返回队头元素的值 * /
       { k=(SQ->front+1)%MaxSize);
       return SQ->data[k];
      }l
      }
```

(3) 顺序存储队列操作练习

本例中通过入队、出队、判断队空等方法的使用，可以加深对顺序队列概念的理解，掌握顺序队列操作方法的运用。

```
#include <stdio.h>
#define MaxSize 100
typedef char ElemType;
typedef struct
{
     ElemType data[MaxSize]; / * 保存队中元素 * /
     int front, rear;              / * 队头和队尾指针 * /
} SQUEUE;
void InitQueue(SQUEUE  * SQ)
{ SQ->rear=0;
SQ->front=0;}
int EnQueue(SQUEUE  * SQ, ElemType x)
{ if((SQ->rear+1)%MaxSize= =SQ->front){
     printf("\n Queue is full!");
     return 0;}
   SQ->rear=(SQ->rear+1)%MaxSize;
   SQ->data[SQ->rear]=x;
   return 1;}
ElemType OutQueue(SQUEUE  * SQ)
{ / * 如果队列非空,则删除队列 SQ 的队头元素,并返回该元素,否则返回 NULL * /
if(Empty(SQ)){ / * 如果队列已空 * /
     printf("\n Queue is free");
```

```
        return NULL;
    }
    SQ->front=(SQ->front+1)%MaxSize;
    return SQ->data[SQ->front];
}
int Empty(SQUEUE *SQ)
{ return(SQ->rear==SQ->front)?1:0;}
ElemType GetHead(SQUEUE *SQ)
{ /*如果队列SQ非空,则返回队列SQ的队头元素,否则返回NULL*/
    int k;
    if(SQ->rear==SQ->front) /*如果队列已空*/

    {
    printf("队列已空\n");/*提示出错,即返回NULL即空队列*/
    return NULL;
}
    else /*返回队头元素的值*/
    { k=(SQ->front+1)%MaxSize;
    return SQ->data[k];
}
}
void main()
{
   SQUEUE qu;
   ElemType e;
   InitQueue(&qu);
   printf("队%s\n",(Empty(&qu)==1?"空":"不空"));
   printf("a进队\n");EnQueue(&qu,'a');
   printf("b进队\n");EnQueue(&qu,'b');
   printf("c进队\n");EnQueue(&qu,'c');
   printf("d进队\n");EnQueue(&qu,'d');
   printf("队%s\n",(Empty(&qu)==1?"空":"不空"));
   e=GetHead(&qu);
   printf("队头元素:%c\n",e);
   printf("出队次序:");
   while (!Empty(&qu))
   {
      e=OutQueue(&QU);
      printf("%c ",e);
    }
```

```
    printf("\n");
}
```

3.2.3　队列的链式存储结构及其基本运算的实现

（1）队列的链式存储结构

队列的链式存储结构简称为链队列。它实际上是一个同时带有首指针和尾指针的单链表。头指针指向表头结点，而尾指针则指向队尾元素。若将队列的两个指针封装在一起，则链队列可以描述如下。

链队的数据类型定义如下：

```
typedef struct qnode{              /* 链队结点的类型 */
    ElemType data;
    struct qnode *next;
}QTYPE;
typedef struct qptr{               /* 链队指针类型 */
    QTYPE *front, *rear;
}SQUEUE;
SQUEUE LQ;                         /* LQ 表示链队列 */
```

其中 front 为指向头结点的指针，rear 为指向尾结点的指针，为了运算的方便，也在队头结点前附加一个头结点，如图 3.8 所示。

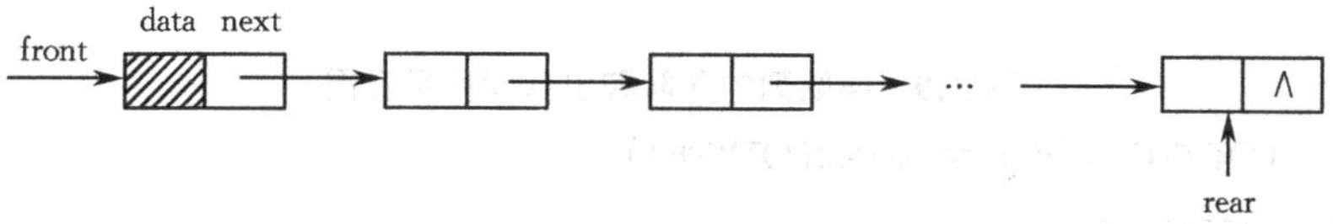

图 3.8　链队结构示意图

链队列的操作情况即为单链表的插入和删除操作的特殊情况，只是尚需修改队列的头指针或尾指针，图 3.9 示意这两种操作进行时指针的变化情况。

（2）链队列基本操作的实现

① 队列初始化。

```
void InitQueue(SQUEUE *LQ)
{ QTYPE *p;
  p=(QTYPE *)malloc(sizeof(QTYPE));
  p->next=NULL;
  LQ->front= LQ->rear=p;
}
```

② 入队列。

```
int EnQueue(SQUEUE *LQ, ElemType x)
{ QTYPE *s;
```

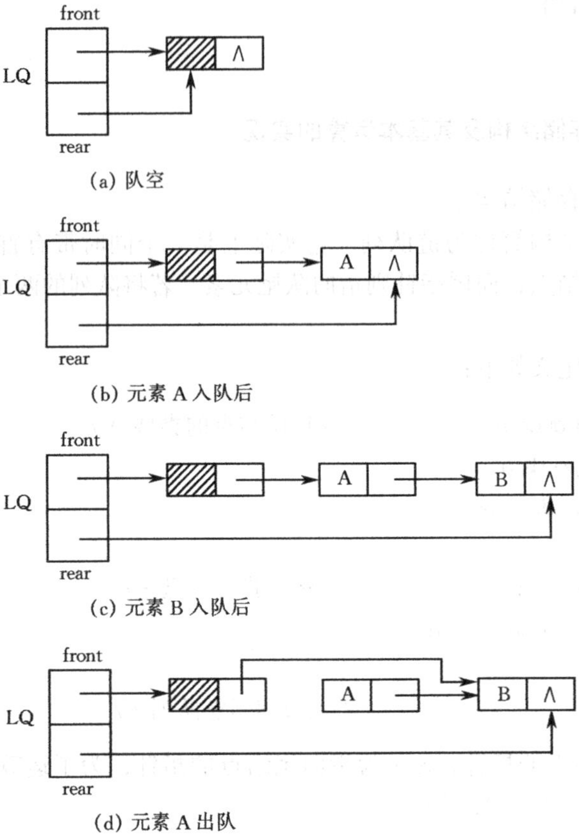

图 3.9 链队列的入队和出队操作示意图

```
    s=(QTYPE *)malloc(sizeof(QTYPE));
    s->data=x;
    s->next=LQ->rear->next;
    LQ->rear->next=s; LQ->rear=s;
    return 1;
}
```

③ 判队空。

```
int Empty(SQUEUE *LQ)
{ return(LQ->front==LQ->rear?1:0);}
```

④ 出队列。

```
int OutQueue(SQUEUE *LQ,ElemType *x)
{ QTYPE *p;
  if(Empty(LQ)){
    printf("\n Queue is free!");
    return 0;}
  p=LQ->front->next;
```

```
 *x=p->data;
 LQ->front->next=p->next;
 if(LQ->front->next==NULL) LQ->rear=LQ->front;
 free(p);
 return 1; }
```

⑤ 取队头元素。

```
int GetHead(SQUEUE *LQ, ElemType *x)
{ if(Empty(LQ)){
     printf("\n Queue is free!");
     return 0; }
  *x=LQ->front->next->data;
 return 1;}
```

(3) 队列的链式存储结构操作练习

下面的程序段是对链队列的入队、出队、取队头元素等基本操作使用练习，通过实践，可以加深对链队列及基本操作的理解。

```
#include <stdio.h>
#include <malloc.h>
typedef char ElemType;
typedef struct QNode
{
     ElemType data;
     struct QNode *next;
} QType;                                    /*链队中结点的类型*/
typedef struct qptr
{
     QType *front, *rear;
} LinkQueue;                                /*链队类型*/
void InitQueue(LinkQueue *&lq)              /*lq为引用型参数*/
{
     lq=(LinkQueue *)malloc(sizeof(LinkQueue));
     lq->rear=lq->front=NULL;               /*初始情况*/
}
void EnQueue(LinkQueue *&lq, ElemType x)    /*入队运算,lq为引用型参数*/
{
   QType *s;
   s=(QType *)malloc(sizeof(QType));        /*创建新结点,插入到链队的末尾*/
   s->data=x;s->next=NULL;
   if (lq->front==NULL && lq->rear==NULL)   /*空队*/
```

```
        lq->rear=lq->front=s;
    else
    {
        lq->rear->next=s;
        lq->rear=s;
    }
}
int DeQueue(LinkQueue *&lq,ElemType &x)      /*出队运算,lq和x均为引用型参数*/
{
    QType *p;
    if (lq->front==NULL && lq->rear==NULL)     /*空队*/
        return 0;
    p=lq->front;
    x=p->data;
    if (lq->rear==lq->front)       /*若原队列中只有一个结点,删除后队列变空*/
        lq->rear=lq->front=NULL;
    else
        lq->front=lq->front->next;
    free(p);
    return 1;
}
int GetHead(LinkQueue *lq,ElemType &x) /*取队头元素运算,x为引用型参数*/
{
    if (lq->front==NULL && lq->rear==NULL) /*队空*/
        return 0;
    x=lq->front->data;
    return 1;
}
int QueueEmpty(LinkQueue *lq) /*判断队空运算*/
{
    if (lq->front==NULL && lq->rear==NULL)
        return 1;
    else
        return 0;
}
void main()
{
    LinkQueue *lq;
    ElemType e;
    InitQueue(lq);
```

```
    printf("队%s\n",(QueueEmpty(lq)==1?"空":"不空"));
    printf("a进队\n");EnQueue(lq,'a');
    printf("b进队\n");EnQueue(lq,'b');
    printf("c进队\n");EnQueue(lq,'c');
    printf("d进队\n");EnQueue(lq,'d');
    printf("队%s\n",(QueueEmpty(lq)==1?"空":"不空"));
    GetHead(lq,e);
    printf("队头元素:%c\n",e);
    printf("出队次序:");
    while (!QueueEmpty(lq))
    {
       DeQueue(lq,e);
       printf("%c ",e);
    }
    printf("\n");
}
```

3.3 栈和队列的应用

3.3.1 栈的应用举例

栈的应用非常广泛，只要问题满足后进先出的原则，均可使用栈作为数据结构，如表达式求值、递归调用等都是栈应用的典型例子，本节将举例说明栈的实际应用。

【应用实例 3.1】 表达式求值。此程序用于说明表达式求值过程的原理，由于在求解过程中需要将操作数和运算符号分别存储在两个不同的存储空间中，而且依据算术表达式运算的原理，需要取出后存储空间的操作数参加运算，因此需要用到栈作为存储空间。

【案例分析】 若要对一个表达式求值，首先要了解算术四则运算的规则。即

① 先乘除，后加减；

② 同级运算，从左到右；

③ 先括号内，后括号外；

因此，例如求解表达式 $8+5\times(7-3)+6$，根据运算规则，这个表达式的计算顺序为

$$8+5\times(7-3)+6=8+5\times4+6=8+20+6=34$$

这种根据运算符的优先关系来实现对表达式求值的方法，称为“算符优先法”。

任何一个表达式都是由操作数、运算符组成的。一般地，操作数既可以是常数，也可以是被说明为变量或常量的标识符；算符包括运算符和界符两种，其中运算符又可以分为算术运算符、关系运算符和逻辑运算符等三类，基本界符有左右括号和表达式结束符等。为了叙述简洁，仅讨论简单算术表达式的求值问题。这种表达式只包含加、减、乘、除等四种运算符。依据以上分析，根据上述三条运算规则，可以把算符的优先级从高到低排列为：左括号

→乘、除→加、减→右括号。因此，在运算的每一步中，任意两个相继出现的算符 a 和 b，至多是大于、小于、等于三种关系之一。

【算法说明】

① 操作数栈置为空栈，表达式起始符“#”为运算符栈的栈底元素。

② 从左到右扫描表达式，依次读入表达式中每个字符。若所读字符为“#”，且操作符的栈顶元素也为“#”时，则输出操作数栈中的栈顶数据，即为运算的结果，结束处理；否则，进行下面处理。

③ 若为操作数，入操作数栈；若为操作符，则要将当前操作符和操作符栈中的栈顶操作符进行优先级比较。

第一，若当前操作符的优先级大于栈顶操作符的优先级，则将当前操作符压入操作符栈中；转第②步。

第二，若当前操作符的优先级等于栈顶操作符的优先级，则将当前操作符栈顶的操作符出栈。转第②步。

第三，若当前操作符的优先级小于栈顶操作符的优先级，将当前操作符栈顶的操作符出栈。并从操作数栈中顺次出栈两个操作数（先退出作为运算符的右操作数，后退出作为运算符的左操作数）。用刚出栈的操作符对两个操作数进行计算求值，将所得值压入操作数栈中。转第③步。

图 3.10 展示了算术表达式 3×(7－2)求值的动态过程。

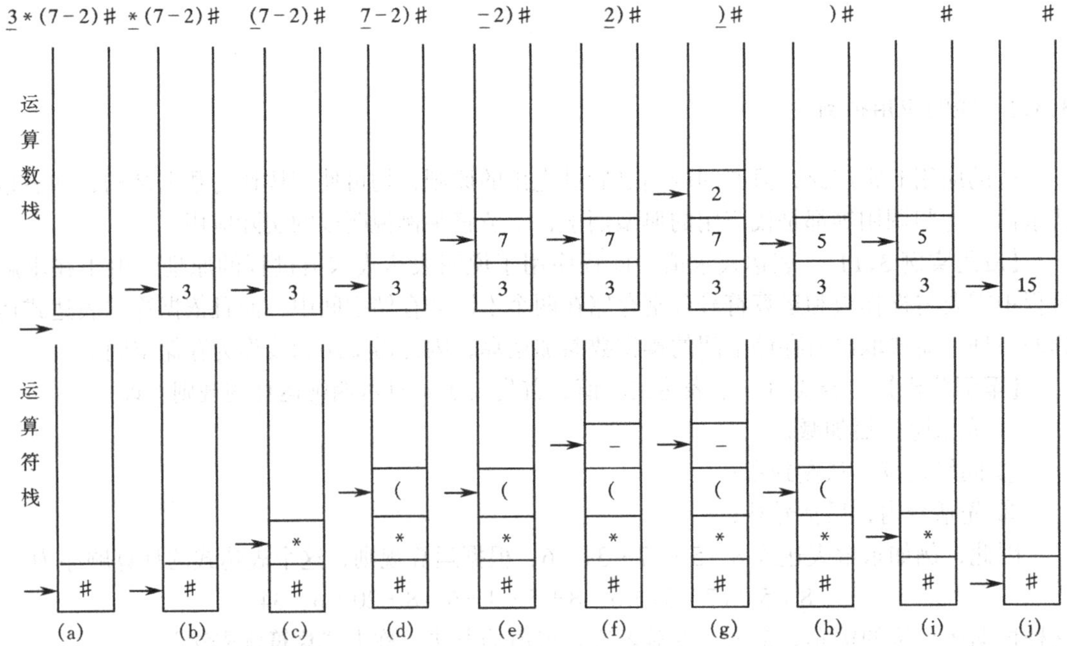

图 3.10　表达式求值过程示意图

【源程序】

```
#include "stdio.h"
#include "stdlib.h"
#include "io.h"
```

```
#include "string.h"
#define MAX 20
struct st_optr { /* 算符栈的描述 */
      char elem[MAX+1];
      int top;
};
struct st_opnd { /* 操作数栈的描述 */
      float elem[2*MAX]; /* 因为操作数在特殊的情况下最多可能是运算符的 2 倍 */
      int top;
};
struct st_optr tr;
struct st_opnd nd;
char aa[30]; /* 定义一个全程变量,用以存放输入的表达式 */
int flag=1;/* 标志变量,值为 0 则说明表达式已求解完毕 */
int push_r(char e){ /* 算符进栈函数 */
      if(tr.top==MAX) {
        printf("内存不够! \n");
        exit(-2); }
      else{
        tr.top=tr.top+1;
        tr.elem[tr.top]=e;
      }
      return(1);
   }
int push_d(float m){ /* 操作数进栈函数 */
      if(nd.top==MAX){
        printf("内存不够! \n");
        exit(-2);
      }
      else{
        nd.top=nd.top+1;
        nd.elem[nd.top]=m;
      )
      return 1;
   }
   char pop_r(){ /* 算符出栈函数 */
        char e;
        if(tr.top>0){
           e=tr.elem[tr.top];
           tr.top=tr.top-1;
```

```
            return e;
            }
            else
              return NULL;
          }
        char gettop_r(){ /* 取算符栈顶元素的函数 */
            char e;
            if(tr.top>0)
              e=tr.elem[tr.top];
            return e;
          }
          else
            return NULL;
        }
    float pop-d() { /* 操作数出栈函数 */
          float m;
          if(nd.top>0){
            m=nd.elem[nd.top];
            nd.top=nd.top-1;
            return m;
          }
          else
          return NULL;
        }
        void count(){ /* 运算函数 */
          float n1,n2; /* 用于存储两个操作数 */
          char op; /* 用于存算符 */
          /* 取得两个操作数 */
          n2=pop-d();
          n1=pop-d();
          op=pop-r();/* 取得运算符 */
          switch(op){
              case '+':n1=n1+n2;
                      break;
              case '-':n1=n1-n2;
                      break;
              case '*':n1=n1*n2;
                      break;
              case '/':n1=n1/n2;
                     break;
```

```
        }
        Push_d(n1);/ * 将运算的中间结果进栈保管 * /
    }
void stch(char * bb,char item){ / * 数值型字符串形成函数 * /
      char * ee;
      ee=bb+strlen(bb);
      * ee++ =item;
      * ee='\0';
    }
int test(char * qq) { / * 测试运算是否结束,并显示最终结果 * /
      int kk;
      kk=strlen(aa);
      if(kk+aa-qq)>0) / * 若还没有扫描完毕 * /
        return 1; /返回 1,表示应继续扫描 * /
      while(tr.top!=0) / * 若表达式已全部扫描完毕,并且算符栈中还有运算符 * /
      count(); /则执行最后一次运算 * /
      printf("数学表达式%s==%f\n",aa,nd.elem[1]);
      / * 显示最后的计算结果 * /
      flag=0;/ * 修改标志变量,以结束程序的运行 * /
}
main(){
      int yy=0;
      char ch,bb[10]='', * sp, * qq;
      / * 设置两个栈为空 * /
      tr.top=0;
      nd.top=0;
      sp=aa;/ * 让字符指针 sp 指向表达式的第一个字符 * /
      printf("请输入表达式:");
      gets(sp); / * 接收表达式 * /
      for(flag!=0;sp++) {
        yy=0;
        if( * sp==' ') / * 去除表达式中的空格 * /
          continue;
        while( * sp>='0'&& * sp<='9')( / * 若扫描到的是数字字符 * /
          yy=1;
          stch(bb, * sp); / * 则转换成数字字符串 * /
          sp++;
        }
      if(yy==1)}
        qq=sp;
```

```
        sp--;
        push_d(atoi(bb));/*将数字字符串转换为数值后进操作数栈*/
        bb[0]='\0';
        if(test(qq)) /*测试表达式是否扫描完毕*/
            continue;
      }
      if(*sp<'0'||*sp>'9') /*若扫描到的字符不是数字,则进行判断*/
        ch=*sp;
      switch(ch) {
      case '(': qq=sp; /*若是'('算符*/
           push_r(ch); /*则进数符栈保存*/
           test(qq);
           break;
      case '*':
      case '/': while (gettop()=='*'||gettop()=='/')
           /*并且栈中有乘或除运算符*/
           count(); /*则首先去计算栈中的乘或除法,因为同级运算按先后顺序进行*/
           qq=sp;
           push_r(ch); /*将这次扫描得到的运算符进栈,以便下次运算*/
           test(qq);
           break;
      case '+':
      case'-': while(gettop-r()!='('&&tr.top>0)
         /*若是加法或减法运算符,则只要算符栈中有运算符,并且不是'('运算符。*/
           count(); /*则去计算原来栈中的运算,因为加减低于乘除,同级按顺序进行*/
           qq=sp;
           push_r(ch); /*保存这次的运算符*/
           test(qq);
           break;
      case ')': while(gettop_r()!='(')
         /*若是扫描到的是')'运算符,并且算符栈中有其他运算符 */
           count();/*则去计算原来栈中的运算*/
           pop_r(); /*消去一对括号*/
           qq=sp+1;
           test(qq);
           break;
default: printf("输入错误!\n");
         exit(-1);/*中断程序的执行*/
    }}
}
```

利用上面算法对算术表达式求值，操作的主要过程如表 3.1 所示。

表 3.1　表达式求值过程表

步骤	tr 栈	nd 栈	扫描字符	主要操作
1			3*（7-2）	push-d（3）
2		3	*（7-2）	push-r（'*'）
3	*	3	（7-2）	push-r（'（'）
4	*（	3	7-2）	push-d（7）
5	*（	3　7	-2）	push-r（'-'）
6	*（-	3　7	2）	push-d（2）
7	*（-	3　7　2	）	count（）(7-2)
8	*（	3　5	）	pop-r（）/消去一对括号
9	*	3　5		count（）{3+5}
10		15		return（nd.elem［top］

【应用实例 3.2】　递归调用。递归是一种非常重要的数学概念和解决问题的方法，在计算机科学和数学等领域，有着广泛的应用。在计算机科学中，许多数据结构，如广义表、树和二叉树等，由于其自身固有的递归性质，都可以通过递归方式加以定义并实现许多问题的算法设计。在计算机内部，通过栈来实现递归算法。所以递归是栈的一个实际应用。

【程序说明】　试写出求递归函数 F(n) 的递归算法，并消除递归。

$$F(n)=\begin{cases} n+1, & n=0; \\ n*F(n/2), & n>0 \end{cases}$$

普通的处理方式是采用递归调用的方法，而使用栈作为存储空间，将处理的中间结果入栈，就可以取消递归调用，从而使程序结构清晰。

在下面消除递归的处理方法中，只给出了处理代码，基本操作的代码可以参照 3.1 节。

【源程序】

```
Status F_recursive(int n, int &s)//递归算法{
  if(n<0) return ERROR;
  If(n==0) s=n+1;
  else
  {
  F-recurve(n/2, r);
  s=n*r;
  }
  return OK;
  }//F_recursive
Status F_nonrecursive(int n, int s)//非递归算法
{
  if(n<0) return ERROR;
  if(n==0) s=n+1;
  else
```

```
    {
        InitStack(s); //s的元素类型为 struct {int a; int b;}
        while(n! =0)
        {
        a=n;b=n/2;
        push(s,{a,b});
        n=b;
        }//while
        s=1;
        while(!StackEmpty(s))
        {
        pop(s,t);
        s* =t.a;
        }//while
        }
        return OK;
}//F_nonrecursive
```

3.3.2 队列的应用举例

由于队列操作的原则是先进先出，因此具有此类特性的问题均可以利用队列作为数据结构，这些问题在实践过程中经常碰到。下面将利用实例来加深对所学知识的理解。

【应用实例 3.3】 售票服务系统。由于售票和预售都是遵循“先到先买”的原则，也就是符合队列的操作原则，因此可以使用队列存储结构处理售票服务。

【案例分析】 作为一个售票服务系统，最基本的服务项目应该有订票和退票两种。至于其他服务项目，为了简化问题，暂不作考虑。对于订票服务项目来说，其功能为登记客户的相关信息（这里为姓名和所订的票数），并将余票分配给客户，输出座位号码，若余票不够，则自动对该客户进行登记，以预约不足部分的票数。对于退票服务项目来说，其功能为根据客户提供的姓名，若该客户确实已经订票，则为其办理退票。然后查询是否有其他客户预约登记，若有，则首先为排在第一位的客户自动办理订票，直到所退的票全部订完或没有客户预约登记为止，并输出新的座位号。

为了模拟实现该服务系统，假设最多只能售 MAX 张票，对于座位号的分配，假定根据订票的先后顺序，从前到后自动分配，退票时，根据客户所退票数的多少，自动从后到前退出其原先订票时被分配的座位。因此，为了便于操作，可以设定一个结构数组，数组的位号即为座位号数组，包含一个标志位 flag 和客户姓名 name，如果标志位 flag 为 0，说明该座位尚没有人，又由于 C 数组下标从 0 开始，可以多加一个数组单元，利用第 0 号单元的标志位 flag 来存放目前座位被占用的情况，即如果标志位小于 MAX，说明还有空位，对于预约登记，其显然是一个队列，由于预约的客户数无法预计，因此可以采用链队列作为存储结构，队列的结点应包含客户姓名和预约的票数两项，一旦有退票，即进行订票，若退票数能满足第一个预约客户，则第一个客户出队列；否则，只修改他的预约票数，直到余票为 0 或预约的队列为空。

【源程序】

```
#include"stdio.h"
#include"stdlib.h"
#include"io.h"
#include"conio.h"
#include"string.h"
#define MAX 30
struct arra{
      int flag; /*用来标识座位是否有人*/
      char name[8]; /*该座位的客户姓名*/
        };
struct sq { /*预约登记队列的结点构成*/
      char name[8];
      int num; /*登记客户预约的票数*/
      struct sq *next;
      };
struct squeue {/*预约链队列的描述 */
      struct sq *front, *rear;
      };
struct link{
   /* 由于一个客户可以订多张车票,当退票时,需要取得他所订的座位号,而票数又无
法确定,因此可以利用一个单链表来登记座位号*/
   int data; /*即为座位号*/
   struct link *next;
   };
   struct arra order_s[MAX-1]; /*表示订票情况的数组*/
   struct squeue *q;

   void order(){ /*订票服务函数*/
    char sn[8];
    int sl, i=1, j, k;
    struct sq * temp;
    k=MAX-order_s[0].flag;
    /*由于 order_s[0].flag 存放的为已订票客户数,因此,k 即为余票数*/
    printf("请输入姓名:");
    scanf("%d", sn);
    while (i<=k&&i<=sl){ /*当余票未完并且所订的票数尚未满足时*/
          j=1;
    while(order_s[j].flag!=0);
```

```
        j=j+1;
        strcpy(order_s[j].name,sn);
        order_s[j].flag=1;
        /*修改相应数据办理订票*/
        order_s[j].flag!= order-s[j].flag!+1;/*修订已经订票的人数*/
        i=i+1;
      }
      if(i>k&&i<sl){
        /*如果余票不能够满足客户的订票数量,则提示客户,并自动预约登记*/
          printf("***票数不够,剩下的票已进行预约订票,\n");
          temp=(struct sq*)malloc(sizeof(struct sq));
          strcpy(temp->name,cn);
          temp->num=sl-i+1;
          temp->next=NULL;
        /*建立新的结点*/
        q->rear->next=temp;
        q->rear=q->rear->next;
        /*将新结点入队列*/
        }
      }
void back(){
    /*退票服务函数*/
    struct link *lh, *la, *lt;
    struct sq *temp;
    char sn[8];
    int i,k,j,bl=0;
    printf("请输入姓名:");
    scanf("%s",sn);
    lh=(struct link *)malloc(sizeof(struct link));
    lh->data=0; /*头结点的数据域存放该客户所订的票数*/
    lh->next=NULL; /*建立该客户的座位序号链表的头结点*/
    la=lh; /*la指向头结点*/
    for(i=1;i<=MAX;i++){
    /*从第一个位置开始查找客户*/
    if(!strcmp(order_s[i].name,sn)){
    /*如果存在,则将他的座位号插入链表*/
    lt=(struct link *) malloc(sizeof(struct link));
    lt->data=i;
    lt->next=la->next;
    la->next=lt;
```

```
    la->data=la->data+1; /* 该客户所订的票数加1*/
    }
  }
  if(lh->next==NULL) ( /*如果不存在该客户*/
    printf("此人没有订票! \n"); /*提示并中断程序的执行*/
    exit(-1);
    }
    if(la->data>1) {/*如果该客户所订票数多于1*/
    printf(" 请输入所退票的张数(目前有%d张)",la->data);
    scanf("%d",&bl); /*取得退票数*/
    if(bl>la->data){
      printf("输入错误!\n");
      exit(-2);
    }
  }
  else bl=1; /*否则自动设为1*/
  la=lh->next;
  i=1;
  while(i<=bl) { /*如果没有退完,继续进行退票。*/
     if(q->front==q->near){ /*如果没有预约登记的客户*/
       while(la!=NULL&&i<=bl){
       /*则将所有退票座位信息进行修改*/
       lt=la;
       j=la->data;
       order_s[j].flag=0; /*修改标志位*/
       strcpy(order_s[j].name,""); /*修改客户姓名*/
       la=la->next;
       free(lt); /*释放座位链表中被处理的结点*/
       i=i+1;
       }
       continue;
  }
  else { /*否则有预约登记的客户*/
     strcpy(sn,q->front->next->name); /*取得预约客户的姓名*/
     k=q->front->next->name; /*取得预约登记的数目*/
     if(k>0) { /*如果预约的订票尚未满足*/
       j=la->data;
       lt=la;
       strcpy(order-s[j].name,sn); /*进行订票*/
       la=la->next; /*对下一个座位进行处理*/
```

```
        lh->next=la;
        free(lt); /* 释放已经处理过的座位结点 */
        q->front->next->num=k-1; /*预约订票数目减1*/
        k=k-1;
    }
    if(k==0) { /*如果第一个预约客户订票完毕,则第一个预约客户出队列*/
        temp=q->front;
        q->front=q->front->next;
        free(temp); /*释放出队的结点*/
          }
        }
        i=i+1;
    }
    free(lh); /*释放座位链表的头结点*/
    }

    void print(){
      /*此方法用于显示订票(座位分配)情况及预约登记队列*/
      int i;
      struct sq * temp;
      printf("\n已经订票的座位情况为:\n");
      for(i=1;i<=MAX;i++){
        /*显示所有座位的分配情况,显示格式为:座位号->姓名 */
        printf("%2d->%s",i,order_s[i].name);
        if(i%5==0) /*每行显示五个*/
        printf("\n");
      }
    if(q->front!=q->next)
      printf("\n预约订票排队情况为:\n");
      temp=q->front;
      i=0;
    while(temp-<next!=q->rear){ /*显示预约队列*/
    printf("%s::%2d→",temp->next->name,temp->next->num);
    /*预约队列的显示格式为:姓名::预约票数—>*/
    temp=temp->next;
    i=i+1;
    if(i%5==0)
       printf("\n");
    }
    printf("%s::%2",temp->next->name,temp->next->num);
```

```
    }
}

main() {
   char *sn;
   int select;
   int i, flag=1;
   struct sq *head;
   clrscr();
   for(i=0;i<=MAX;i++) /*初始化座位分配数组*/
   order_s[i].flag=0;
   strcpy(order-s[i].name,"");
   }
   /*生成预约队列的头结点*/
   head=(struct sq *)malloc(sizeof(struct sq));
   head->num=0;
   head->next=NULL;
   /*初始化预约队列为空*/
   q->front=head;;
   q->rear=head;
   while(flag){
     printf("\n1—订票 2—退票 3→退出 \n");
     printf("请选择服务项目(1/2/3)");
     scanf("2d", &select);

    switch(select){
      case 1: order();
              print();
              break;
      case 2: back();
              print();
              break;
      case 3: flag=0;
              break;
      default: print(";输入错误\n");
              break;
    }
  ]
}
```

3.4 实 训

【实训 3.1】 顺序栈。
【实训目的】 掌握顺序栈的实现和简单的应用，采用顺序存储结构实现栈的基本操作。
【实训内容】 实现顺序栈和几个栈的具体应用、数制转换和括号匹配的检验。
【参考代码】

```
#include <stdio.h>
#include <stdlib.h> //for system()
#include "stack.h" //for SqStack
//测试顺序栈的主程序
int main()
{
    SqStack s;
    int x;
    //输入若干正整数以0结束,依次入栈,然后依次出栈并打印
    InitStack(s);
    printf("输入若干正整数以0结束:");
    scanf("%d", &x);
    while(x!=0) {
      Push(s,x);
      scanf("%d", &x);
    }
    printf("\n出栈结果:");
    while(!StackEmpty(s)) {
      Pop(s,x);
      printf("%4d",x);
    }
    //-------------------------------------
    // TODO (#1#): 其他测试程序
    //-------------------------------------
    DestroyStack(s); //销毁栈

    system("PAUSE");
    return 0;
}
/*
   Name: 顺序栈的实现
```

```
*/
#ifndef STACK_H_INCLUDED
#define STACK_H_INCLUDED

#include "ds.h" //for Status,OK ...

#ifndef ElemType
#define ElemType int /* 数据元素类型默认为 int */
#define ELEMTYPE_TAG
#endif
#define SElemType ElemType
//顺序栈的存储结构定义
#define STACK_INIT_SIZE 100 /* 存储空间初始分配容量 */
#define STACKINCREMENT 10 /* 存储空间分配的增量 */
typedef struct {
    ElemType *base; //在构造栈之前和销毁栈之后,base 为 NULL
ElemType *top; //栈顶指针
int stacksize; //当前已分配的存储空间(元素个数)
} SqStack;
//顺序栈的基本操作声明
//构造一个空栈 S
Status InitStack(SqStack &S);
//销毁栈 S
Status DestroyStack(SqStack &S);
//将栈 S 清空
Status ClearStack(SqStack &S);
//若栈 S 为空返回 TRUE,否则 FALSE
Status StackEmpty(SqStack S);
//返回栈 S 中的元素个数
int StackLength(SqStack S);
//用 e 返回栈顶元素
// 前提:栈 S 存在且不空
Status GetTop(SqStack S, ElemType &e);
//元素 e 入栈 S
Status Push(SqStack &S, ElemType e);
//S 出栈用 e 返回出栈元素
// 前提:栈 S 存在且不空
Status Pop(SqStack &S, ElemType &e);

//顺序栈的基本操作的实现
```

```
//构造一个空栈 S
Status InitStack(SqStack &S)
{
    // TODO (#1#): 构造一个空栈 S
    return ERROR;
}

//销毁栈 S
Status DestroyStack(SqStack &S)
{
    // TODO (#1#):销毁栈 S,相当于清空栈
    return ERROR;
}
//将栈 S 清空
Status ClearStack(SqStack &S)
{
    // TODO (#1#): 将栈 S 清空,释放所有结点
    return ERROR;
}
//若栈 S 为空返回 TRUE,否则 FALSE
Status StackEmpty(SqStack S)
{
    // TODO (#1#): 若栈 S 为空返回 TRUE,否则 FALSE
    return TRUE;
}

//返回栈 S 中的元素个数
int StackLength(SqStack S)
{
    // TODO (#1#): 返回栈 S 中的元素个数
    return 0;
}
//用 e 返回栈顶元素
// 前提:栈 S 存在且不空
Status GetTop(SqStack S, ElemType &e)
{
    // TODO (#1#):若栈 S 不空,则用 e 返回栈顶元素
    return ERROR;
}
```

```
//元素 e 入栈 S
Status Push(SqStack &S, ElemType e)
{
    // TODO (#1#): 插入元素 e 作为新的栈顶
    return ERROR;
}
//S 出栈用 e 返回出栈元素
// 前提:栈 S 存在且不空
Status Pop(SqStack &S, ElemType &e)
{
    // TODO (#1#):若栈 S 不空,则删除栈顶元素用 e 返回
    return ERROR;
}
#ifdef ELEMTYPE_TAG
#undef ElemType
#undef ELEMTYPE_TAG
#endif

#endif

#include <stdio.h>
#include <stdlib.h> //for system()
#include "stack.h" //for SqStack

//数制转换程序
void Conversion();
//检验括号匹配
void Match();

int main()
{
    //数制转换程序
    Conversion();

    //检验括号匹配
    Match();

    system("PAUSE");
    return 0;
}
```

```
//数制转换程序
void Conversion( )
{
    //-------------------------------------------
    // TODO (#1#): 这里实现数制转换程序

    //-------------------------------------------
}

//检验括号匹配
void Match( )
{
    // TODO (#1#): 这里实现检验括号匹配的程序

}
/*
  Name: 顺序栈的实现
*/
#ifndef STACK_H_INCLUDED
#define STACK_H_INCLUDED

#include "ds.h" //for Status, OK ...

#ifndef ElemType
#define ElemType int /* 数据元素类型默认为 int */
#define ELEMTYPE_TAG
#endif

#define SElemType ElemType
//顺序栈的存储结构定义
#define STACK_INIT_SIZE 100 /* 存储空间初始分配容量 */
#define STACKINCREMENT 10 /* 存储空间分配的增量 */
typedef struct {
    ElemType *base; //在构造栈之前和销毁栈之后,base 为 NULL
    ElemType *top; //栈顶指针
    int stacksize; //当前已分配的存储空间(元素个数)
} SqStack;
//顺序栈的基本操作声明
//构造一个空栈 S
```

```
Status InitStack(SqStack &S);
//销毁栈 S
Status DestroyStack(SqStack &S);
//将栈 S 清空
Status ClearStack(SqStack &S);
//若栈 S 为空返回 TRUE,否则 FALSE
Status StackEmpty(SqStack S);
//返回栈 S 中的元素个数
int StackLength(SqStack S);
//用 e 返回栈顶元素
// 前提:栈 S 存在且不空
Status GetTop(SqStack S, ElemType &e);
//元素 e 入栈 S
Status Push(SqStack &S, ElemType e);
//S 出栈用 e 返回出栈元素
// 前提:栈 S 存在且不空
Status Pop(SqStack &S, ElemType &e);
//顺序栈的基本操作的实现
//构造一个空栈 S
Status InitStack(SqStack &S)
{
    // TODO (#1#): 构造一个空栈 S
    return ERROR;
}
//销毁栈 S
Status DestroyStack(SqStack &S)
{
    // TODO (#1#):销毁栈 S,相当于清空栈
    return ERROR;
}
//将栈 S 清空
Status ClearStack(SqStack &S)
{
    // TODO (#1#): 将栈 S 清空,释放所有结点
    return ERROR;
}
//若栈 S 为空返回 TRUE,否则 FALSE
Status StackEmpty(SqStack S)
{
    // TODO (#1#): 若栈 S 为空返回 TRUE,否则 FALSE
```

```
        return TRUE;
    }
    //返回栈 S 中的元素个数
    int StackLength(SqStack S)
    {
        // TODO (#1#): 返回栈 S 中的元素个数
        return 0;
    }
    //用 e 返回栈顶元素
    // 前提:栈 S 存在且不空
    Status GetTop(SqStack S, ElemType &e)
    {
        // TODO (#1#):若栈 S 不空,则用 e 返回栈顶元素
        return ERROR;
    }
    //元素 e 入栈 S
    Status Push(SqStack &S, ElemType e)
    {
        // TODO (#1#): 插入元素 e 作为新的栈顶
        return ERROR;
    }
    //S 出栈用 e 返回出栈元素
    // 前提:栈 S 存在且不空
    Status Pop(SqStack &S, ElemType &e)
    {
        // TODO (#1#):若栈 S 不空,则删除栈顶元素用 e 返回
        return ERROR;
    }

    #ifdef ELEMTYPE_TAG
    #undef ElemType
    #undef ELEMTYPE_TAG
    #endif
    #endif
```

【实训 3.2】　链栈。

【实训目的】　掌握链栈的实现和简单的应用，采用链式存储结构实现栈的基本操作。

【实训内容】　栈的链式存储的基本功能的实现，并对其各种操作进行检测。

① 在 stack.h 中实现栈的基本操作，在链式存储结构中可否省去头结点；

② 编写适当的代码，进行测试。

【参考代码】

```
#include <stdio.h>
#include <stdlib.h> //for system()
#include "stack.h" //链栈
//测试链栈的主程序
int main()
{
    LinkStack s;
    int x;
    //输入若干正整数以0结束,依次入栈,然后依次出栈并打印
    InitStack(s);
    printf("输入若干正整数以0结束:");
    scanf("%d", &x);
    while(x!=0) {
      Push(s,x);
      scanf("%d", &x);
    }
    printf("\n出栈结果:");
    while(!StackEmpty(s)) {
      Pop(s,x);
      printf("%4d",x);
    }
    // TODO (#1#): 其他测试程序
    DestroyStack(s); //销毁栈
    system("PAUSE");
    return 0;
}
/*
  Name: 栈的链式实现
*/
  #ifndef STACK_H_INCLUDED
  #define STACK_H_INCLUDED
  #include "ds.h" //for Status,OK ...
  #ifndef ElemType
  #define ElemType int /* 数据元素类型默认为 int */
  #define ELEMTYPE_TAG
  #endif
  //链栈的存储结构定义
  typedef struct LNode {
      ElemType data;
```

```
    struct LNode *next;
} LNode, *LinkList;
typedef LinkList LinkStack; //链栈类型
//链栈的基本操作声明
//构造一个空栈 S
Status InitStack(LinkStack &S);
//销毁栈 S
Status DestroyStack(LinkStack &S);
//将栈 S 清空
Status ClearStack(LinkStack &S);
//若栈 S 为空返回 TRUE,否则 FALSE
Status StackEmpty(LinkStack S);
//返回栈 S 中的元素个数
int StackLength(LinkStack S);
//用 e 返回栈顶元素
// 前提:栈 S 存在且不空
Status GetTop(LinkStack S, ElemType &e);
//元素 e 入栈 S
Status Push(LinkStack &S, ElemType e);
//S 出栈用 e 返回出栈元素
// 前提:栈 S 存在且不空
Status Pop(LinkStack &S, ElemType &e);
//链栈的基本操作的实现

//构造一个空栈 S
Status InitStack(LinkStack &S)
{
    // TODO (#1#): 构造一个空栈 S,不带头结点
    return ERROR;
}
//销毁栈 S
Status DestroyStack(LinkStack &S)
{
    // TODO (#1#):销毁栈 S,相当于清空栈
    return ERROR;
}
//将栈 S 清空
Status ClearStack(LinkStack &S)
{
    // TODO (#1#): 将栈 S 清空,释放所有结点
```

```
        return ERROR;
    }
    //若栈 S 为空返回 TRUE,否则 FALSE
    Status StackEmpty(LinkStack S)
    {
      // TODO (#1#): 若栈 S 为空返回 TRUE,否则 FALSE
    return TRUE;
    }
    //返回栈 S 中的元素个数
    int StackLength(LinkStack S)
    {
        // TODO (#1#): 返回栈 S 中的元素个数
        return 0;
    }
    //用 e 返回栈顶元素
    // 前提:栈 S 存在且不空
    Status GetTop(LinkStack S, ElemType &e)
    {
        // TODO (#1#):若栈 S 不空,则用 e 返回栈顶元素
        return ERROR;
    }
    //元素 e 入栈 S
    Status Push(LinkStack &S, ElemType e)
    {
        // TODO (#1#): 插入元素 e 作为新的栈顶
        return ERROR;
    }
    //S 出栈用 e 返回出栈元素
    // 前提:栈 S 存在且不空
    Status Pop(LinkStack &S, ElemType &e)
    {
        // TODO (#1#):若栈 S 不空,则删除栈顶元素用 e 返回
        return ERROR;
}
#ifdef ELEMTYPE_TAG
#undef ElemType
#undef ELEMTYPE_TAG
#endif
#endif
```

【实训 3.3】 循环队列。

【实训目的】 掌握循环队列的实现及其应用，实现循环队列的基本操作，并进行测试。

【实训内容】 完成循环队列的基本操作，并对入队、出队和判断队列为空等操作进行检测，通过菜单选择操作。

① 在文件 sqqueue.h 中完成 SqQueue 的类型定义。

② 实现 SqQueue 的基本操作。

注意：取队头元素、入队列和出队列的前提。

【参考代码】

```
#include <stdio.h>
#include <stdlib.h>
#include "sqqueue.h"
//初始化系统
void Initialize(SqQueue &q);
//显示操作菜单
void ShowMenu();
//读取用户命令
int GetCommand();
//执行用户命令
int DoCommand(int cmd, SqQueue &q);
//结束执行
void Finalize(SqQueue &q);
//主程序
int main()
{
    SqQueue q; //循环队列
    int cmd; //用户命令

    //系统初始化
    Initialize(q);
    //显示操作菜单
    ShowMenu();
    //进入主循环
    while(1) {
      //读取用户命令(0 表示退出)
      cmd = GetCommand();
      //执行命令 cmd 操作队列 q
      DoCommand(cmd, q);
      //退出命令
      if( cmd == 0 ) break; // 退出
```

```
}
/ * NOTE: 以上主循环还可以简化成
 * while(DoCommand(GetCommand(),q));
    * /

    //结束前执行的操作
    Finalize(q);

    system("pause"); //暂停
}
//函数的定义
//初始化系统
void Initialize(SqQueue &q)
{
     InitQueue(q); //初始化队列
}

//显示操作菜单
void ShowMenu()
{
     printf("1)EnQueue 2)DeQueue 3)Clear 4)Empty"
            " 5)Length 6)Head 7)View 9)Menu 0)Quit\n");
}
//读取用户命令
int GetCommand()
{
    int cmd=-1;
    printf(">");
    if(scanf("%d",&cmd)<1)
      fflush(stdin); //处理输入错误
    return cmd;
}

//结束执行
void Finalize(SqQueue &q)
{
    DestroyQueue(q); //销毁队列
    printf("程序已经结束\n");
}
```

```
//执行用户命令 cmd，测试队列的各种操作
// 执行结束后返回命令(便于书写主循环)
int DoCommand(int cmd, SqQueue &q)
{
    int e;

    switch(cmd) {
     case 1: //EnQueue......................
        printf("输入入队列的数据:");
        if(scanf("%d", &e)<1) {
          printf("输入错误\n");
          fflush(stdin);
        } else if(EnQueue(q,e)==OK)
          printf("入队列成功\n" );
        else
          printf("入队列失败\n");
        break;
     case 2: //DeQueue......................
        if( DeQueue(q,e)==OK )
          printf("%d 出队列\n", e);
        else
          printf("出队列失败\n");
        break;
     case 3: //Clear........................
        if(ClearQueue(q)==OK)
          printf("队列已清空\n");
        else
          printf("清空队列失败\n");
        break;
     case 4: //Empty........................
        if(QueueEmpty(q)==TRUE)
          printf("队列空\n" );
        else
          printf("队列不空\n");
        break;
     case 5: //Length.......................
          printf("队列长度: %d\n", QueueLength(q));
          break;
     case 6: //Head.........................
        if(GetHead(q,e)==OK)
```

```
            printf("队头元素: %d\n", e);
        else
            printf("取队头元素失败\n");
        break;
    case 7: //View........................
        /* TODO (#9#): 实现 SqQueue 类型后使用 QueueView()函数 */
        //QueueView(q);
        break;
    case 9: //Menu........................
        ShowMenu();
        case 0: //Quit........................
            //后面 return cmd; 返回 0 可以结束主循环
            break;
    default:
        printf("命令错误\n");
    }
    return cmd; //返回最近执行的命令
}
/*
  Name: 循环队列
  Description:
    [Include]
      ds.h
    [Constants]
      MAXQSIZE
    [Types]
      ElemType
      SqQueue
    [Functions]
      InitQueue(&Q)
      DestroyQueue(&Q)
      ClearQueue(&Q)
      QueueEmpty(Q)
      QueueLength(Q)
      GetHead(Q, &e)
      EnQueue(&Q, e)
      DeQueue(&Q, &e)
    [For Debug]
      PrintElem(ElemType e)
      QueueView(Q)
```

```
*/
#ifndef SQQUEUE_H_INCLUDED
#define SQQUEUE_H_INCLUDED /* 防止重复包含 */
include <stdlib.h>
#include "ds.h" // OK, Status 等定义
//数据元素的类型(缺省使用 int 型)
#ifndef ElemType
#define ElemType int
#define USE_DEFAULT_ELEMTYPE /* 使用缺省类型的标志 */
#endif //ElemType
//循环队列的存储结构
#define MAXQSIZE 64 /* 循环队列的最大容量 */
typedef struct {
    /* TODO (#1#): 这里完成循环队列的类型定义 */
} SqQueue;
//循环队列的基本操作
//构造一个空队列 Q
Status InitQueue(SqQueue &Q)
{
    /* TODO (#2#): 构造空队列 */
    return ERROR; //TODO: 替换这行代码,以下同
}
//销毁队列 Q
// 前提:队列 Q 已存在
Status DestroyQueue(SqQueue &Q)
{
    /* TODO (#3#): 销毁队列 */
    return ERROR;
}
//将队列 Q 清为空队列
// 前提:队列 Q 已存在
Status ClearQueue(SqQueue &Q)
{
    /* TODO (#4#): 清空队列 */
    return ERROR;
}
//若队列 Q 为空,则返回 TRUE,否则 FALSE
// 前提:队列 Q 已存在
Status QueueEmpty(SqQueue Q)
{
```

```
    /* TODO (#5#): 判断队列是否为空 */
    return FALSE;
}

//返回队列 Q 的元素个数,即队列长度
// 前提:队列 Q 已存在
int QueueLength(SqQueue Q)
{
    /* TODO (#6#): 返回队列长度 */
    return 0;
}
//取队列 Q 头元素用 e 返回
// 前提:队列 Q 存在且非空
Status GetHead(SqQueue Q, ElemType &e)
{
    return ERROR;//返回操作状态(成功:OK,失败:ERROR)
}
//插入元素 e 作为队列 Q 的新的队尾元素
// 前提:队列 Q 存在且未满
Status EnQueue(SqQueue &Q, ElemType e)
{
    /* TODO (#8#): 元素 e 入队列 */
    return ERROR;//返回操作状态(成功:OK,失败:ERROR)
}
//删除队列 Q 的队头元素,并用 e 返回
// 前提:队列 Q 存在且非空
Status DeQueue(SqQueue &Q, ElemType e)
{
    /* TODO (#9#): 出队列存入 e */
    return ERROR;//返回操作状态(成功:OK,失败:ERROR)
}
//TODO: 定义好 SqQueue 类型后使用 QueueView 函数
/****** //TODO: 删除此行以便使用 QueueView()
#include <stdio.h>
//查看队列状态(调试用)
void QueueView(SqQueue Q)
{
    extern void PrintElem(ElemType e);//打印数据用
    int i=0;
    if(Q.front<0||Q.front>=MAXQSIZE||Q.rear<0||Q.rear>=MAXQSIZE){
```

```
        printf("队列未初始化\n");
        return ;
    }
    printf("---Queue View---\n");
    printf("front=%d, rear=%d\n", Q.front, Q.rear);
    if(Q.rear>=Q.front) {
        printf("..... ......\n");
        for(i=Q.front; i<Q.rear; i++) {
            printf("%5d\t", i);
            PrintElem(Q.base[i]);
            printf("\n");
        }
        if(i<MAXQSIZE) printf("..... ......\n");
    } else {
        for(i=0; i<Q.rear; i++) {
            printf("%5d\t", i);
            PrintElem(Q.base[i]);
            printf("\n");
        }
        printf("..... ......\n");
        for(i=Q.front; i<MAXQSIZE; i++) {
            printf("%5d\t", i);
            PrintElem(Q.base[i]);
            printf("\n");
        }
    }
    printf("--- view end ---\n");
}
//取消ElemType的默认定义,以免影响其他部分
#ifdef USE_DEFAULT_ELEMTYPE
#undef ElemType
#undef USE_EFAULT_ELEMTYPE
#endif
#endif //SQQUEUE_H_INCLUDED
```

习　　题

一、填空题

1. 栈是限定仅在表的________端进行操作的线性表，操作端称为________，另一端称为________，

其操作特性是________ 。

2. 队列是只限定在表尾端进行________ 和在表头端进行________ 的线性表，队列的操作特性是________。

3. 顺序队列的五种基本操作分别是________、________、________、________和________。

4. 两个栈共用一个大小为 MaxSize 的存储空间，栈满的条件是________，栈空的条件是 ________。

二、说明题

1. 循环链表存储队列时，为什么下标为 0 的存储单元不用？

2. 简述队列和栈两种数据类型的异同点。

3. 简述链队列为什么要用循环链表来存储？

三、程序设计题

1. 设在火车调度入口共有 n 节硬席或软席车厢（分别以 H 和 S 表示）等待调度。试编写一种算法，输出对这 n 节车厢进行调度的操作序列，使得所有的软席车厢调到硬席车厢之前。(参照图 3.1(b))

2. 仿照实训中的例子的格式（表 3.1），画出对下列算术表达式求值时操作数栈和算符栈的变化过程：(A－B) * C/D－F。

3. 若按照图 3.1(b) 所示铁道进行车厢调度（注意：两侧铁道均为单向行驶道），请回答如下问题：

① 若进站车厢序列为 123，则可能得到的出站车厢序列是怎样的？

② 若进站车厢的序列为 123456，则能否得 435612 和 135426 的出站序列？并说明为什么不能或如何得到（即写出“进栈”或“出栈”的序列）。

4. 设计一种算法，判断一个算术表达式的圆括号是否配对。

5. 假设以带头结点的循环链表表示队列，并且只设一个指针指向队尾元素的结点（注意不设头指针），试编写相应的置空队列、入队列和出队列的算法。

第 4 章 串和数组

【学习目标】

本章主要讨论字符串、数组、广义表的相关知识。理解串和线性表的关系，以及它的存储和运算的实现。学习数组、矩阵和广义表的基本概念、几种特殊矩阵的存储结构及基本运算，在此基础上，学习特殊矩阵的计算算法与广义表应用等相关问题。

【基本要求】

要求掌握串的基本概念和存储方法，以及串的运算及其实现方法。对于模式匹配查找串的算法，能够深刻理解并运用到实际中。掌握数组、矩阵和广义表的基本概念，几种特殊矩阵的存储结构和运算，并掌握其压缩存储结构，对其进行灵活运算。

4.1 串的基本概念和存储结构

串是一种特殊的线性表，它的数据元素仅由一个字符组成，计算机非数值处理的对象经常是字符串数据，如在汇编和高级语言的编译程序中，源程序和目标程序都是字符串数据；在事务处理程序中，顾客的姓名、地址和货物的产地、名称等，一般也是作为字符串处理的。另外，串还具有自身的特性，常常把一个串作为一个整体来处理，因此，在本章把串作为独立结构的概念加以研究，介绍串的存储结构及基本运算。

4.1.1 基本概念

① 串的定义。串（string）是由零个或多个字符组成的有限序列，记做 s= “$a_1a_2\cdots a_n$”，其中 s 为串的名字，用成对的双引号括起来的字符序列为串的值，但两边的双引号不算串值，不包含在串中。a_i（$1\leqslant i\leqslant n$）可以是字母、数字或其他字符。n 为串中字符的个数，称为串的长度。

② 空串。不含任何字符的串称为空串，它的长度 n=0，记为 s= “　”。

③ 空白串。含有一个空格的串，称为空白串，它的长度 n=1，记为 s= “　　” 或 s= “ø”。

④ 子串、主串。若一个串是另一个串中连续的一段，则这个串称为另一个串的子串，而另一个串相对于该串称为主串。例如，串 s_1 = “abcdefg”，s_2 = “fabcdefghxyz”，则 s_1 为 s_2 的子串，s_2 相对于 s_1 为主串。

4.1.2　基本运算

① 赋值 assign(&S，T)。表示将 T 串的值赋给 S 串。

② 连接 concat(&S，T)。表示将 S 串和 T 串连接起来，使 T 串接入 S 串的后面。

③ 求串长度 length(T)。求 T 串的长度。

④ 子串 substr(S，i，j，&T)。表示截取 S 串中从第 i 个字符开始连续 j 个字符，作为 S 的一个子串，存入 T 串。

⑤ 串比较大小 strcmp(S，T)。比较 S 串和 T 串的大小，若 S<T，则函数值为负；若 S＝T，则函数值为零；若 S>T，则函数值为正。

⑥ 串插入 insert(&S，i，T)。在 S 串的第 i 个位置插入 T 串。

⑦ 串删除 delete(&S，i，j)。删除串 S 中从第 i 个字符开始连续 j 个字符。

⑧ 求子串位置 index(S，T)。求 T 子串在 S 主串中首次出现的位置，若 T 串不是 S 串的子串，则位置为零。

⑨ 串替换 replace(&S，i，j，T)。将 S 串中从第 i 个位置开始连续 j 个字符，用 T 串替换。

4.1.3　串的抽象数据类型描述

串的抽象数据类型可描述为：

```
ADT strings IS
Data: 含有 n 个字符 a1,a2,a3, … ,an
Operation:
Void assign( &S,T)             //表示将 T 串的值赋给 S 串
Void concat( &S,T)             //表示将 S 串和 T 串连接起来,使 T 串接入 S 串的后面
    int length(T)              //求 T 串的长度
Void substr (S, i, j, &T)      //表示截取 S 串中从第 i 个字符开始连续 j 个字符，作为
                                 S 的一个子串，存入 T 串中
int strcmp (S, T)              //比较 S 串和 T 串的大小：若 S<T，则函数值为负；若
                                 S=T，则函数值为零；若 S>T，则函数值为正
Void insert (&S, i, T)         //在 S 串的第 i 个位置插入 T 串
Void delete (&S, i, j)         //删除 S 中从第 i 个字符开始连续 j 个字符
int index (S, T)               //求 T 子串在 S 主串中首次出现的位置，若 T 串不是 S
                                 串的子串，则位置为零
Void replace (&S, i, j, T)     //将 S 串中从第 i 个位置开始连续 j 个字符，用 T 串替换
End strings
```

4.1.4 串的存储结构

因为串是一种数据元素类型为字符型的线性表，所以线性表的存储方式仍然适用于串，也因为字符的特殊性和字符串经常作为一个整体来处理的特点，串在存储时，还有一些与一般线性表不同之处。它们的相同之处都是线性结构，不同之处如下：

① 线性表的数据元素类型为任意类型，而串的数据元素类型为字符类型；

② 线性表的插入和删除操作都只对一个实际元素，而串的插入和删除操作都是对一个子串进行的；

③ 串还有一些不同于线性表的其他操作。

因此，专门设计串为一个专门的数据结构。现有的所有高级程序设计语言，如 C，Java 等，都提供了专门的串操作函数或串类。用 C 语言处理字符串时，要调用标准库函数 #include<string.h>，在 C 语言中经常使用的串函数有如下一些。

① 串长度。int strlen（char ＊str）。

② 串拷贝。char ＊strcpy（char ＊str1，char ＊str2）。

③ 串比较。int strcmp（char ＊str1，char ＊str2）。

④ 字符定位。char ＊strchr（char ＊str，char ch）。

⑤ 子串查找。char ＊strstr（char ＊s1，char ＊s2）。

⑥ 串连接。char ＊strcat（char ＊str1，char ＊str2）。

（1）定长顺序存储

表示串的长度的方法有两种：一种方法是设置一个串的长度参数，此种方法的优点是便于在算法中用长度参数控制循环过程；另一种方法是在串值的末尾添加结束标记，其优点是便于系统自动实现。用静态内存分配方法定义的数组，由于此时数组元素的个数是在编译时确定的，在运行时是不可改变的，所以也称为定长数组结构。

```
#define MAXSTRLEN 255
//用户可以在 255 以内定义最长串长
typedef unsigned char SString[MAXSTRLEN + 1];
//0 号单元存储串的长度,SString 为定长顺序存储结构类型名
```

串的实际长度可以在预订长度的范围内随意变化，超过预订长度的串值则被舍去，称之为“截断”。

对串长有两种表示方法：

① 以下标为 0 的数组分量存放串的实际长度；

② 在串值后面加一个不计入串的结束标记符。

（2）堆分配存储结构

这种存储表示的特点是仍然以一组地址连续的存储单元存储串值的字符序列，但它们的存储空间是在程序执行过程中动态分配而得的。

在 C 语言中，存在一个称之为“堆”的自由存储区，由动态分配函数 malloc() 和 free() 来管理。

利用函数 malloc() 为每个新产生的串分配一块实际串长所需要的存储空间。若分配成

功，则返回一个指向起始地址的指针，作为串的基址；同时，为了以后处理方便，约定串长也作为存储结构的一部分。

堆分配存储表示如下：

```
typedef struct
{ char * ch;      //若是非空串,则按串长分配存储区,否则 ch 为 NULL
  int length;     //串长度
}HString;         //串的堆分配存储结构的类型名
```

(3) 链式存储结构

由于串也是一种线性表，因此也可以采用链式存储。由于串的特殊性（每个元素只有一个字符），在具体实现时，每个结点既可以存放一个字符，也可以存放多个字符。

① 单字符结点链。

```
typedef struct Node
{
   char str;
   struct Node * next;
} SCharNode;
```

② 块链。由于在一般情况下，串的操作都是从前往后进行的，因此串的链表通常不设双链，也不设头结点，但为了便于进行诸如串的连接等操作，链表中还附设尾指针，并且由于串的长度不一定是结点大小的整数倍（链表中最后一个结点中的字符并非都是有效字符），因此还需要一个指示串长的域。称如此定义的存储结构为串的块链存储结构，其定义如下：

```
typedef struct Node
{
   char str[Number];
   struct Node * next;
} NCharNode;
```

在以链表存储串值时，定义串的存储密度为

$$存储密度=\frac{串值所占的存储位}{实际分配的存储位}$$

显然，以块链作为存储结构时，实现串的操作很不方便，如在串中插入一个子串时，可能需要分割结点；连接两个串时，若第一个串的最后一个结点没有填满时，还需要添加其他字符等。但在应用程序中，可将串的链表存储结构和串的定长结构结合使用。例如在正文编辑系统中，整个“正文”可以看成一个串，每一行是一个子串，构成一个结点，即同一行的串用定长结构，而行和行之间用指针相连。

4.2 串基本操作的实现**

在实现串的不同操作时，可以灵活采取4.1节所述各种数据结构，下面将以串的定长存储和堆分配存储为例，讲解如何实现各种串操作，并比较各自的特点。

4.2.1 串基本操作

下面先以定长存储结构为例，说明各种基本操作的实现。

(1) 基本操作在定长顺序存储上的实现

① 串连接。

【算法思想】 假设 S_1，S_2 和 T 都是 SString 型的串变量，并且串 T 是由串 S_1 连接串 S_2 得到的，则只需要进行相应的“串值复制”操作即可。

【算法编写参考】

```
Status Concat ( SString &T, SString S1, SString S2 ) {
// 用 T 返回由 S1和 S2连接而成的新串。
// 如果没有截断,则返回 TRUE,否则返回 FALSE。
// 假定以下标为 0 的数组分量存放串实际长度。
if ( S1[0] + S2[0] <= MAXSTRLEN ) { // 没有截断
T[ 1.. S1[0] ] = S1[ 1.. S1[0] ];
T[ S1[0] + 1.. S1[0] + S2[0] ] = S2[ 1.. S2[0] ];
T[0] = S1[0] + S2[0];
uncut = TURE;
} // if 结束
else if ( S1[0] < MAXSTRLEN ) { // 截断 S2
T[ 1.. S1[0] ] = S1[ 1.. S1[0] ];
T[ S1[0] + 1.. MAXSTRLEN ] = S2[ 1.. MAXSTRLEN.S1[0] ];
T[0] = MAXSTRLEN;
uncut = FALSE;
} // else if 结束
else if ( S1[0] = MAXSTRLEN ) { // 截断(仅取 S1)
T[ 0.. MAXSTRLEN ] = S1[ 0 .. MAXSTRLEN ];
// 因为 T[0] = = S1[0] = = MAXSTRLEN
uncut = FALSE;
} // else if 结束
else { // 若 S1[0] > MAXSTRLEN,截断 S1
T[ 1.. MAXSTRLEN ] = S1[ 1.. MAXSTRLEN ];
T[0] = MAXSTRLEN;
uncut = FALSE;
```

```
} // else 结束
return uncut;
} // Concat
```

② 求子串。

【算法思想】 求子串的过程即为复制字符序列的过程，将串 S 中从第 pos 个字符开始、长度为 len 的字符序列复制到串 sub 中。

【算法编写参考】

```
Status SubString ( SString &Sub, SString S, int pos, int len) {
// 用 Sub 返回串 S 的第 pos 个字符起长度为 len 的子串。其中,
// 1≤pos≤StrLength (S) 且 0≤len≤StrLength(S) - pos+1。
// 假定以下标为 0 的数组分量存放串的实际长度。
if ( pos < 1 || pos > S[0] || len < 0 || len > S[0] - pos+1 ) return ERROR;
Sub[ 1.. len ] = S[ pos .. pos+len-1 ]; Sub[0] = len;
return OK;
} // SubString;
```

(2) 定长顺序存储结构串操作的特点

① 实现串操作主要为“字符序列的复制”，因此操作的时间复杂度基于复制的字符序列的长度；在进行插入和删除操作时，必须移动大量的字符。

② 当操作过程中出现串值序列的长度超过上界时，约定是以“截尾”法处理。这种情况不仅在求串连接时可能发生，在串的其他操作中也可能发生。因此，克服这个弊病的方法是采取不限制串长的最大长度，即动态分配串值的存储空间，利用串的堆分配存储。

(3) 基本操作在定长顺序存储上的实现

① 生成串。

```
//StrAssign.cpp
//Create a new string T equal a const string chars

#include <stdio.h>
#include <conio.h>
#include <malloc.h>
#include <iostream.h>
#include <stdlib.h>
#define CHAR_MAX_LENGTH 100

typedef struct
{   char * ch;
    int length;
}HString;
```

```
int StrAssign(HString &T, char * chars)          //StrAssign() function
{                                                 //create a string T=chars
    int i=0, j;
    char *c;
    if(T.ch) free(T.ch);                          //dispose(T)
    for(c=chars; c[i]!='\0'; i=i+1);
                                                  //i get the length of chars
    if(!i)
    {T.ch=NULL; T.length=0;}                      //if i==0 then set String T NULL
    else
      {
        if(!(T.ch=(char *)malloc(i*sizeof(char))))
          { cout<<"OVERFLOW!"<<endl;
            return (0);
          }
          else
          { for(j=0;j<=i-1;j++)
                T.ch[j]=chars[j];
            T.length=i;
          }//end of else
      }//end of else
    printf("\nThe new string has been assigned values: Return String T= ");
    return(1);
  }//end of StrAssign() function

  void main()                                     //main() function
  {
    HString T;
    char chars[CHAR_MAX_LENGTH];
    cout<<"StrAssign.cpp"<<endl<<"=============="<<endl
    <<endl<<"Please input the assigned String: ";
    cin.getline(chars, CHAR_MAX_LENGTH);
    StrAssign(T, (char *)chars);
    printf("%s\n\n", T.ch);
    getch();
}//end of main() function
```

② 求串长。

```
//StrLength.cpp
//Get the length of string
```

```
#include <stdio.h>
#include <conio.h>
#include <malloc.h>
#include <iostream.h>
#define CHAR_MAX_LENGTH 100

typedef struct
{   char * ch;
    int length;
}HString;

int StrAssign(HString &S,char * chars)          //StrAssing() function
{                                               //create a string T=chars
    int i=0,j;
    char *c;
    if(S.ch) free(S.ch);                        //dispose(T)
    for(c=chars;c[i]!='\0';i=i+1);
                                                //i get the length of chars
    if(!i)
    {S.ch=NULL;S.length=0;}                     //if i==0 then set String T NULL
    else
      {
        if(!(S.ch=(char *)malloc(i*sizeof(char))))
          { cout<<"OVERFLOW!"<<endl;
            return (0);
          }
          else
          { for(j=0;j<=i-1;j++)
               S.ch[j]=chars[j];
            S.length=i;
          }                                     //end of else
      }                                         //end of else
    return(1);
}//end of StrAssign() function


int StrLength(HString S)                        //StrLength() function
{                                               //return the element number of String
    return S.length;
}//end of StrLength() function
```

```
void main( )
{
    char chars[CHAR_MAX_LENGTH];//="Beijing is a beautiful city.";
//user define here
    HString S;
    cout<<"StrLength.cpp"<<endl<<"=============="<<endl<
<endl<<"Please input the String: <eg. DataStructure> ";
    cin.getline(chars,CHAR_MAX_LENGTH);
    StrAssign(S,chars);
    cout<<endl<<"The String is: "<<chars<<endl;
    cout<<"The Length of String is: "<<StrLength(S)<<endl<<"...OK!..."<<
endl;
    getch( );
}//end of main( ) function
```

③ 串比较。

```
//StrCompare.cpp
//Compare two string

#include <stdio.h>
#include <conio.h>
#include <malloc.h>
#include <iostream.h>
#define MAXSIZE_S 40
#define MAXSIZE_T 40

typedef struct
{   char * ch;
    int length;
}HString;

int StrCompare(HString S,HString T)                //StrCompare( ) function
{//Compare string S and T from the first char on until no equal
    int i;                                          //if S[i]<T[i] then S<T,and return <0;
    for(i=0;i<S.length&&i<T.length;++i)    //if String S.length=T.length && all
char are equal then S=T, return =0
    if (S.ch[i]!=T.ch[i]) return S.ch[i]-T.ch[i];       //if S[i]>T[i] then S>T and return >0
    return S.length-T.length;
}//end of StrCompare( ) function
```

```
int StrAssign(HString &S, char * chars)              //StrAssign( ) function
{                                                     //create a string T=chars
    int i=0,j;
    char *c;
    if(S.ch) free(S.ch);                              //dispose(T)
    for(c=chars;c[i]!='\0';i=i+1);
                                                      //i get the length of chars
    if(!i)
    {S.ch=NULL;S.length=0;}                           //if i==0 then set String T NULL
    else
      {
        if(!(S.ch=(char *)malloc(i*sizeof(char))))
          { cout<<"OVERFLOW!"<<endl;
            return (0);
          }
          else
          { for(j=0;j<=i-1;j++)
                S.ch[j]=chars[j];
            S.length=i;
           }                                          //end of else
    }                                                 //end of else
    return(1);
}//end of StrAssing(0 function

void main( )
{
    char charsS[MAXSIZE_S];                           //user define here
    char charsT[MAXSIZE_T];
    HString S,T;
    cout<<"StrCompare.cpp"<<endl<<"============="<<endl;
    cout<<endl<<"Please input the string S: <eg. Beijing> ";
    cin>>charsS;
    cout<<"Please input the string T: <eg. Beihai> ";
    cin>>charsT;
    StrAssign(S,charsS);
    StrAssign(T,charsT);
    cout<<endl<<"String Compare result: "<<StrCompare(S,T)<<endl;
    cout<<"...OK!..."<<endl;
    getch( );
}
```

④ 清空串。

```
//ClearString.cpp
//Clear the String

#include <stdio.h>
#include <conio.h>
#include <malloc.h>
#include <iostream.h>
#include <stdlib.h>
#define MAXSIZE_S 40
#define OK 1
#define ERROR 0

typedef struct
{   char * ch;
    int length;
}HString;

int ClearString(HString &S)                     //ClearString() function
{//To clear the string S to be empty
  if (S.ch)
    {free(S.ch); S.ch=NULL;}                    //if S.ch != NULL then free it
  S.length =0;
  return(OK);                                   //success to clear the string S
}//end of clearString

int StrAssign(HString &S,char * chars)          //StrAssign() function
{                                               //create a string T=chars
  int i=0,j;
  char *c;
  if(S.ch) free(S.ch);                          //dispose(T)
  for(c=chars;c[i]!='\0';i=i+1);
                                                //i get the length of chars
  if(!i)
  {S.ch=NULL;S.length=0;}                       //if i==0 then set String T NULL
  else
    {
      if(!(S.ch=(char *)malloc(i*sizeof(char))))
        { cout<<"OVERFLOW!"<<endl;
          return (ERROR);
```

```
        }//end of if
      else
      {   for(j=0;j<=i-1;j++)
              S.ch[j]=chars[j];
          S.length=i;
      }//end of else
    }//end of else
    return(OK);
}//end of StrAssign() function

void main()                                   //main() function
{
    char charsS[MAXSIZE_S];                   //user define here
    HString S;
    cout<<"ClearString.cpp"<<endl<<"==============="<<endl;
    cout<<"Please input the string S: ";
    cin>>charsS;
    StrAssign(S,charsS);
    cout<<"Clear String result: "<<ClearString(S)<<endl;
    cout<<"...OK!"<<endl;
    getch();
}
```

⑤ 连接串。

```
//HStrConcat.cpp
//Concat HString S1 and S2 to T

#include <conio.h>
#include <malloc.h>
#include <iostream.h>
#include <stdio.h>
#define MAXSIZE_S1 100
#define MAXSIZE_S2 100

typedef struct
{   char * ch;
    int length;
}HString;

int HStrConcat(HString &T,HString S1,HString S2) //HStrConcat() function
```

```
{
  int i;
  if (T.ch) free(T.ch);                          //dispose previos space
  if (!(T.ch=(char *)malloc((S1.length+S2.length) * sizeof(char))))
     { cout<<"OVERFLOW"<<endl;
    return (0);
     }
  for(i=0;i<=S1.length-1;i++)
    T.ch[i]=S1.ch[i];
  T.length=S1.length+S2.length;
  for(i=0;i<=S2.length-1;i++)
    T.ch[i+S1.length]=S2.ch[i];
  T.ch[i+S1.length]=NULL;                        //end of HString T
  cout<<"Success to Concat HString S1 and S2!"<<endl<<"Concat HString S1 and
  S2 result: ";
  cout<<T.ch;
  return (1);
}//end of HStrConcat() function

int StrAssign(HString &S,char * chars)           //StrAssign() function
{                                                //create a string T=chars
  int i=0,j;
  char *c;
  if(S.ch) free(S.ch);                           //dispose(T)
  for(c=chars;c[i]!='\0';i=i+1);
                                                 //i get the length of chars
  if(!i)
  {S.ch=NULL;S.length=0;}                        //if i==0 then set String T NULL
  else
    {
      if(!(S.ch=(char *)malloc(i*sizeof(char))))
        { cout<<"OVERFLOW!"<<endl;
          return (0);
        }
        else
        { for(j=0;j<=i-1;j++)
            S.ch[j]=chars[j];
          S.length=i;
        }//end of else
  }//end of else
```

```
  return(1);
}//end of StrAssign() function

void main()                                         //main() function
{
  char charsS1[MAXSIZE_S1];                         //user define here
  char charsS2[MAXSIZE_S2];
  HString T,S1,S2;
  cout<<"HStrConcat.cpp"<<endl<<"=========="<<endl<<endl;
  cout<<"Please input the string S1: <eg. Bei> ";
  cin.getline(charsS1,MAXSIZE_S1);
  cout<<"Please input the string S2: <eg. jing> ";
  cin.getline(charsS2,MAXSIZE_S2);
  StrAssign(S1,charsS1);                            //create a new string S
  StrAssign(S2,charsS2);                            //create a new string T
  HStrConcat(T,S1,S2);
  cout<<endl<<"...OK!... "<<endl;
  getch();
}//end of main() function
```

⑥ 求子串。

```
//SubString.cpp

#include <conio.h>
#include <malloc.h>
#include <iostream.h>
#include <stdio.h>
#define MAXSIZE 100

typedef struct
{ char * ch;
  int length;
}HString;

int SubHString(HString &Sub,HString S,int pos,int len)     //SubHString() function
{
  int i;
  if(pos<1 || pos>S.length || len<0 || len>S.length-pos+1)
    { cout<<endl<<"ERROR!"<<endl;
      return (0);
```

```
        }//end of if
    if(Sub.ch) free(Sub.ch);
      if(!len)
      { Sub.ch=NULL;
        Sub.length=0;
        cout<<endl<<"SubString Length=0!"<<endl;
        return(0);
        }//end of if
    else
          {
      Sub.ch=(char *)malloc(len * sizeof(char));
      if(!Sub.ch)
          { cout<<"OVERFLOW!";
            return(0);
            }
      for(i=0;i<=len-1;i++)
              Sub.ch[i]=S.ch[i+pos-1];
      Sub.ch[len]=NULL;
      Sub.length=len;
          }//end of else
    cout<<endl<<"Success to get the SubHString!"<<endl;
    printf("SubHString is: %s",Sub.ch);
    return (1);
  }//end of SubHString() function

  int StrAssign(HString &S,char * chars)          //StrAssing() function
  {                                               //create a string T=chars
      int i=0,j;
      char *c;
      if(S.ch) free(S.ch);                        //dispose(T)
      for(c=chars;c[i]!='\0';i=i+1);
                                                  //i get the length of chars
      if(!i)
      {S.ch=NULL;S.length=0;}                     //if i==0 then set String T NULL
      else
        {
          if(!(S.ch=(char *)malloc(i * sizeof(char))))
            { cout<<"OVERFLOW!"<<endl;
              return (0);
            }
```

```
            else
            { for(j=0;j<=i-1;j++)
                S.ch[j]=chars[j];
              S.length=i;
            }//end of else
        }
        return(1);
    }//end of StrAssign() function

    void main()                                          //main() function
    {
      char chars[MAXSIZE];
      HString S,Sub;
      int pos,len;
      cout<<"SubHString.cpp"<<endl<<"==============="<<endl;
      cout<<endl<<"Please input the string S1: <eg. DataStructure> ";
      cin.getline(chars,MAXSIZE);
      StrAssign(S,chars);                               //create a new string S1
      cout<<"Position: <eg. 5> ";
      cin>>pos;
      cout<<"Length of Sub HString: <eg. 9> ";
      cin>>len;
      if(SubHString(Sub,S,pos,len))
        cout<<endl<<"...OK!..."<<endl;
      getch();
    }//end of main() function
```

⑦ 串插入。

```
//StrInsert.cpp

#include <conio.h>
#include <malloc.h>
#include <iostream.h>
#include <stdio.h>
#define MAXSIZE_S 100
#define MAXSIZE_T 100

typedef struct
{
    char * ch;
```

```
    int length;
}HString;

int StrInsert(HString &S, int pos, HString T)           //StrInsert() function
{//1<=pos<=StrLength(S)+1; Insert the HString T before the NO.pos character of
HString S
  int i;
  if(pos<1 ||pos>S.length+1)
    { cout<<"Postion has Error!"<<endl;
      return (0);
    }
  if(T.length)
    { if(!( S.ch=(char *)realloc(S.ch, (S.length+T.length) * sizeof(char))))
      { cout<<"OVERFLOW";
        return (0);
      }
  for(i=S.length-1;i>=pos-1;--i)
    S.ch[i+T.length]=S.ch[i];                            //ready for inserting HString T
  for(i=0;i<=T.length-1;i++)
    S.ch[pos-1+i]=T.ch[i];
  S.length+=T.length;
  S.ch[S.length]=NULL;
    }//end of if
  cout<<endl<<"Success to Insert another HString!"<<endl;
  printf("The new HString S is: %s",S.ch);
  return (1);
}//end of StrInsert() function

int StrAssign(HString &S,char * chars)                   //StrAssign() function
{                                                        //create a string T=chars
    int i=0,j;
    char *c;
    if(S.ch) free(S.ch);                                 //dispose(T)
    for(c=chars;c[i]!='\0';i=i+1);
                                                         //i get the length of chars
    if(!i)
    {S.ch=NULL;S.length=0;}                              //if i==0 then set String T NULL
    else
      {
        if(!(S.ch=(char *)malloc(i*sizeof(char))))
```

```
            { cout<<"OVERFLOW!"<<endl;
              return (0);
            }
            else
            { for(j=0;j<=i-1;j++)
                 S.ch[j]=chars[j];
              S.length=i;
            }//end of else
      }
      return(1);
}//end of StrAssign() function

void main()                                          //main() function
{
      char chars_S[MAXSIZE_S];
      char chars_T[MAXSIZE_T];
      HString S,T;
      int pos;
      cout<<"StrInsert.cpp"<<endl<<"==============="<<endl;
      cout<<endl<<"Please input the previos HString S:"<<endl<<"<eg. "Show
the what you are maded of!">\n";
       cin.getline(chars_S,MAXSIZE_S);
       StrAssign(S,chars_S);                        //create a new string S
      cout<<"Please input the inserted HString T: <eg. "m">\n";
      cin.getline(chars_T,MAXSIZE_T);
      StrAssign(T,chars_T);                         //create a new string T
      printf("Before Position: <eg. 9>\n");         //Control for input position
      scanf("%d",&pos);
      StrInsert(S,pos,T);
      cout<<endl<<"...OK!..."<<endl;
      getch();
}//end of main() fucntion
```

(4) 堆分配存储结构操作的特点

由于堆分配存储结构的串既有顺序存储结构处理方便的特点，操作中对串长又没有任何限制，更显灵活，因此在串处理的应用程序中常常被采用。

4.2.2　串的模式匹配算法

串的查找操作也称做串的模式匹配操作，其中 Brute－Force 算法和 KMP 算法是两种最经常使用的顺序存储结构下的串的模式匹配算法。

(1) Brute-Force算法

① Brute-Force算法的设计思想。将主串S的第一个字符和模式T的第一个字符比较，若相等，则继续逐个比较后续字符；若不等，则从主串S的下一字符起，重新与T的第一个字符比较，直到主串S的一个连续子串字符序列与模式T相等。返回值为S中与T匹配的子序列第一个字符的序号，即匹配成功；否则，匹配失败，返回值-1。

② Brute-Force算法的实现。

```
int String::Find Substr(const String& t, int start)const
{
    int i = start, j = 0, v;
    while(i < size && j < t.size)
  {
  if(str[i] == t.str[j])
      { i++;j++; }
  else
      { i = i-j+1;j = 0; }
  }
  if(j >= t.size-1) v = i-t.size+1;
  else v = -1;
  return v;
}
```

③ BF算法的时间复杂度。若n为主串长度，m为子串长度，则串的BF匹配算法最坏的情况下需要比较字符的总次数为$(n-m+1)*m=O(n*m)$，最好的情况是：一配就中！主串的前m个字符刚好等于模式串的m个字符，只比较了m次，时间复杂度为$O(m)$。最恶劣的情况是：模式串的前$m-1$个字符序列与主串的相应字符序列比较总是相等，但模式串的第m个字符和主串的相应字符比较总是不等，此时模式串的m个字符序列必须和主串的相应字符序列块一共比较$n-m+1$次，所以总次数为$m*(n-m+1)$，因此其时间复杂度为$O(n\times m)$。

(2) KMP算法

KMP算法是在Brute Force算法的基础上的模式匹配的改进算法。KMP算法的特点主要是消除了Brute-Force算法的如下缺点：主串下标i在若干个字符序列比较相等后，只要有一个字符比较不相等，便需要把下标i的值回退。以下分为两种情况分析Brute-Force算法的匹配过程。

第一种情况是模式串中无真子串，图4.1所示的主串s=“cddcdc”、模式串t=“cdc”的模式匹配过程。当$s_0=t_0$，$s_1=t_1$，$s_2\neq t_2$时，算法中取$i=1$，$j=0$，使主串下标i值回退，然后比较s_1和t_0。但是因为$t_1\neq t_0$，所以一定有$s_1\neq t_0$，实际上接下来就可以直接比较s_2和t_0。

第二种情况是模式串中有真子串。设主串s=“abacabab”，模式串t=“abab”。第一次匹配过程如图4.2所示。此时，因为$t_0\neq t_1$，$s_1=t_1$，必有$s_1\neq t_0$；又因为$t_0=t_2$，$s_2=t_2$，必

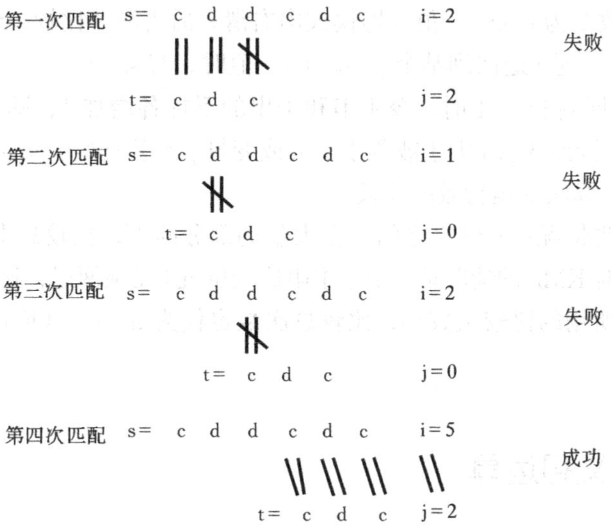

图 4.1 模式串中无真子串

有 $s_2 = t_2$，所以接下来可以直接比较 s_3 和 t_1。

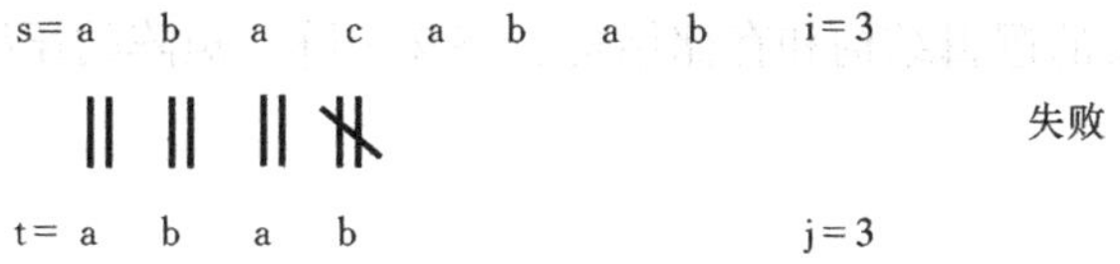

图 4.2 模式串中有真子串

总结以上两种情况可以发现，一旦 s_i 和 t_j 比较不相等，主串的 s_i（或 s_i+1）可以直接与模式串的 t_k（$0 \leqslant k < j$）比较，k 的确定与主串 s 并无关系，只与模式串 t 本身的构成有关，即从模式串本身就可以求出 k 的值。一般情况下，设 s = "$s_0 s_1 \cdots s_{n-1}$"，t = "$t_0 t_1 \cdots t_{m-1}$"，当 $s_i \neq t_j$（$0 \leqslant i < n$，$0 \leqslant j < m$）时，存在 "$s_{i-j} s_{i-j+1} \cdots s_{i-1}$" = "$t_0 t_1 \cdots t_{j-1}$"，此时若模式串中存在可以相互重叠的真子串，满足 "$t_0 t_1 \cdots t_{k-1}$" = "$t_{j-k} t_{j-k+1} \cdots t_{j-1}$"（$0 < k < j$），则说明模式串中的子串 "$t_0 t_1 \cdots t_{k-1}$" 已经和主串 "$s_{i-k} s_{i-k+1} \cdots s_{i-1}$" 匹配。下一次可直接比较 s_i 和 t_k；此时若模式串中不存在可以相互重叠的真子串，则说明在模式串 "$t_0 t_1 \cdots t_{j-1}$" 中不存在任何以 t_0 为首字符的字符串与 "$s_{i-j} s_{i-j+1} \cdots s_{i-1}$" 中以 s_{i-1} 为末字符的字符串匹配，下一次可直接比较 s_i 和 t_0。

关于模式串中的真子串问题。把模式串中从第一个字符开始到任一个字符为止的模式串中的真子串定义为 next[j] 函数，则 next[j] 函数定义为：

$$
next[j] = \begin{cases} -1, & \text{当 } j=0 \text{ 时；} \\ \max\{k \mid 0<k<j \text{ 且 } \text{"}t_0 t_1 \cdots t_{k-1}\text{"} = \text{"}t_{j-k} t_{j-k+1} \cdots t_{j-1}\text{"}\}, & \text{当此集合不空时；} \\ 0, & \text{其他情况} \end{cases}
$$

当模式串 t 中的 t_j 与主串 s 的 s_i 比较不相等时，模式串 t 中需要重新与主串 s 的 s_i 比较的字符下标为 k，即下一次开始比较 s_i 和 t_k；若模式串 t 中不存在如上所说的真子串，有 next[j] = 0，则下一次开始比较 s_i 和 t_0；当 j = 0 时令 next[j] = −1。

KMP 算法的思想：设 s 为主串，t 为模式串，设 i 为主串 s 当前比较字符的下标，j 为模式串 t 当前比较字符的下标，令 i 和 j 的初值为 0。当 $s_i = t_j$ 时，i 和 j 分别增加 1 再继续比较；否则 i 不变，j 改变为 next[j] 值（即模式串右滑）后再继续比较。依此类推，直到出现下列两种情况之一：一是 j 退回到某个 j = next[j] 值时，有 $s_i = t_j$，则 i 和 j 分别增加 1 后再继续比较；二是 j 退回到 j = −1 时，令主串和子串的下标各增加 1，随后比较 s_{i+1} 和 t_0。这样的循环过程一直进行到变量 i 大于或等于 size 或变量 j 大于或等于 size 时为止。

(3) BF 与 KMP 算法的运行效率比较

回顾 BF 的最恶劣情况：S 与 T 之间存在大量的部分匹配，比较总次数为 $(n-m+1)*m=O(n*m)$，而此时 KMP 的情况是：由于主串比较位置 i 无须回退，比较次数仅为 n，即使加上计算 next[j] 时所用的比较次数 m，比较总次数也仅为 $n+m=O(n+m)$，大大快于 BF 算法。

4.3 数组的定义和运算

在许多程序设计语言中，都有数组类型。在前面谈到线性结构的顺序存储表示时，接触的多是一维数组。多维数组与广义表可以视为线性表的推广，其特点是数据元素仍然是一张表。本章讨论多维数组的逻辑结构和存储结构、特殊矩阵、矩阵的压缩存储、广义表的逻辑结构和存储结构等。

4.3.1 数组的概念

数组作为一种数据结构，其特点是结构中的元素本身可以是具有某种结构的数据，但属于同一数据类型。一维数组可以看做一张线性表，二维数组可以看做“数据元素是一维数组”的一维数组，三维数组可以看做“数据元素是二维数组”的一维数组，依此类推。数组中任意一个元素可以用该元素在数组中的位置来表示，数组元素的位置通常称做数组的下标。图 4.3 是一个 m 行 n 列的二维数组。

$$A=\begin{bmatrix} a_{11} & a_{12} & \cdots & a_{1n} \\ a_{21} & a_{22} & \cdots & a_{2n} \\ \vdots & \vdots & & \vdots \\ a_{m1} & a_{m2} & \cdots & a_{mn} \end{bmatrix}$$

图 4.3　m 行 n 列的二维数组

数组符合线性结构的定义。数组和线性表相比，相同之处为它们都是由若干个相同数据类型的数据元素 a_0，a_1，a_2，…构成的有限序列。不同之处是：

① 数组要求其元素占用一块地址连续的内存单元空间，而线性表无此要求；

② 线性表的元素是逻辑意义上不可再分的元素，而数组中的每个元素还可以是一个数组；

③ 数组的操作主要是向某个下标的数组元素中存储数据和取某个下标的数组元素，这和线性表的插入、删除操作不同。

线性结构（包括线性表、堆栈、队列、串）的顺序存储结构实际就是使用数组来存储。可见，数组是其他数据结构实现顺序存储结构的基础，是软件设计中基础的数据结构。

4.3.2 数组的操作

数组是一个具有相同数据类型的有序集合，数组中每一个数据元素用唯一的一组下标来标识，下标的个数取决于数组的维数。由于在程序设计语言中，数组一旦生成，其元素的存储空间固定，因此，在数组上不能进行插入或删除数据元素的操作。在数组中，通常做下面两种操作。

① 取值操作。给定一组下标，读取对应的数据元素。

② 赋值操作。给定一组下标，存储或修改与其相对应的数据元素。

4.4 数组顺序存储结构

由于数组一般不进行插入或删除操作，也就是说，一旦建立了数组，则结构中的数组元素个数和元素之间的关系就不再发生变动，即它们的逻辑结构就固定下来，不再发生变化。因此，采用顺序存储结构表示数组。由于计算机中的内存空间是一维的（线性的），因此，用一维内存存放多维数组就必须按照某种次序，将数组元素排成一个线性序列，然后将这个线性序列顺序存放在存储器中。本章仅讨论二维数组的存储。多维数组的顺序存储有行优先顺序和列优先顺序两种形式。

4.4.1 行优先顺序

① 存放规则。行优先顺序也称为低下标优先或左边下标优先于右边下标。具体实现时，按照行号从小到大的顺序，先将第一行中元素全部存放好，再存放第二行元素、第三行元素，依此类推。

例如，对 $A_{m\times n}$二维数组，可以用如下形式存放到内存：a_{00}，a_{01}，… $a_{0,n-1}$，a_{10}，a_{11}，…，$a_{1,n-1}$，…，$a_{m-1,0}$，$a_{m-1,1}$，…，$a_{m-1,n-1}$。即二维数组按行优先存放到内存后，变成一个线性序列（线性表）。

② 地址计算。假设每个元素占 L 个字节，元素 a_{ij}的存储地址应为第一个元素的地址加上排在 a_{ij}前面的元素所占用的单元数，而 a_{ij}的前面有 i（0～i－1）行共 i×n 个元素，而本行前面又有 j 个元素，故 a_{ij}的前面一共有 i×n+j 个元素，设 a_{00}的内存地址为 $Loc(a_{00})$，则 a_{ij}的内存地址按照等差数列计算为 $Loc(a_{ij})=Loc(a_{00})+(i\times n+j)\times L$。

4.4.2 列优先顺序

① 存放规则。$A_{m\times n}$二维数组，可以按照如下形式存放到内存：a_{00}，a_{10}，…，$a_{m-1,0}$，a_{01}，a_{11}，…，$a_{m-1,1}$，…，$a_{0,m-1}$，$a_{1,m-1}$，…，$a_{n-1,m-1}$。即二维数组按列优先存放到内存后，也变成了一个线性序列（线性表）。

② 地址计算。$Loc(a_{ij})=Loc(a_{00})+(j\times m+i)\times L$。

例如一个 2×3 二维数组，逻辑结构可以用图 4.4 表示。

a_{11}	a_{12}	a_{13}
a_{21}	a_{22}	a_{23}

图 4.4　2×3 数组的逻辑状态

以行为主序的内存映象如图 4.5(a)所示，分配顺序为 a_{11}，a_{12}，a_{13}，a_{21}，a_{22}，a_{23}；以列为主序的内存映象如图 4.5(b)所示，分配顺序为 a_{11}，a_{21}，a_{12}，a_{22}，a_{13}，a_{23}。

a_{11}
a_{12}
a_{13}
a_{21}
a_{22}
a_{23}

(a) 以行为主序

a_{11}
a_{21}
a_{12}
a_{22}
a_{13}
a_{23}

(b) 以列为主序

图 4.5　2×3 数组的物理状态

4.4.3　基本操作在顺序存储上的实现

对于数组，一旦规定了它的维数和各维的长度，便可以为它分配存储空间。反之，只要给出数组存放的起始地址、数组的行号和列号数，以及每个数组元素所占用的存储单元，便可以求得给定下标的数组元素存储位置的起始地址。数组的顺序存储通常表示如下：

```
#include <stdarg.h>
//标准头文件,提供宏,用于存取变长参数表
#define MAX_ARRAY_DIM 8               //假设数组维数的最大值为 8
typedef struct
{   ElemType *base;                   //数组元素基址,由 InitArray 分配
    int dim;                          //数组维数
    int *bounds;                      //数组维界基址,由 InitArray 分配
    int *constants;                   //数组映象函数常量基址,由 InitArray 分配
}Array;
```

下面将以数组的顺序存储为例，来实现数组的各种操作。

(1) 构造数组算法

```
Status InitArray ( Array &A, int dim, … ) {
// 若维数 dim 和随后的各维长度合法,则构造相应的数组 A,并返回 OK
if ( dim < 1 || dim > MAX_ARRAY_DIM )
return ERROR; // 若维数 dim 不合法,则 返回 ERROR
A.dim = dim; // 设置数组维数
A.bounds = ( int * ) malloc ( dim * sizeof ( int ) ); // 为数组 A.bounds 分配空间
if ( ! A.bounds ) exit ( OVERFLOW );
```

```
elemtotal = 0; // 设 A 的元素总数初值 elemtotal 为 0
va-start ( ap, dim ); // ap 为 va_list 类型,是存放变长参数表信息数组
for ( i = 0; i < dim; i+ + ) {
// 若各维长度合法,则存入 A.bounds,并求出 A 的元素总数 elemtotal
A.bounds[i] = va_arg ( ap, int );
if ( A.bounds[i] < 0 ) return UNDERFLOW;
elemtotal *= A.bounds[i];
} // if 结束
va-end ( ap );
A.base = ( ElemType * ) malloc ( elemtotal * sizeof ( ElemType ) );
// 为数组 A.base 分配空间
if ( ! A.base ) exit ( OVERFLOW );
A.constants = ( int * ) malloc ( dim * sizeof ( int ) );
// 为数组 A.constants 分配空间
if ( ! A.constants ) exit ( OVERFLOW );
A.constants[dim-1] = 1;
// 设元素大小 L = 1,指针的增减以元素的大小为单位
for ( i = dim-2; i >= 0; --i ) A.constants[i] = A.bounds[i+1] * A.constants [i+
1];
// 求各维的常数 ci,并存入 A.constants[i-1],i = 1, …, dim
return OK;
} // InitArray
```

(2) 销毁数组算法

```
Status DestroyArray ( Array &A ) {
// 销毁数组 A
if ( ! A.base ) return ERROR;
free ( A.base ); // 释放 A.base 空间
A.base = NULL; // 令 A.base 指针为空
if ( ! A.bounds ) return ERROR;
free ( A.bounds ); // 释放 A.bounds 空间
A.bounds = NULL; // 令 A.bounds 指针为空
if ( ! A.constants ) return ERROR;
free ( A.constants ); // 释放 A.contants 空间
A.constants = NULL; // 令 A.constants 指针为空
return OK;
} // DestroyArray
```

(3) 定位操作算法

```
Status Locate ( Array A, va_list ap, int off, ... ) {
// 若 ap 指示的各个标值合法,则求出该元素在 A 中的相对地址 off
```

```
off = 0;
for ( i = 0; i < A.dim; + +i ) {
ind = va_arg ( aq, int );
if ( ind < 0 || ind >= A.bounds[i] ) return OVERFLOW;
// ap 指示的各个标值不合法
off + = A.constants[i] * ind;
// 对数组 A 各维的常数 A.constants[i]×各个合法标值 ap 进行累加
} // for 结束
return off;
} // Locate
```

(4) 取值操作算法

```
Status Value ( Array A, ElemType &e, … ) {
// A 是 n 维数组,e 为元素变量,随后是 n 个下标值
// 若各下标不超界,则 e 赋值为所指定的 A 的元素值,并返回 OK
va_start ( ap, e );
// ap 为 va_list 类型,存放变长参数表信息数组
if ( ( result = Locate ( A, ap, off ) ) < = 0 ) return result;
// Locate 函数的功能为:若 ap 指示的各个标值合法,则将该元素在 A 中的相对地址 off
返回
e = *( A.base + off ); va_end ( ap );
return OK;
} // Value
```

(5) 赋值操作算法

```
Status Assign ( Array &A, ElemType e, … ) {
// A 是 n 维数组,e 为元素变量,随后是 n 个下标值
// 若下标不超界,则 e 的值赋给所指定的 A 的元素,并返回 OK
va_start ( ap, e );
// ap 为 va_list 类型,是存放变长参数表信息的数组
if ( ( result = Locate ( A, ap, off ) ) < = 0 ) return result;
// Locate 函数的功能为:若 ap 指示的各个标值合法,则将该元素在 A 中的相对地址 off
返回
   *( A.base + off ) = e; va_end ( ap );
   return OK;
   } // Assign
```

4.4.4 动态数组

数组有静态存储结构的数组和动态存储结构的数组两种，它们的区别在于：静态数组在定义时，就必须给出数组个数；动态数组是在具体申请存储单元空间时，才给出数组元素的

个数。

定义有 3 行、4 列整数类型的二维数组 a，先逐行分别给数组元素赋值 1，2，…，12，然后显示数组中的数值。要求分别把申请二维动态数组的过程和释放二维动态数组的过程编写成函数。

```
int * * Make2DArray(int row, int col)
{   int * * a, i;
    a = (int * * )malloc(row * sizeof(int * ));
    for (i = 0; i < row; i+ + )
      a[i] = (int * )malloc(col * sizeof(int));
    return a;
}

void Diliver2DArray(int * * a, int row)
{   int i;
    for(i = 0; i < row; i+ + )
      free(a[i]);
    free(a);
}
#include <malloc.h>
#include <stdio.h>
#include <stdlib.h>
#include "Array.h"
void main(void)
{   int i, j, c; int row = 3, col = 4, * * a;
    a = Make2DArray(row, col);
    c = 1;
    for(i = 0; i < row; i+ + )
    {   for(j = 0; j < col; j+ + )
        { a[i][j] = c; c+ + ; }
    }
    for(i = 0; i < row; i+ + )
    { for(j = 0; j < col; j+ + )
        printf("%5d", a[i][j]);
      printf("\n");
    }
    Diliver2DArray(a, row);
}
```

程序运行输出结果如下：

1　　2　　3　　4
5　　6　　7　　8
9　　10　　11　　12

程序运行中数组值变化如图 4.6 所示。

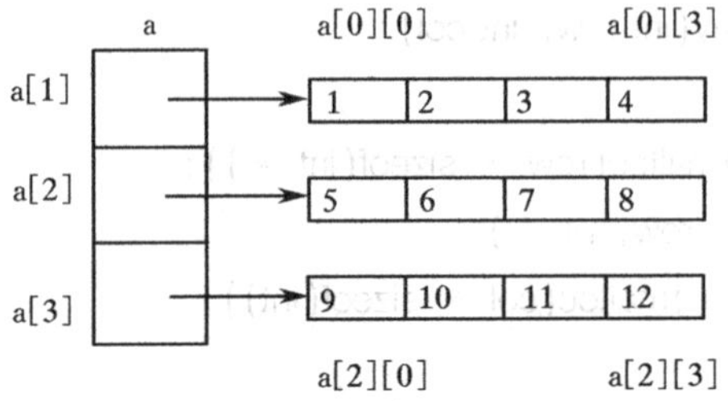

图 4.6　程序运行中数组值变化

注意：二维动态数组的全部存储空间不是一次申请的，所以二维动态数组的每一维数组在物理上是连续的，而全部二维动态数组在物理上不一定是连续的。

4.5　矩阵的压缩存储

矩阵是科学计算领域最有用的数学工具之一。在高级语言中，通常以二维数组存储矩阵的元素。有的程序设计语言中还提供了各种矩阵运算，用户使用时很方便。在数值分析中，经常出现一些高阶的矩阵，同时在矩阵中有许多值相同的元素或者是零元素。有时，为了节省存储空间，可以对这类矩阵进行压缩存储。所谓压缩存储，是指为多个值相同的元素分配一个存储空间，对零元素不分配空间。

4.5.1　特殊矩阵

(1) 对称矩阵

若一个 n 阶方阵 A 中元素满足下列条件：$a_{ij}=a_{ji}$，其中 $0\leqslant i, j\leqslant n-1$，则称 A 为对称矩阵。例如：

$$A=\begin{bmatrix}3&6&4&7&8\\6&2&8&4&2\\4&8&1&6&9\\7&4&6&0&5\\8&2&9&5&7\end{bmatrix}$$

(2) 三角矩阵

① 下三角矩阵。即矩阵的下三角部分元素是随机的，而上三角部分元素全部相同（为某常数 c）或全为 0，如图 4.7(a)所示。

② 上三角矩阵。即矩阵的上三角部分元素是随机的，而下三角部分元素全部相同（为某常数 c）或全为 0，如图 4.7(b)所示。

$$\begin{bmatrix} 3 & c & c & c & c \\ 6 & 2 & c & c & c \\ 4 & 8 & 1 & c & c \\ 7 & 4 & 6 & 0 & c \\ 8 & 2 & 9 & 5 & 7 \end{bmatrix}$$

(a) 下三角矩阵

$$\begin{bmatrix} 3 & 4 & 8 & 1 & 0 \\ c & 2 & 9 & 4 & 6 \\ c & c & 1 & 5 & 7 \\ c & c & c & 0 & 8 \\ c & c & c & c & 7 \end{bmatrix}$$

(b) 上三角矩阵

图 4.7　三角矩阵

(3) 对角矩阵

若矩阵中所有非零元素都集中在以主对角线为中心的带状区域中，区域外的值全为 0，则称为对角矩阵。常见的有三对角矩阵、五对角矩阵、七对角矩阵等。

例如，图 4.8 所示为 7×7 的三对角矩阵（即有三条对角线上元素非 0）。

$$\begin{bmatrix} a_{00} & a_{01} & 0 & 0 & 0 & 0 & 0 \\ a_{10} & a_{11} & a_{12} & 0 & 0 & 0 & 0 \\ 0 & a_{21} & a_{22} & a_{23} & 0 & 0 & 0 \\ 0 & 0 & a_{32} & a_{33} & a_{34} & 0 & 0 \\ 0 & 0 & 0 & a_{43} & a_{44} & a_{45} & 0 \\ 0 & 0 & 0 & 0 & a_{54} & a_{55} & a_{56} \\ 0 & 0 & 0 & 0 & 0 & a_{65} & a_{66} \end{bmatrix}$$

图 4.8　一个 7×7 的三对角矩阵

4.5.2　压缩存储

(1) 对称矩阵

若矩阵 $A_{n'n}$ 是对称的，则对称的两个元素可以共用一个存储单元，这样，原来 n 阶方阵需要 n^2 个存储单元，若采用压缩存储，仅需要 $n(n+1)/2$ 个存储单元，将近节约一半的存储单元，这就是实现压缩的好处。怎样找到 s[k] 与 a[i][j] 的一一对应关系呢？

仅以行优先存放分为以下两种方式讨论。

① 只存放下三角部分。由于对称矩阵关于主对角线对称，所以只需要存放主对角线及主对角线以下的元素。这时，a[0][0] 存入 s[0]，a[1][0] 存入 s[1]，a[1][1] 存入 s[2]，…。当 $i \geqslant j$ 时，a_{ij} 在下三角部分中，a_{ij} 前面有 i 行，共有 $1+2+3+\cdots+i$ 个元素，而 a_{ij} 是第 i 行的第 j 个元素，即有 $k=1+2+3+\cdots+i+j=i(i+1)/2+j$；当 $i<j$ 时，a_{ij} 在上三角部分中，但与 a_{ji} 对称，故只需在下三角部分中找 a_{ij}，将 i 与 j 交换即可，即 $k=j(j+1)/2+i$，如图 4.9 所示。

$$k=\begin{cases} i(i+1)/2+j, & \text{当 } i \geqslant j \text{ 时；} \\ j(j+1)/2+i, & \text{当 } i<j \text{ 时} \end{cases}$$

$$\begin{bmatrix} a_{00} & & & & \\ a_{10} & a_{11} & & & \\ a_{20} & a_{21} & a_{22} & & \\ \vdots & \vdots & \vdots & \ddots & \\ a_{n-1,0} & a_{n-1,1} & a_{n-1,2} & \cdots & a_{n-1,n-1} \end{bmatrix}$$

(a) 一个下三角矩阵

0	1	2	3	4	5	6	…	$\frac{n(n+1)}{2}-3$	$\frac{n(n+1)}{2}-2$	$\frac{n(n+1)}{2}-1$
a_{00}	a_{10}	a_{11}	a_{20}	a_{21}	a_{22}	a_{30}	…	$a_{n-1,n-3}$	$a_{n-1,n-2}$	$a_{n-1,n-1}$

(b) 下三角矩阵的压缩存储形式

图 4.9　对称矩阵及用下三角压缩存储

② 只存放上三角部分。对于对称阵，除了用下三角形式存放外，还可以用上三角形式存放，这时，a[0][0] 存入 s[0]，a[0][1] 存入 s[1]，a[0][2] 存入 s[2]，…，具体如图 4.10 所示。这时，s[k] 与 a[i][j] 的对应关系可以按照下面方法推出：

当 i⩽j 时，a_{ij}在上三角部分中，前面共有 i 行，共有 n+n－1+…+n－(i－1)＝i＊n－i(i－1)/2 个元素，而 a_{ij}是本行第 j－i 个元素，故 k＝i＊n－i(i－1)/2＋j－i；当 i>j 时，交换 i 与 j 即可。故 s[k] 与 a[i][j] 的对应关系为：

$$k=\begin{cases} i*(n-1)(i-1)/2+j-i/2+j-i, & \text{当 } i\leqslant j \text{ 时;} \\ j*(n-j)(j-1)/2+i-j, & \text{当 } i>j \text{ 时} \end{cases}$$

$$\begin{bmatrix} a_{00} & a_{01} & a_{02} & \cdots & a_{0,n-1} \\ & a_{11} & a_{12} & \cdots & a_{1,n-1} \\ & & a_{22} & \cdots & a_{2,n-1} \\ & & & \ddots & \cdots \\ & & & & a_{n-1,n-1} \end{bmatrix}$$

(a) 一个上三角矩阵

0	1	2	3	4	5	6	…	$\frac{n(n+1)}{2}-3$	$\frac{n(n+1)}{2}-2$	$\frac{n(n+1)}{2}-1$
a_{00}	a_{01}	a_{02}	a_{03}	a_{04}	a_{05}	a_{06}	…	$a_{n-2,n-2}$	$a_{n-2,n-1}$	$a_{n-1,n-1}$

(b) 上三角矩阵的压缩存储形式

图 4.10　对称矩阵及用上三角压缩存储

(2) 三角矩阵

① 下三角矩阵。下三角矩阵的压缩存放与对称矩阵用下三角形式存放类似，但必须多一个存储单元存放上三角部分元素，使用的存储单元数目为 n(n+1)/2+1。故可以将 n′n 的下三角矩阵压缩存放到只有 n(n+1)/2+1 个存储单元的向量中，假设仍然按照行优先存放，这时 s[k] 与 a[i][j] 的对应关系为

$$k=\begin{cases} i(i+1)/2+j, & \text{当 } i\geqslant j \text{ 时;} \\ n(n+1)/2, & \text{当 } i<j \text{ 时} \end{cases}$$

② 上三角矩阵。和下三角矩阵的存储类似，共需要 n(n+1)/2+1 个存储单元，假设仍然按照行优先顺序存放，这时 s[k] 与 a[i][j] 的对应关系为

$$k=\begin{cases} i*(n-i)(i-1)/2+j-i, & \text{当 } i\leqslant j \text{ 时;} \\ n(n+1)/2, & \text{当 } i>j \text{ 时} \end{cases}$$

(3) 对角矩阵

仅讨论三对角矩阵的压缩存储，五对角矩阵、七对角矩阵等读者可以作类似分析。在一个 n′n 的三对角矩阵中，只有 n+n－1+n－1 个非零元，故只需要 3n－2 个存储单元即可，

零元素已不占用存储单元。故可以将 n′n 三对角矩阵 A 压缩存放到只有 3n－2 个存储单元的 s 向量中，假设仍然按照行优先顺序存放，则 s[k] 与 a[i][j] 的对应关系为 k＝2i＋j。

为了节省内存，n 阶对称矩阵采用压缩存储，要求如下。

① 编写实现 C = A + B 操作的函数。设矩阵 A、矩阵 B 和矩阵 C 均采用压缩存储方式存储，矩阵元素均为整数类型。

② 编写一个采用压缩存储的 n 阶对称矩阵的输出函数，要求输出显示成矩阵形式，设矩阵元素均为整数类型。

③ 设矩阵 A 和矩阵 B 为 n 阶矩阵，编写一个用矩阵 A 和矩阵 B 作为测试例子的测试上述函数的主程序。

```
void Add(int a[], int b[], int c[], int n)
{   int i;
    for(i = 0; i <= n*(n+1)/2-1; i++)
      c[i] = a[i] + b[i];
}
void Print(int a[], int n)
{   int i, j, k;
    for(i = 1; i <= n; i++)
    {   for(j = 1; j <= n; j++)
        {   if(i >= j) k = i * (i - 1) / 2 + j - 1;
              else k = j * (j - 1) / 2 + i - 1;
              printf("%d ", a[k]);
              }
            printf("\n");
    }
}
#include <stdio.h>
(矩阵加和输出函数同上,省略)
void main(void)
{
  int a[] = {1,2,4,3,5,6}, /*注意元素的排列次序*/
     b[] = {10,20,40,30,50,60},c[6];
  int n = 3;

  Add(a, b, c, n);
  Print(c, n);
}
```

4.5.3 稀疏矩阵

矩阵的阶数很大，非零元个数较少，零元很多，但非零元的排列没有一定规律，称这类矩阵为稀疏矩阵。

按照压缩存储的概念，要存放稀疏矩阵的元素，由于没有某种规律，除存放非零元的值外，还必须存储适当的辅助信息，才能迅速确定一个非零元是矩阵中的哪一个位置上的元素。

下面将介绍稀疏矩阵的几种存储方法及一些算法的实现。

(1) 三元组表

在压缩存放稀疏矩阵的非零元的同时，若还存放此非零元所在的行号和列号，则称为三元组表法，即称稀疏矩阵可用三元组表进行压缩存储，但它是一种顺序存储（按照行优先顺序存放）。一个非零元有行号、列号和值，为一个三元组，整个稀疏矩阵中非零元的三元组合起来称为三元组表。此时，数据类型可描述如下：

```
#define maxsize=100;//定义非零元的最大数目
Typedef struct    //定义一个三元组
{ int i, j;    //非零元行、列号
Elemtype e;    //非零元值
}//triple;
Typdef struct    //定义稀疏矩阵
{ int mu,nu ;    //稀疏矩阵行、列数
int tu;    //稀疏矩阵非零元个数
triple data [maxsize+1];    //三元组表
}//tsmatrix;
```

如图 4.11 所示为一个稀疏矩阵 M。

$$\begin{bmatrix} 0 & 12 & 9 & 0 & 0 & 0 & 0 \\ 0 & 0 & 0 & 0 & 0 & 0 & 0 \\ -3 & 0 & 0 & 0 & 0 & 14 & 0 \\ 0 & 0 & 24 & 0 & 0 & 0 & 0 \\ 0 & 18 & 0 & 0 & 0 & 0 & 0 \\ 15 & 0 & 0 & -7 & 0 & 0 & 0 \end{bmatrix}$$

图 4.11　稀疏矩阵 M

稀疏矩阵 M 的转置矩阵 N 如图 4.12 所示。

$$\begin{bmatrix} 0 & 0 & -3 & 0 & 0 & 15 \\ 12 & 0 & 0 & 0 & 18 & 0 \\ 9 & 0 & 0 & 24 & 0 & 0 \\ 0 & 0 & 0 & 0 & 0 & -7 \\ 0 & 0 & 0 & 0 & 0 & 0 \\ 0 & 0 & 14 & 0 & 0 & 0 \\ 0 & 0 & 0 & 0 & 0 & 0 \end{bmatrix}$$

图 4.12　稀疏矩阵 N（M 的转置）

稀疏矩阵 M 和 N 的三元组表如图 4.13。

M 的三元组表

i	j	v
0	1	12
0	2	9
2	0	-3
2	5	14
3	2	24
4	1	18
5	0	15
5	3	-7

N 的三元组表

i	j	v
0	2	-3
0	5	15
1	0	12
1	4	18
2	0	9
2	3	24
3	5	-7
5	2	14

图 4.13　稀疏矩阵 M 和 N 的三元组

以矩阵转置为例，说明在三元组实现存储结构中如何实现矩阵的运算。

① 算法思想。一个稀疏矩阵的转置仍然是稀疏矩阵，假设 a 和 b 是 tsmatrix（三元组顺序表）类型的变量，分别表示矩阵 M 和其转置矩阵 T。那么，只要做到下面三条，就可以由 a 得到 b，实现矩阵的转置。

第一条，将矩阵的行列的值相互交换；

第二条，将每个三元组中的 i 和 j 相互调换；

第三条，重排三元组之间的次序。

在这三点中，最关键的是第三条，即如何使 b.data 中的三元组以 T 的行（M 的列）为主序依次排列。处理方法有以下两种。

方法一：按照 b.data 中三元组的次序，依次在 a.data 中找到相应的三元组进行转置。

方法二：按照 a.data 中三元组的次序进行转置，并将转置后的三元组置入 b.data 中恰当的位置。

按照方法一，即按照矩阵 M 的列序进行转置。为了找到矩阵 M 的每一列中所有的非零元素，需要对其三元组 a.data 从第一行起进行扫描，方法如下：在 a.data 中按照三元组的列域值（j）开始扫描，依序将三元组 a.data 的列域值（j）与行域值（i）对换，并存入 b.data 中。由于 a.data 是以 M 的行序为主序来存放每个非零元的，依次得到的恰是 b.data 应有的顺序。

② 算法编写程序参考。

```
//TransposeSMatrix.cpp

#include <stdarg.h>
#include <iostream.h>
#include <malloc.h>
#include <stdio.h>
#include <conio.h>

#define MAXSIZE 12500
#define OK 1
typedef int ElemType;
typedef struct
```

```
{   int i,j;
    ElemType e;
}Triple;

typedef union
{   Triple data[MAXSIZE+1];      //from data[1] on, and data[0] has not been used
    int mu,nu,tu;
}TSMatrix;

int TransposeSMatrix(TSMatrix M, TSMatrix &T)
{
  int q,p,col;
  T.mu=M.nu;
  T.nu=M.mu;
  T.tu=M.tu;
  if(T.tu)
  {
    q=1;
    for(col=1;col<=M.nu; ++col)
      for(p=1;p<=M.tu; ++p)
        if(M.data[p].j==col)
        {
        T.data[q].i=M.data[p].j;
        T.data[q].j=M.data[p].i;
        T.data[q].e=M.data[p].e;
        printf("%d%d    %d\n",T.data[q].i,T.data[q].j,T.data[q].e);
        ++q;
        }//end of if(M.data[p])
  }//end of if(T.tu)
  return OK;
}//end of TransposeSMatrix() function

void main()                          //main() function
{
  TSMatrix M,T;
  int i;
  cout<<"TransposeSMatrix.cpp"<<endl<<"========="<<endl<<endl;
  M.mu=3;                            //Default values of InitTSMstrix M
  M.nu=5;
  M.tu=4;
```

```
    printf("Please input the M.mu:<eg. 3> ");
    scanf("%d", &M.mu);
    printf("Please input the M.nu:<eg. 5> ");
    scanf("%d", &M.nu);
    printf("Please input the M.tu:<eg. 4> ");
    scanf("%d", &M.tu);

    printf("\nPlease input the i,j and data of TransposeSMatrix M: \n");
    printf("<eg. (i,j,e)={(1,2,20),(3,4,19),(3,2,10),(1,3,10),...}\n");
    for(i=1;i<=M.tu;i++)                //input the M.tu value
    {   printf("\nM.data[%d].i= ",i);
        scanf("%d", &M.data[i].i);
        printf("M.data[%d].j= ",i);
        scanf("%d", &M.data[i].j);
        printf("M.data[%d].e= ",i);
        scanf("%d", &M.data[i].e);
        if(M.data[i].i>M.mu||M.data[i].j>M.nu)      //input control
        { cout<<"Input Error!"<<endl;
          i--;
        }
    }//end of for

    printf("\nAfter Transposing the SMatrix T is: \n");
    printf("i= j= data= \n");
    TransposeSMatrix(M,T);
    printf("\n");
    getch();
  }//end of main() function
```

③ 算法分析。上面给出求矩阵转置算法的主要工作是在 p 和 col 的两重循环中完成的，所有此算法的时间复杂度为 O(nu * tu)（nu，tu 为 M.nu，M.tu 的简写），即和矩阵 M 的列数和非零元的个数的乘积成正比。

（2）带行指针的链表

把具有相同行号的非零元用一张单链表连接起来，稀疏矩阵中的若干行组成若干张单链表，合起来称为带行指针的链表。例如，稀疏矩阵 M 的带行指针的链表描述形式如图 4.14 所示。

（3）十字链表

十字链表为稀疏矩阵中的链接存储中的一种较好的存储方法，在该方法中，每一个非零元用一个结点表示，结点中除了表示非零元所在的行、列和值的三元组（i，j，e）外，还需

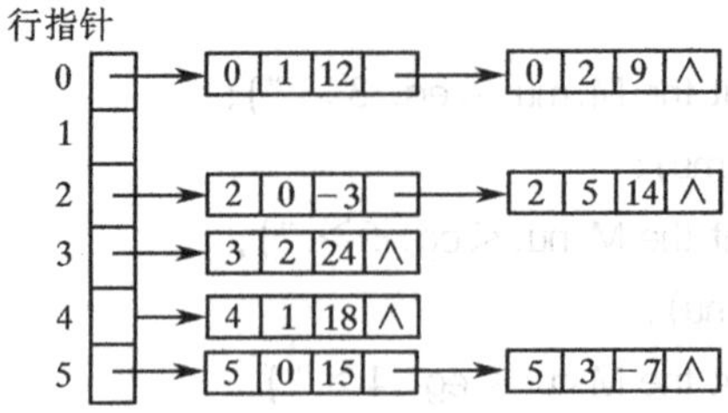

图 4.14　带行指针的链表

要增加两个链域：行指针域（**right**），用来指向本行中下一个非零元素；列指针域（**down**），用来指向本列中下一个非零元素。稀疏矩阵中同一行的非零元通过向右的 **right** 指针链接成一张带表头结点的循环链表。同一列的非零元也通过 **down** 指针链接成一个带表头结点的循环链表。因此，每一个非零元素既是第 **i** 行循环链表中的一个结点，又是第 **j** 列循环链表中的一个结点，相当于处在一个十字交叉路口，故称链表为十字链表。

另外，为了运算方便，规定行、列循环链表的表头结点和表示非零元的结点一样，也定为五个域，且规定行、列、域值为 0，并且将所有的行、列链表和头结点一起链成一张循环链表。

十字链表的数据类型描述如下：

```
typedef struct OLNode                  //节点定义
{   int i, j;                          //该非零元的行和列的下标
    ElemType e;                        //该非零元的值
    struct OLNode  * right, * down;    //该非零元所在的行表和列表的后继链域
}OLNode, * Olink;

typedef struct                         //十字链定义
{   Olink  * rhead, * chead;           //行和列的链表头指针向量
    int mu, nu, tu;                    //稀疏矩阵行数、列数和非零元个数
}CrossList;                            //十字链表存储结构的类型名
```

例如，稀疏矩阵 M 的十字链表描述形式如图 4.15 所示。

以创建稀疏矩阵为例，说明在十字链表存储结构中如何实现矩阵的运算。

① 算法编写程序参考。

```
//CreateSMatrix-OL.cpp

#include <stdarg.h>
#include <iostream.h>
#include <malloc.h>
#include <stdio.h>
#include <conio.h>

#define OVERFLOW  -1
```

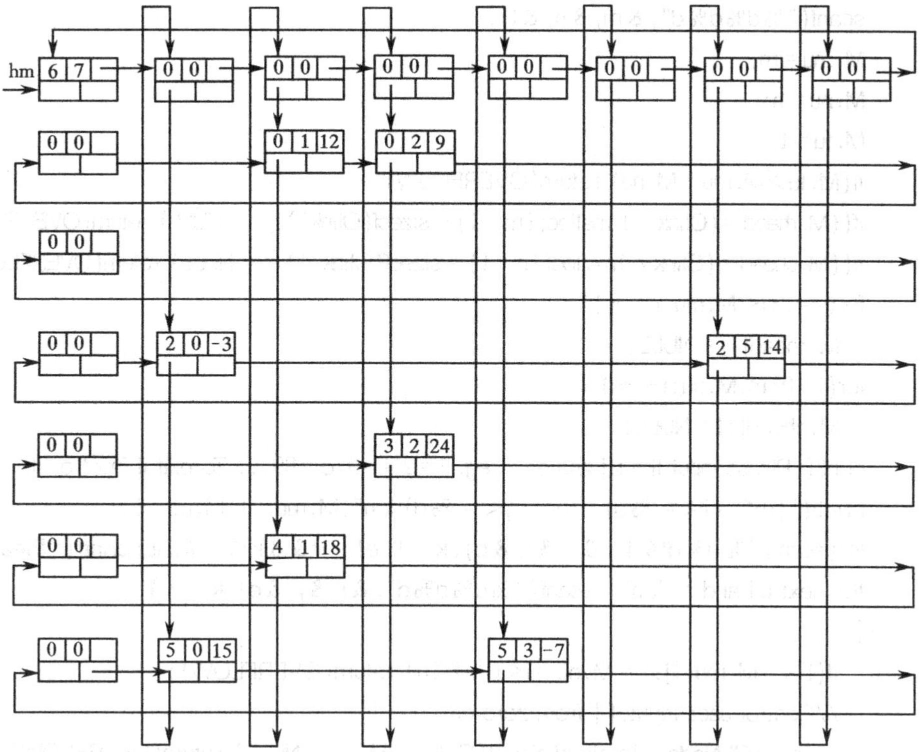

图4.15 稀疏矩阵的十字链表

```
#define OK 1

typedef int ElemType;
typedef struct OLNode
{    int i, j;
     ElemType e;
     struct OLNode *right, *down;
}OLNode, *Olink;

typedef struct
{    Olink *rhead, *chead;
     int mu, nu, tu;
}CrossList;

int CreateSMatrix_OL(CrossList &M)
{//To CreateSMatrix M with CrossList type
   int m, n, t, i, j, k, e;
   Olink p, q;
   if(&M) free(&M);
   printf("Please input the M.mu, M.nu and M.tu: <eg. M.mu=5, M.nu=4, M.tu=7> \n");
```

```
scanf("%d%d%d", &m, &n, &t);
M.mu=m;
M.nu=n;
M.tu=t;
if(M.tu>M.mu * M.nu) return(OVERFLOW);
if((M.rhead=(Olink * ) malloc((m+1) * sizeof(Olink)))==NULL) return(OVERFLOW);
if((M.chead=(Olink * )malloc((n+1) * sizeof(Olink)))==NULL) return(OVERFLOW);
for(i=0;i<M.mu;i++)
  M.rhead[i]=NULL;
for(i=0;i<M.nu;i++)
  M.chead[i]=NULL;
printf("Please input the i,j and e: <eg. i=2,j=3,e=89... To exit if input e=0> \n");
printf("(0<=i<=%d),(0<=j<=%d) \n",M.mu-1,M.nu-1);
for(scanf("%d%d%d", &i, &j, &e),k=1;e!=0&&k<=M.tu;printf("Please input
the next i,j and e: \n"),scanf("%d%d%d", &i, &j, &e),k++)
{
  if(i>=M.mu||j>=M.nu||i<0||j<0) return(OVERFLOW);
  //Control user input, [] from zero on
  if((p=(OLNode * )malloc(sizeof(OLNode)))==NULL) return(OVERFLOW);
  p->i=i;
  p->j=j;
  p->e=e;
  if(M.rhead[i]==NULL)
  { M.rhead[i]=p;
    p->right=NULL;
  }//end of if
  else
      if (M.rhead[i]->j>j)
      { p->right=M.rhead[i];
        M.rhead[i]=p;
      }//end of if
      else
      {   for(q=M.rhead[i];(q->right)&&q->right->j<j;q=q->right);
          p->right=q->right;
          q->right=p;
      }//over the line insert
      if(M.chead[j]==NULL)
      {   M.chead[j]=p;
          p->down=NULL;
      }//end of if(M.chead[j]==NULL)
```

```
          else
            if(M.chead[j]->i>i)
            {   p->down=M.rhead[j];
                M.rhead[j]=p;
            }//end of if
            else
            {
              for(q=M.chead[j];(q->down)&&q->down->i<i;q=q->down);
              p->down=q->down;
              q->down=p;
            }//end of column insert
      }// end of for
      return (OK);
}//CreateSMatrix_OL

void main()                                //main() function
{
  CrossList M;
  cout<<"CreateSMatrix_OL.cpp"<<endl<<"==========="<<endl<<endl;
  if(CreateSMatrix_OL(M)==OK)
    cout<<"Success to CreateSMatrix M!"<<endl;
  else
    cout<<"Error!"<<endl;
  getch();
}//end of main
```

② 算法分析。对于 m 行 n 列，并且有 t 个非零元的稀疏矩阵，算法的执行时间为 $O(t\times s)$，$s=\max\{m, n\}$。这是因为每次建立一个非零元的结点时，都需要寻查它所在的行表和列表中的插入位置，此算法对非零元输入的先后次序没有任何要求。反之，若按照以行序为主序的次序依次输入三元组，即可以将建立十字链表表示的算法改写成 $O(t)$（t 为非零元个数）数量级的算法。

4.5.4 广义表

顾名思义，广义表是线性表的推广。也有人称其为列表（Lists，用复数形式以示与统称的表 List 的区别）。

(1) 广义表的定义和基本运算

① 广义表的定义。线性表是由 n 个数据元素组成的有限序列。其中每个组成元素被限定为单元素，有时这种限制需要拓宽。例如，中国举办的某体育项目国际邀请赛，参赛队清单可以采用如下表示形式：（俄罗斯，巴西，（国家，河北，四川），古巴，美国，（），日本）。

在这个拓宽了的线性表中，韩国队应排在美国队的后面，但由于某种原因未参加，成为空表。国家队、河北队、四川队均作为东道主的参赛队参加，构成一个小的线性表，成为原线性表的一个数据项。这种拓宽了的线性表就是广义表。

广义表（Generalized Lists）是 n（n≥0）个数据元素 a_1，a_2，…，a_i，…，a_n 的有序序列，一般记做

$$LS=（a_1，a_2，\cdots，a_i，\cdots，a_n）$$

其中，LS 是广义表的名称，n 是它的长度。每个 a_i（1≤i≤n）是 LS 的成员，它既可以是单个元素，也可以是一张广义表，分别称为广义表 LS 的单元素和子表。当广义表 LS 非空时，称第一个元素 a_1 为 LS 的表头（Head），称其余元素组成的表（a_2，…，a_i，…，a_n）为 LS 的表尾（Tail）。

显然，广义表的定义是递归的。

为了书写清楚起见，通常用大写字母表示广义表，用小写字母表示单个数据元素，广义表用括号括起来，括号内的数据元素用逗号分隔开。下面是一些广义表的例子：

A ＝ （）

B ＝ （e）

C ＝ （a，（b，c，d））

D ＝ （A，B，C）

E ＝ （a，E）

F ＝ （（））

② 广义表的性质。从上述广义表的定义和例子可以得到广义表的下列重要性质：

• 广义表是一种多层次的数据结构。广义表的元素既可以是单元素，也可以是子表，而且子表中的元素还可以是子表，等等。

• 广义表可以是递归的表。广义表的定义并没有限制元素的递归，即广义表也可以是其自身的子表。例如表 E 就是一个递归的表。

• 广义表可以为其他表所共享。例如，表 A、表 B、表 C 是表 D 的共享子表。在 D 中可以不必列出其子表的数值，而用其子表的名称来引用。

广义表的上述特性对于它的使用价值和应用效果起到了很大的作用。

广义表可以看成线性表的推广，线性表是广义表的特例。广义表的结构相当灵活，在某种前提下，它可以兼容线性表、数组、树和有向图等各种常用的数据结构。

当二维数组的每行（或每列）作为子表处理时，二维数组即为一张广义表。

另外，树和有向图也可以用广义表来表示，如图 4.16 所示。

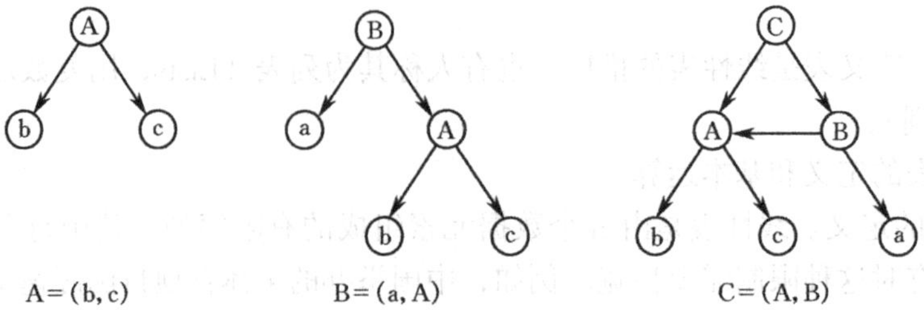

图 4.16　广义表用树或图来表示

由于广义表不仅集中了线性表、数组、树和有向图等常见数据结构的特点，而且可以有效地利用存储空间，因此在计算机的许多应用领域，都有成功使用广义表的实例。

③ 广义表的基本运算。广义表有两种重要的基本操作，即取表头操作（Head）和取表尾操作（Tail）。

根据广义表的表头、表尾的定义可知，对于任意一个非空的列表，其表头既可能是单元素，也可能是列表，而表尾必为列表。例如：

Head(B)＝ e　　Tail(B)＝ ()
Head(C)＝ a　　Tail(C)＝((b，c，d))
Head(D)＝ A　　Tail(D)＝(B，C)
Head(E)＝ a　　Tail(E)＝(E)
Head(F)＝()　　Tail(F)＝()

此外，在广义表上，可以定义与线性表类似的一些操作，如建立、插入、删除、拆开、连接、复制、遍历等。

- CreateLists(LS)。根据广义表的书写形式创建一张广义表 LS。
- IsEmpty(LS)。若广义表 LS 空，则返回 True；否则，返回 False。
- Length(LS)。求广义表 LS 的长度。
- Depth(LS)。求广义表 LS 的深度。
- Locate(LS，x)。在广义表 LS 中查找数据元素 x。
- Merge(LS1，LS2)。以 LS1 为头、LS2 为尾建立广义表。
- CopyGList(LS1，LS2)。复制广义表，即按照 LS1 建立广义表 LS2。
- Head(LS)。返回广义表 LS 的头部。
- Tail(LS)。返回广义表的尾部。

④ 广义表的深度。一张广义表的深度是指将该广义表进行展开之后所含括号的层数。

例如，A＝(b，c）的深度为 1，B＝(A，d）的深度为 2，C＝(f，B，h）的深度为 3。

⑤ 广义表的分类。广义表可分为以下四类。

- 线性表。元素全部是原子的广义表。
- 纯表。与树对应的广义表，如图 4.16 中的前两个图。
- 再入表。与图对应的广义表（允许结点共享），见图 4.16 中的最后一个图。
- 递归表。允许有递归关系的广义表，例如 E＝(a，E)。

(2) 广义表的存储

由于广义表中的数据元素可以具有不同的结构，因此难以用顺序的存储结构来表示。而链式的存储结构分配较为灵活，易于解决广义表的共享与递归问题，所以通常采用链式的存储结构来存储广义表。在这种表示方式下，每个数据元素可以用一个结点表示。

① 单链表表示法。即模仿线性表的单链表结构，每个原子结点只有一个链域为 link，结点结构如图 4.17 所示。

atom	data/slink	link

图 4.17　单链表表示法

其中，atom 是标志域，0 表示为子表，1 表示为原子；data/slink 域用来存放原子值或其子表的指针；link 存放下一个元素的地址。

```
Struct node
{    int atom;
     node * link;
     union
     {
     node * link;
     elemtype data;
     }
}
```

可以用如图 4.18 所示结构描述广义表 C = (A, B) = ((x, (a, b)), ((x, (a, b)), y)) ，设其头指针为 hc。

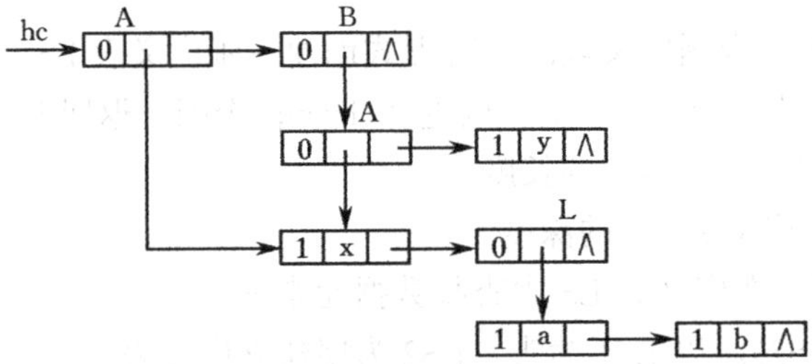

图 4.18　广义表的单链表表示法

② 双链表表示法。每个结点含有两个指针及一个数据域，每个结点的结构如图 4.19 所示。

link1	data	link2

图 4.19　双链表表示法

其中，link1 指向该结点子表，link2 指向该结点后继。

数据类型描述如下：

```
struct node
{
elemtype data;
node * link1, * link2;
}
```

例如，对图 4.18 用单链表表示的广义表 C，可以用图 4.20 所示双链表方法表示。

(3) 基本运算的实现

广义表有许多运算，现仅介绍如下几种。

① 求广义表的深度 Depth(LS)。假设广义表以单链表表示法作存储结构，则它的深度可以递归求出。即广义表的深度等于它所有子表的最大深度加 1，设 dep 表示任一子表的深度，max 表示在所有子表中表的最大深度，则广义表的深度为 depth = max + 1，算法描述如

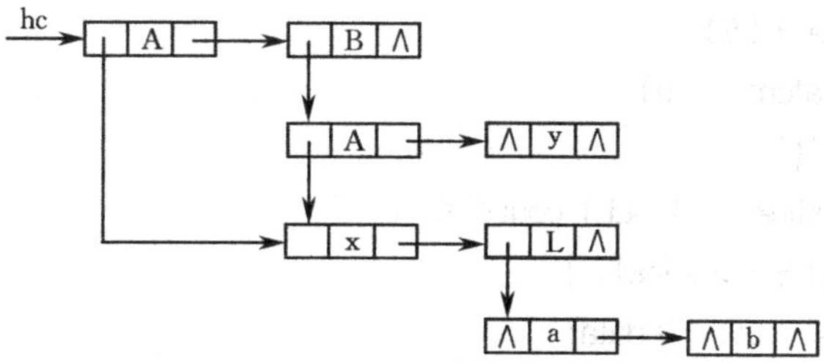

图 4.20　广义表的双链表表示法

下：

```
int depth(node *LS)
{ int max=0;
while(LS!=NULL)
{ if(LS->atom==0) //有子表
  {  int dep=depth(LS->slink);
     if(dep>max) max=dep;}
LS=LS->link;
}
return max+1;}
```

该算法的时间复杂度为 O(n)。

② 广义表的建立 Creat(LS)。假设广义表以单链表的形式存储，广义表的元素类型 elemtype 为字符型 char，广义表由键盘输入，假定全部为字母，输入格式为：元素之间用逗号分隔，表元素的起止符号分别为左、右圆括号，空表在其圆括号内使用一个“#”字符表示，最后使用一个分号作为整个广义表的结束。

例如，给定一张广义表如下：LS = (a,( ),b,c (d,(e)))，则从键盘输入的数据为：(a,(#),b,c(d,(e)));↙，其中“↙”表示回车换行。

具体算法描述如下：

```
void creat(node *LS)
{    char ch; cin>>ch;
     if(ch=='#') LS=NULL;
     else if(ch=='(')
     {LS=new node;
     LS->atom=0; creat(LS->slink);}
     else { LS=new node;
       LS->atom=1; LS->data=ch; }
     cin>>ch; if(LS==NULL);
     else if(ch==',') creat(LS->link);
     else if((ch==')')||(ch==';'))LS->link=NULL;}
```

该算法的时间复杂度为 O(n)。

③ 输出广义表 Print(LS)。

```
void print(node *LS)
{  if(LS->atom==0)
   {cout<<'(';
   if(LS->slink==NULL) cout<<'#';
   else print(LS->slink); }
   else cout<<LS->data;
   if(LS->atom==0) cout<<')';
   if(LS->link!=NULL)
   { cout<<','; print(LS->link); }}
```

该算法的时间复杂度为O(n)。

4.6 实　训

【实训 4.1】 用C语言实现复数ADT。

【实训目的】 用C语言实现复数ADT，学习使用模块结构并编写调试程序。

【实训内容】 用C语言实现复数，并编写测试程序。

【参考代码】

(1) 复数类型的ADT定义

```
ADT Complex
{
  数据对象: D={r,i| r,i∈R}
  数据关系: R1={<r,i>| r是复数的实部,i是复数的虚部}
基本操作:
    CreateComplex ( &z, r, i )
    GetRealPart (z)
    GetImagePart (z)
    AddComplex ( &z, z1, z2 )
    SubComplex ( &z, z1, z2 )
    MulComplex ( &z, z1, z2 )
    DivComplex ( &z, z1, z2 )
} ADT Complex;
```

(2) 复数类型的实现

① 类型描述。

```
// 复数类型描述
typedef struct Complex {
  double realpart;
  double imagepart;
```

```
} Complex ;
```

② 基本操作的声明。

```
// 复数基本操作
Status CreateComplex ( Complex &z, double r, double i );
double GetRealPart ( Complex z );
double GetImagePart ( Complex z )
Status AddComplex ( Complex &z, Complex z1, Complex z2 );
Status SubComplex ( Complex &z, Complex z1, Complex z2 );
Status MulComplex ( Complex &z, Complex z1, Complex z2 );
Status DivComplex ( Complex &z, Complex z1, Complex z2 );
```

③ 基本操作的实现。

```
// 复数基本操作的实现
Status CreateComplex ( Complex &z, double r, double i )
{
  z.realpart = r;
  z.imagepart = i;
  return OK;
}

double GetRealPart ( Complex z )
{
  return z.realpart;
}

double GetImagePart ( Complex z )
{
  return z.imagepart;
}

Status AddComplex ( Complex &z, Complex z1, Complex z2 )
{
  z.realpart = z1.realpart + z2.realpart;
  z.imagepart = z1.imagepart + z2.imagepart;
  return OK;
}

Status SubComplex ( Complex &z, Complex z1, Complex z2 )
{
  z.realpart = z1.realpart - z2.realpart;
```

```
  z.imagepart = z1.imagepart - z2.imagepart;
  return OK;
}

Status MulComplex ( Complex &z, Complex z1, Complex z2 )
{
  z.realpart = z1.realpart * z2.realpart - z1.imagepart * z2.imagepart;
  z.imagepart = z1.realpart * z2.imagepart + z1.imagepart * z2.realpart;
  return OK;
}

Status DivComplex ( Complex &z, Complex z1, Complex z2 )
{
  double b;
  b = z2.realpart * z2.realpart - z2.imagepart * z2.imagepart;
  if( b == 0 )
    return ERROR;
  else {
    z.realpart = (z1.realpart * z2.realpart
         + z1.imagepart * z2.imagepart)/b;
    z.imagepart = ( - z1.realpart * z2.imagepart
         + z1.imagepart * z2.realpart)/b;
    return OK;
  }
}
```

(3) 模块设计

主程序：测试复数模块的程序。

复数模块：实现复数类型的程序。

类C通用模块：包含类C中的预定义常量和类型。

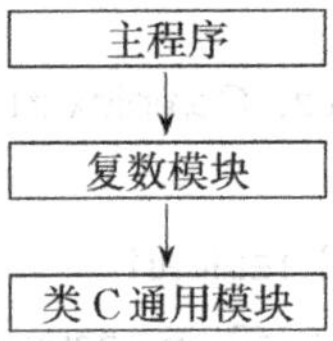

① 模块的组织。

```
主程序 CXX0103.CPP
#include <stdio.h>
#include "complex.h"

void ShowMainMenu( );
```

```
int GetChoice( ) ;

void main( )
{
   ...
}

void ShowMainMenu( )
{
   ...
}
int GetChoice( )
{
   ...
}
```

② 复数模块 COMPLEX.H。

```
// 防止重复包含
#ifndef _COMPLEX_H_
#define _COMPLEX_H_

#include "ds.h"

// 复数类型描述
typedef struct Complex {
      double realpart;
      double imagepart;
} Complex ;

// 基本操作的声明
Status CreateComplex ( Complex &z, double r, double i ) ;
double GetRealPart ( Complex z ) ;
double GetImagePart ( Complex z )
Status AddComplex ( Complex &z, Complex z1, Complex z2 ) ;
Status SubComplex ( Complex &z, Complex z1, Complex z2 ) ;
Status MulComplex ( Complex &z, Complex z1, Complex z2 ) ;
Status DivComplex ( Complex &z, Complex z1, Complex z2 ) ;

//////////////////////////////
// 基本操作的实现
```

```
Status CreateComplex ( Complex &z, double r, double i )
{
    z.realpart = r;
    z.imagepart = i;
    return OK;
}

double GetRealPart ( Complex z )
{
    return z.realpart;
}

...(以下省略)

#endif // _COMPLEX_H_
```

③ 类C通用模块。

```
#ifndef _DS_H_
#define _DS_H_

// 函数结果状态代码
const int TRUE = 1;
const int FALSE = 0;

const int OK = 1;
const int ERROR = 0;

const int INFEASIBLE = -1;
const int OVERFLOW = -2;

// Status 是函数的类型,其值是函数结果状态代码
typedef int Status;

#endif // _DS_H_
```

(4) 测试程序的设计

测试程序采用菜单命令的方式，根据用户输入的命令反复测试。

程序开始显示菜单提示，根据用户输入进行相应的测试，然后显示菜单，直到用户选择退出测试程序。

```
while ( TRUE ) {
  ShowMainMenu( );
  cmd = GetChoice( );
  switch ( cmd ) {
  case 1: // 创建复数
     ...
     break;
  case 2: // ...
  ...
  case 0: // 退出
     return ;
  default: // 错误命令
  }
}
```

① 显示菜单的程序。

```
// 显示主菜单
void ShowMainMenu( )
{
  static char *menu[ ] = {
     "复数类型测试程序",
     "1 创建复数",
     "2 ...",
     ...
     "0 退出程序"
  };
  int i;
  for(i=0; i < sizeof(menu)/sizeof(char *); i++)
     printf("%s\n", menu[i]);
}
```

② 选择菜单的程序。

```
// 得到用户选择的菜单项
int GetChoice( )
{
  int i;
  printf("请输入您的选择:");
  scanf("%d", &i);
  return i;
}
```

（5）录入源程序

（6）测试数据和结果

包括：准备好的测试数据，期望结果，实际运行结果（运行程序后填写，并与期望结果对照）。

习　题

一、单项选择题

1. 二维数组 M 由 6 个字符（每个字符占一个存储单元）组成的串，行下标 i 的范围从 0 到 8，列下标 j 的范围从 1 到 10，则存放 M 至少需要①个字节；M 的第 8 列和第 5 行共占②个字节；若 M 按照行优先方式存储，元素 M[8][5]的起始地址与当 M 按照列优先方式存储时的③元素的起始地址一致。

① (A) 90　　(B) 180　　(C) 240　　(D) 540

② (A) 108　　(B) 114　　(C) 54　　(D) 60

③ (A) M[8][5]　　(B) M[3][10]　　(C) M[5][8]　　(D) M[0][9]

2. 二维数组 M 是由 4 个字符（每个字符占一个存储单元）组成的串，行下标 i 的范围从 0 到 4，列下标 j 的范围从 0 到 5，M 按照行存储时元素 M[3][5]的起始地址与 M 按照列存储时元素（　）的起始地址相同。

(A) m[2][4]　　(B) M[3][4]　　(C) M[3][5]　　(D) M[4][4]

3. 在数组 A 中，每个元素 A 的存储占 3 个单元，行下标 i 从 1 到 8，列下标 j 从 1 到 10，从首地址 SA 开始，连续存放在存储器内，存放该数组至少需要的单元个数是①；若该数组按照行存放，元素 A[8][5]的起始地址是②；若该数组按照列存放，元素 A[8][5]的起始地址是③。

① (A) 80　　(B) 100　　(C) 240　　(D) 270

② (A) SA+141　　(B) SA+144　　(C) SA+222　　(D) SA+225

③ (A) SA+141　　(B) SA+180　　(C) SA+222　　(D) SA+225

4. 稀疏矩阵一般的压缩存储方法有两种，即（　）。

(A) 二维数组和三维数组　　(B) 三元组和散列

(C) 三元组和十字链表　　(D) 散列和十字链表

5. 若采用三元组压缩技术存储稀疏矩阵，只要把每个元素的行下标和列下标互换，就完成了对该矩阵的转置运算，这种观点（　）。

(A) 正确　　(B) 错误

6. 假设按照行优先存储整数数组 A[9][3][5][8]时，第一个元素的字节地址是 100，每个整数占 4 个字节。问下列元素的存储地址是（　）。

(A) a0000　　(B) a1111　　(C) a3125　　(D) a8247

二、计算题

1. 设有三对角矩阵 $A_{n\times n}$，将其三条对角线上的元素存于数组 B[3][n]中，使得元素 $B[u][v]=a_{ij}$，试推导出从（i，j）到（u，v）的下标变换公式。

2. 假设一个准对角矩阵按照以下方式存储于一维数组 B[4m]中：

0	1	2	3	4	5	6	…	k	…	4m−1	4m
a_{11}	a_{12}	a_{21}	a_{22}	a_{33}	a_{34}	a_{43}	…	a_{ij}	…	$a_{2m-1,2m}$	$a_{2m,2m-1}$	$a_{2m,2m}$

写出由一对下标（i，j）求 k 的转换公式。

3. 画出下列广义表的存储结构示意图。

① A=（（a，b，c），d，（a，b，c））；

② B=（a，（b，（c，d），e），f）。

三、算法设计

1. 利用 C 的库函数 strlen，strcpy 和 strcat 编写一种算法 void StrInsert(char ＊S，char ＊T，int t)，将串 T 插入到 S 的第 i 个位置上。若 i 大于 S 的长度，则插入不执行。

2. 利用 C 的库函数 strlen，strcpy（或 strncpy）编写一种算法 void StrDelete(char ＊S，int t，int m)，删除串 S 中从位置 i 开始的连续的 m 个字符。若 i⩾strlen(S)，则没有字符被删除；若 i+m⩾strlen(S)，则将 S 中从位置 i 开始直至末尾的字符均删去。

3. 采用顺序结构存储串，编写一个函数，求串 A 和串 B 的一个最长的公共子串。

4. 采用顺序存储结构存储串，编写一个函数计算一个子串在一个字符串中出现的次数，若该子串不出现，则为 0。

5. 对于二维数组 A[m][n]，其中 m<=80，n<=80，首先读入 m，n，然后读该数组的全部元素，对如下三种情况分别编写相应函数：

① 求数组 A 靠边元素之和；

② 求从 A[0][0] 开始的互不相邻的各元素之和；

③ 当 m=n 时，分别求两条对角线的元素之和，否则打印 m! =n 的信息。

6. 有数组 A[4][4]，把 1 到 16 个整数分别按照顺序放入 A[0][0],…,A[0][3],A[1][0],…,A[1][3]，A[2][0],…,A[2][3],A[3][0],…,A[3][3] 中，编写一个函数获取数据并求出两条对角线元素的乘积。

n 只 7. 猴子要选大王，选举办法如下：所有猴子按照 1，2，…，n 编号围坐一圈，从第 1 号开始，按照 1，2，…，m 报数，凡报 m 号的退出圈外，如此循环报数，直到圈内剩下一只猴子时，这只猴子就是大王。n 和 m 由键盘输入，打印出最后剩下的猴子号。编写一个程序，实现上述函数。

8. 如果矩阵 A 中存在这样的一个元素 A[i][j]，满足下列条件：A[i][j]是第 i 行中值最小的元素，且又是第 j 列中最大的元素，则称之为该矩阵的一个马鞍点。编写一个函数，计算出 m＊n 的矩阵 A 的所有马鞍点。

9. 现有如下的稀疏矩阵 A，要求画出以下各种表示方法。

① 三元组表示法；

② 十字链表法。

15	0	0	22	0	−15
0	13	3	0	0	0
0	0	0	−6	0	0
0	0	0	0	0	0
91	0	0	0	0	0
0	0	28	0	0	0

10. 假设稀疏矩阵 A 和 B（具有相同的大小 m＊n）都采用三元组表示，编写一个函数，计算 C=A+B，要求 C 也采用三元组表示。

11. 假设稀疏矩阵 A 和 B（分别为 m＊n 和 n＊1 矩阵）采用三元组表示，编写一个函数，计算 C=A＊B，要求 C 也是采用稀疏矩阵的三元组表示。

12. 假设稀疏矩阵只存放其非 0 元素的行号、列号和数值，以一维数组顺次存放，行号为 −1 是结束标志。

例如，如下所示稀疏矩阵 M，则存在一维数组 D 中：

D[0] = 1，　D[1] = 1，　D[2] = 1，　D[3] = 1，　D[4] = 5

D[5] = 10，　D[6] = 3，　D[7] = 9，　D[8] = 5，　D[9] = −1

M =：

1	0	0	0	10	0	0	0	0

0	0	0	0	0	0	0	0	0
0	0	0	0	0	0	0	0	5
0	0	0	0	0	0	0	0	0
0	0	0	0	0	0	0	0	0

现有两个如上方法存储的稀疏矩阵A和B，它们均为m行n列，分别存放在数组A和B中，编写求矩阵加法C=A+B的算法，C也放在数组C中。

13. 已知A和B为两个n*n阶的对称矩阵，输入时，对称矩阵只输入下三角形元素，按压缩存储方法存入一维数组A和B中，编写一个计算对称矩阵A和B的乘积的函数。

14. 假设L为一个非递归，并且不带共享子表的广义表，设计一个复制广义表L的算法。

第 5 章 树

【学习目标】

树是一类重要的非线性结构。从直观看来，树是以分支关系定义的层次结构，其中树和二叉树是最常见的。在日常生活中，族谱和各类组织机构都是以树形结构出现的。在计算机领域，树也被应用于文件系统、编译系统等方面。

本章主要介绍树形结构的数据组织形式，主要内容有：树、二叉树和森林的定义与性质，二叉树的存储形式，二叉树的遍历，哈夫曼树及应用。

【基本要求】

要求通过学习掌握以下内容：

① 树和二叉树的基本概念；

② 二叉树的性质和二叉树的存储形式；

③ 二叉树的遍历操作；

④ 树和森林与二叉树的转换；

⑤ 哈夫曼树及应用。

5.1 树

5.1.1 树的定义

树（Tree）T 是 n（n≥0）个结点的有限集合。当 n=0 时，是空树。其余情况如下：

① 当 n=1 时，有且仅有一个称为根（Root）的结点；

② 当 n>1 时，除根之外，其余 n-1 个结点可以划分成 m（m>0）个互不相交的有限集 T_1，T_2，T_3，…，T_m，其中每一个集合又是一棵树，称为根的子树（SubTree）。

这是一个递归定义，即在树的定义中，又用到了树来解释，它反映了树的固有特性。

例如，在图 5.1 中，(a) 是只有一个根结点的树；(b) 是有 14 个结点的树，其中 A 是根，其余结点分成 3 个互不相交的子集：T_1 = {B, E, F, J, K}，T_2 = {C, G}，T_3 = {D,

H，I，L，M，N}；T_1，T_2 和 T_3 都是根 A 的子树。T_1，T_2 和 T_3 也是一棵树。在 T_1 中，根是 B，其余结点分成两个互不相交的子集：T_{11} = {E，J，K}，T_{12} = {F}；T_{11} 和 T_{12} 都是 B 的子树。T_{11} 中 E 是根，{J}，{K} 也是两个互不相交的子树。{J}，{K} 是由一个结点构成的树。

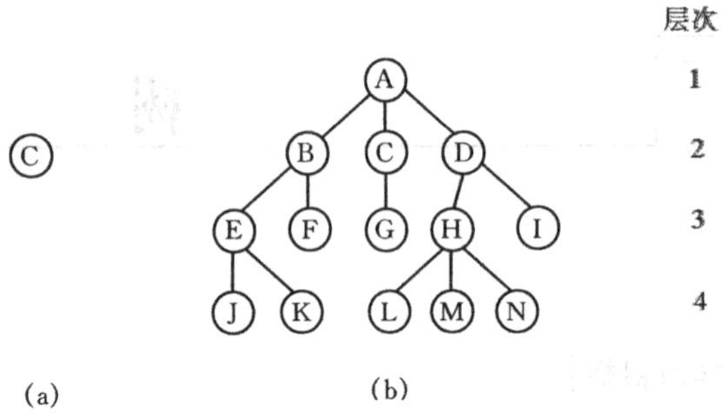

图 5.1 树

在图 5.1(b) 中，数据结构可以表示为：Tree（D，R），其中：

数据元素 D= {A，B，C，D，E，F，G，H，I，J，K，L，M，N}；

数据关系 R= {<A，B>，<A，C>，<A，D>，<B，E>，<B，F>，<E，J>，<E，K>，<C，G>，<D，H>，<D，I>，<H，L>，<H，M>，<H，N>}。

下面介绍树结构中的常用术语。

① 结点。包含一个数据元素及指向其子树的分支。

② 结点的度。一个结点的子树的个数称为该结点的度。图 5.1(b) 中 A 结点的度为 3，B 的度为 2，F 的度为 0。

③ 树的度。树中所有结点的度的最大值。图 5.1(b) 中各结点的最大度为 3，树的度为 3。

④ 叶子结点。度为 0 的结点，也称为终端点。图 5.1(b) 中 F，G，I，J，K，L，M，N 八个结点都是叶结点。

⑤ 孩子。一个结点的子树的根结点。图 5.1(b) 中，A 的孩子结点有 B，C，D。在树形结构中，叶子结点没有孩子。

⑥ 双亲。与结点直接连接的上层结点。图 5.1(b) 中，F 的双亲是 B。在树形结构中，根结点没有双亲，其他结点有唯一的双亲。

⑦ 兄弟。同一双亲的孩子结点之间互称兄弟。图 5.1(b) 中，E 和 F 互为兄弟。

⑧ 堂兄弟。同一层上不同双亲的结点称为堂兄弟。图 5.1(b) 中，E 的堂兄弟有 G，H，I。

⑨ 子孙。以某结点为根的树中的任意结点（除本身）都称为该结点的子孙。图 5.1(b) 中，E，F，J，K 都是 B 的子孙。

⑩ 祖先。从该结点直接到根结点，所经历的所有结点。图 5.1(b) 中，结点 H 的祖先是 A，D。

⑪ 结点的层次。从根结点开始层次为 1，根的孩子为第二层。依此递推。图 5.1(b) 中，B，C 和 D 在第二层，E，F，G，H 和 I 在第三层。

⑫ 树的高度（深度）。树中所有结点的层次的最大值。图 5.1(b) 的高度为 4。

⑬ 有序树。在树 T 中，若各子树之间是有先后次序的，则称为有序树。在有序树中，最左边的孩子被称为第一个孩子，依此向右被称为第二个孩子，第三个孩子，…，最右边的称为最后一个孩子。

⑭ 森林。m(m≥0) 棵互不相交的树的集合。

5.1.2　树的逻辑结构

树的抽象数据类型定义

ADT Tree {

数据对象 D:具有相同特性的数据元素的集合。

数据关系 R:若 D 为空或 D 中仅含有一个数据元素，则 R = Φ;否则，R = {H}，H 关系如下。

① 在 D 中存在唯一的称为根的数据 root，它在关系 H 下没有前驱。

② 除 Root 以外，D 中其余结点存在 m(m≥0)个不相交的集合，每个划分都是一棵树，是 Root 的子树。

树的基本操作如下:

① InitTree(&Tree)。初始化一棵树，树根为 Tree。

② Destroy(&Tree)。如果 Tree 为根的树存在，销毁该树，并释放内存空间。

③ Create(&Tree)。创建一棵以 Tree 为根的树。

④ TreeEmpty(Tree)。判断以 Tree 为根的树是否为空，若为空，返回 True;否则，返回 False。

⑤ Root(Tree)。若以 Tree 为根的树存在，则返回根的值。

⑥ Depth(Tree)。若以 Tree 为根的树已经存在，求深度。

⑦ Parent(Tree, x)。若以 Tree 为根的树已经存在，x 是 Tree 中的某个结点，且 x 为非根结点，则返回它的双亲;否则返回"空"。

⑧ LeftChild(Tree, x)。若以 Tree 为根的树已经存在，x 是 Tree 中的某个结点。若 x 为非叶子结点，则返回它的第一个孩子结点;否则，返回"空"。

⑨ Sibling(Tree, x)。若 x 有兄弟结点，则返回 x 右面的兄弟结点;否则，返回"空"。

⑩ InsertChild(&Tree, &p, Child)。若以 Tree 为根的树存在，p 指向 Tree 中某个结点，非空树 Child 与 Tree 不相交，将 Child 插入 Tree 中，成为 p 所指向结点的子树。

⑪ DeleteChild(Tree, &p, i)。若以 Tree 为根的树已经存在，p 指向 Tree 中某个结点，1≤i≤p 指向结点的度。删除 Tree 中 p 所指向结点的第 i 棵子树。

⑫ TraverseTree (Tree, Visit( ))。若以 Tree 为根的树已经存在，Visit( )是对结点进行访问的函数。按照某种次序对树 Tree 进行访问，并且保证每个结点被 Visit( )函数访问一次且仅一次。一旦 Visit( )失败，则操作失败。

}ADT Tree

5.1.3　树的表示

树的表示方法有以下四种，各用于不同的目的。

① 倒悬树表示法。是以倒着的分支树的形式表示，图 5.1(b) 就是一棵树的直观表示。其特点是对树的逻辑结构的描述非常直观，是最常用的树的描述方法。

② 嵌套集合表示法。所谓嵌套集合，是指一些集合的集体，对于其中任何两个集合，或者不相交，或者一个包含另一个。用嵌套集合的形式表示树，就是将根结点视为一个大的集合，其若干棵子树构成这个大集合中若干个互不相交的子集，如此嵌套下去，即构成一棵树的嵌套集合表示。图 5.2(a) 就是一棵树的嵌套集合表示。

③ 凹入表示法。树的凹入表示法如图 5.2(c) 所示。

树的凹入表示法主要用于树的屏幕和打印输出，可以直接作为编号使用。

④ 广义表表示法。树用广义表表示，就是将根作为由子树森林组成的表的名字写在表的左边，这样依次将树表示出来。图 5.2(b) 就是一棵树的广义表表示。

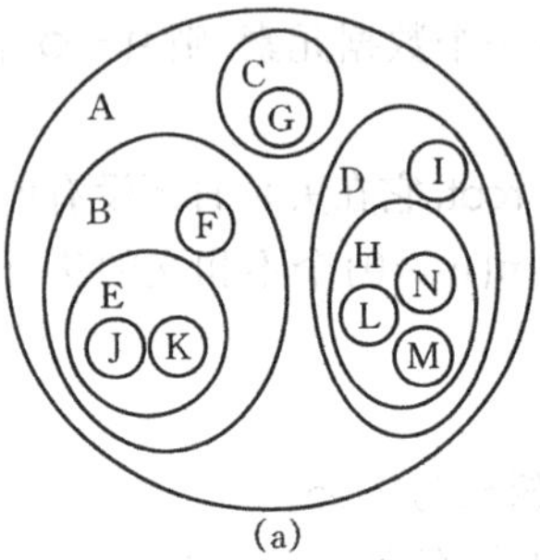

(a)

(A(B(E(J,K),F),C(G),D(H(L,M,N),I)))

(b)

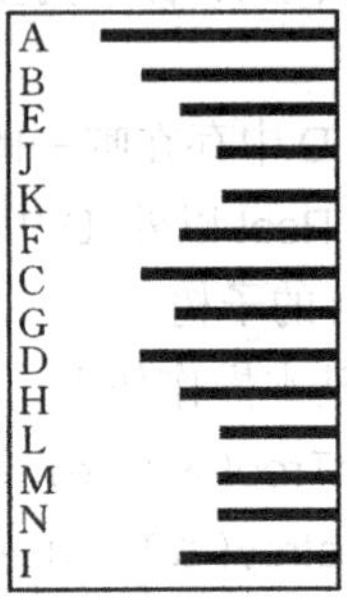

(c)

图 5.2　树的表示

5.2　二叉树

在讨论树的存储结构及操作之前，先讨论一种比较特殊的树——二叉树。它具有许多明显的性质和用途，存储结构和算法实现简单。

5.2.1　二叉树的定义

二叉树（Binary Tree）是 n（n≥0）个结点，并且每个结点的度都不大于 2 的树。从定义看，二叉树既可以是空树，也可以由两个互不相交的左子树和右子树构成。二叉树存在空树，每个结点可以有 0，1 或 2 个孩子。二叉树的具体形式如图 5.3 所示。

(a)　(b)　(c)　(d)　(e)

图 5.3　二叉树的基本形态

由于二叉树的左右不同，所以 n 个结点构成的二叉树的形式有

$$\frac{1}{n+1}C_{2n}^{n}$$

种，这符合卡特兰数列。例如，3 个结点构成的二叉树的形式可以有如图 5.4 所示的 5 种。

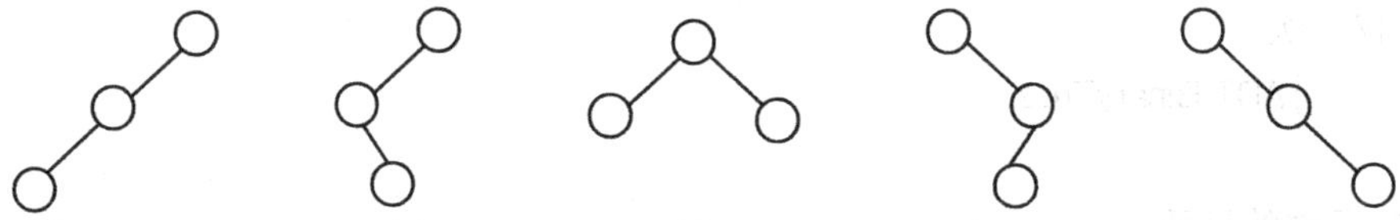

图 5.4 3个结点构成的二叉树

二叉树的抽象数据类型定义如下。

ADT BinaryTree {

数据对象 D:一个集合,具有相同特性的数据元素的集合。

数据关系 R:若 D 为空集,则为空树。若 D 中仅含有一个数据元素,则 R=Φ;否则 R={H},H 是如下的二元关系。

① 在 D 中存在唯一的称为根的结点 Root,它在关系 H 下没有前驱。

② 除 Root 以外,D 中其余结点存在 m(0≤m≤2)个不相交的子集,每个子集都是一棵二叉树,称为根的子树。

数据操作如下。

① InitTree(&Tree)。初始化空二叉树。

② CreateTree(&Tree)。创建一棵二叉树。

③ DestroyTree(&Tree)。销毁二叉树,释放空间。

④ TreeEmpty(Tree)。判断二叉树是否为空,若空,则返回 True;否则,返回 False。

⑤ Root(Tree)。求二叉树根。若二叉树非空,函数返回根;否则,返回"空"。

⑥ Height(Tree)。求以 bt 为根的二叉树深度。如果二叉树非空,函数返回 bt 深度;否则,返回"空"。

⑦ Parent(Tree,x)。求结点 x 的双亲结点。若 x 是二叉树的根或二叉树中无结点 x,则返回"空"。

⑧ LeftChild(Tree,x)。求结点 x 的左孩子。若结点 x 无左孩子或二叉树中无结点 x,则返回"空"。

⑨ RightSiblin(Tree,x)。求结点 x 的右孩子。若结点 x 无右孩子或二叉树中无结点 x,则返回"空"。

⑩ InserChild(Tree,p,child)。二叉树 Tree 已经存在,p 指向某个结点,非空树 child 与 Tree 不相交。将 child 子树插入 Tree,成为 p 所指向结点的子树。

⑪ DeleteChild(Tree,p,i)。二叉树 Tree 已经存在,p 指向某个结点,1≤i≤d≤2,d 为 p 所指向结点的度。删除 p 所指向结点的第 i 棵子树。

⑫ LeverOrderTraverse(Tree)。二叉树已经存在,按层遍历二叉树中每个结点一次且仅一次。

⑬ PreorOrderTraverse(Tree)。二叉树已经存在,按先序遍历二叉树中每个结点一次且仅一次。

⑭ InOrderTraverse(Tree)。二叉树已经存在,中序遍历二叉树中每个结点一次且仅一次。

⑮ PostOrderTraverse(Tree)。二叉树已经存在,后序遍历二叉树中每个结点一次且

仅一次。

}ADT BinaryTree

5.2.2　二叉树的性质

性质 1　在二叉树的第 i 层最多有 2^{i-1}个结点。

利用数学归纳法容易证明此性质。

当 $i=1$ 时，只有一个根结点。显然，$2^{i-1}=2^0=1$ 是对的，则性质 1 正确。

假设对于所有的 j（$1\leqslant j\leqslant i$），命题成立，即第 $j-1$ 层有至多 2^{j-2}个结点。由于二叉树每个结点最多有两个孩子结点，并且其孩子结点总在 j 层，因此，在第 j 层上最多有 $2\times 2^{j-2}=2^{j-1}$个结点。

由此可证明性质 1 的正确性。

性质 1 说明，二叉树的第 i 层结点的最大值构成一个等比数列，第一项是 1，公比是 2。

性质 2　深度为 k 的二叉树最多有 2^k-1 个结点。

证明：因为在二叉树中，第 i 层最多有 2^i-1 个结点，所以深度为 k 的二叉树总结点数为 $\sum_{i=1}^{k}(\text{第 i 层结点的最大值}) = \sum_{i=1}^{k}2^{i-1} = 2^k-1$

性质 2 其实是二叉树每一层结点的最大值之和，可以理解为等比数列的求和。

性质 3　对任何二叉树，如果叶结点数为 n_0，度为 2 的结点数为 n_2，则 $n_0=n_2+1$。

证明：设二叉树中总结点数为 n，其中度为 0 的结点数为 n_0，度为 1 的结点数为 n_1，度为 2 的结点数为 n_2。

根据结点数可以得到

$$n=n_0+n_1+n_2 \tag{5.1}$$

根据分支的关系可以得到第 2 个等式。除了根结点以外，每个结点都需要一个分支进入，所以分支点数可以表示为 $n-1$。二叉树的分支由度为 1 和度为 2 的结点发射出来，所以又可以写成 $n_1+2\times n_2$。于是，可以得到

$$n-1= n_1+2\times n_2 \tag{5.2}$$

整理得到

$$n_0=n_2+1$$

在介绍性质 4 之前，先了解两个概念：满二叉树和完全二叉树。

① 满二叉树。一棵二叉树如果深度为 k，并且有 2^k-1 个结点，则二叉树是满二叉树。如图 5.5(a) 所示二叉树，深度为 4，有 15 个结点，是满二叉树。简单地说，满二叉树是每一层结点数都是最大值的二叉树。

② 完全二叉树。先对满二叉树的结点进行连续的编号，从根开始自上而下、从左至右进行连续编号，根结点编号为 1。当以同样编号规则对一棵二叉树进行编号，该树每一个结点都与完全二叉树一一对应。如图 5.5(b) 所示二叉树，就是完全二叉树。从图示可以看出，完全二叉树就是相同层的满二叉树最下层从右至左缺少结点。

性质 4　有 n 个结点的完全二叉树，如果深度为 k，那么

$$k=\lfloor \log_2 n\rfloor+1$$

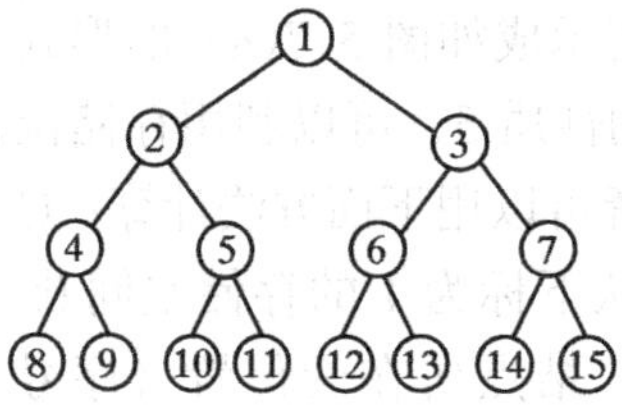

(a) 满二叉树

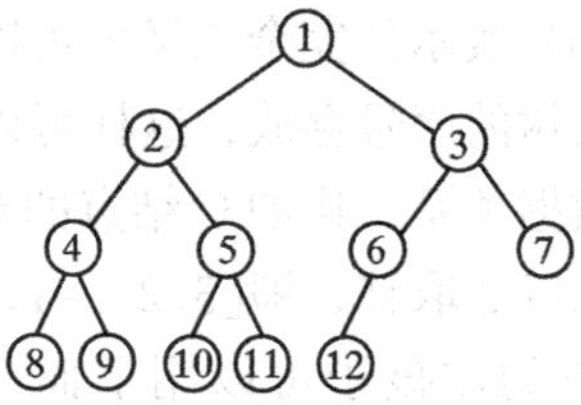

(b) 完全二叉树

图 5.5　特殊二叉树

证明：深度为 k 的完全二叉树可能有结点 2^{k-1} 至 2^k-1 个，于是有

$$2^{k-1} \leqslant n < 2^k - 1$$

即

$$k-1 \leqslant \log_2 n < k$$

因为 k 是整数，所以

$$k = \lfloor \log_2 n \rfloor + 1$$

性质 5　若完全二叉树有 n 个结点，则对任意结点 $i(1 \leqslant i \leqslant n)$，有

① 若 $i=1$，结点 i 是二叉树的根，无双亲；若 $i>1$，则双亲为 $\lfloor i/2 \rfloor$。

② 若 $2i \leqslant n$，则 i 的左孩子是 2i；若 $2i>n$，则 i 无左孩子。

③ 若 $2i+1 \leqslant n$，则 i 的右孩子是 $2i+1$；若 $2i+1>n$，则 i 无右孩子。

5.2.3　二叉树的存储结构

线性结构可以利用顺序存储结构和链式存储结构两种方式来表示。对于非线性关系的二叉树，也可以使用顺序存储结构和链式存储结构两种方式来表示。

(1) 顺序存储结构

二叉树顺序结构的表示：

```
#define MAX_TREE_SIZE 100
typedef TreeElemType SqBiTree[MAX_TREE_SIZE];
SqBiTree bt;
```

用连续的存储单元存储二叉树的数据元素，依据满二叉树的编号原则进行编号，从根开始自上而下、从左至右进行连续编号，根结点编号为 1，存储到顺序存储空间对应的下标位置。这种存储方法要提前预测二叉树的深度 k，根据深度计算存储单元的数量，存储单元的数量不能小于 2^k-1。

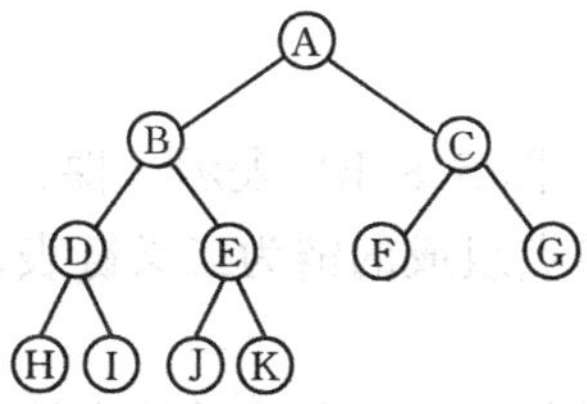

(a) 完全二叉树

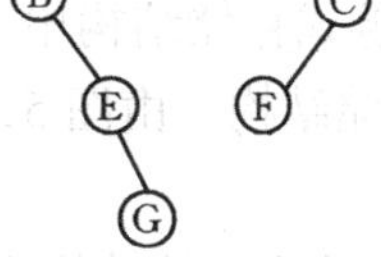

(b) 一般二叉树

图 5.6　不同形式的二叉树

图 5.6(a) 表示的完全二叉树可以用一维数组表示成如图 5.7(a) 的形式。二叉树的结点按照满二叉树的序号存放，这样可以满足二叉树的性质 5，可以利用存储位置快速地计算出二叉树的数据关系。比如 C 结点的双亲的存储位置可以用下面方法计算：C 结点所在的位置（序号）除以 2 取整，即$\lfloor 3/2 \rfloor = 1$，这样就可以从下标为 1 的存储空间获得 C 结点的双亲。而 C 结点的左孩子可以用下面的方法计算：C 结点所在的位置（序号）乘以 2，即 $3*2=6$。

A	B	C	D	E	F	G	H	I	J	K	…
1	2	3	4	5	6	7	8	9	10	11	

(a) 图 5.6 (a) 的顺序存储

A	B	C	Φ	E	F	Φ	Φ	Φ	Φ	G	…
1	2	3	4	5	6	7	8	9	10	11	

(b) 图 5.6 (b) 的顺序存储

图 5.7　二叉树的顺序表示

对于完全二叉树和满二叉树利用来说，用顺序存储方式存储非常方便，既不浪费空间，还可以很快地计算出结点的双亲、左右孩子。对于其他形式的二叉树又是怎样呢？例如，图 5.6(b) 表示的完全二叉树，使用相同的存储方法存储时，结果如图 5.7(b) 所示，用空“Φ”表示没有结点的存储空间。可以看出，如果二叉树的结点不多但深度很大，存储时就需要很多空间，造成空间上的浪费。特别是如果只在二叉树的右分支上有结点，那么这种浪费更明显。在最坏的情况下，深度为 k 的二叉树需要 2^k-1 个存储单元。

(2) 链式存储结构

链式存储结构实现是二叉树最经常使用的方法，它的特点是动态地开辟存储空间，增强了空间的利用率。从二叉树图形表示看，结点需要包含元素的数据和分支的信息，树形结构是自顶向下的层次关系，所以可以二叉树的链式存储结构需要表示的信息有：结点的数据域、左孩子、右孩子三个域。简单定义如下：

```
typedef strcut TNode
{
Elemtype data;                 /*数据元素*/
struct Tnode *Lchild;          /*指向左孩子的指针*/
struct Tnode *Rchild;          /*指向右孩子的指针*/
}
Tnode *BiTree;
```

图 5.8(a) 为链式存储结构中一个结点信息，图 5.8(b) 表示一棵普通二叉树，图 5.8(c) 为它的链式存储结构。由图 5.8(a) 所示的结点组成的链为二叉链表，链表的头指针指向二叉树的根结点。

在图 5.8 所示链式存储结构中，存储了数据和指向两个孩子的指针域，这种存储结构中只能查找孩子结点，不能查找双亲结点，要想得到双亲结点，还要从根开始查找，实现起来比较麻烦。

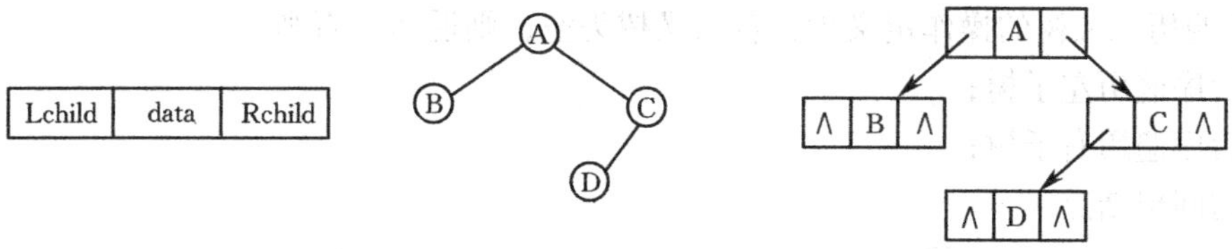

(a) 二叉树链式存储结构　(b) 二叉树　(c) 二叉树链式存储

图 5.8　二叉树的链式存储结构

根据需要，可以在每个结点中加入一个双亲域，用来指向双亲结点，那么二叉链表就可以形成三叉链表，如图 5.9(a) 所示是三叉链表的存储结构，图 5.9(b) 所示是用三叉链表表示图 5.8(b) 所示的二叉树。

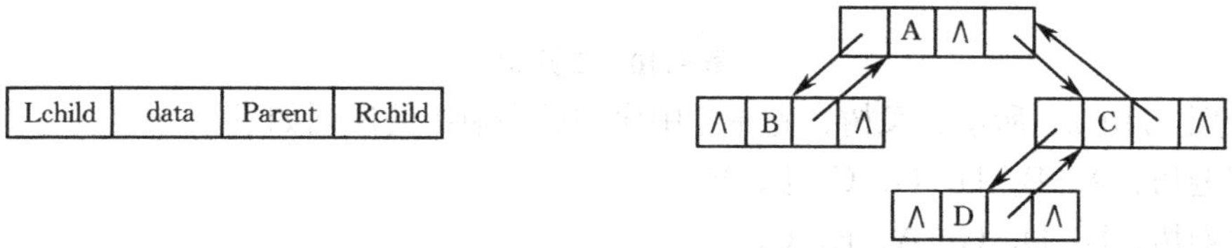

(a) 二叉树链式存储结构　(b) 二叉树

图 5.9　包含双亲指针的链式二叉树结构

5.3　二叉树的遍历

5.3.1　遍历的定义

在二叉树的一些应用中，经常要对全部结点进行某种处理，这就是遍历二叉树的问题。遍历二叉树是按照某种规则访问二叉树中每个结点，并且使得每个结点仅被访问一次。访问的含义是对结点做某种处理，如输出结点信息、统计等。

依据二叉树定义可知，任何二叉树由 3 个基本单元组成——根结点、左子树和右子树。因此，若能依次遍历这 3 部分，就可遍历整个二叉树。假如以 L，R，D 分别表示左子树、右子树和根结点，则可以有 6 种遍历二叉树的方案：LDR，LRD，RDL，RLD，DLR，DRL。若规定先左后右，则可得 3 种遍历方式：DLR，LDR，LRD。以根结点的位置在先、中、后命名 3 种遍历方式，即先序（根）遍历、中序（根）遍历和后序（根）遍历。

先序遍历二叉树的操作定义为：若二叉树为空，则返回；否则

① 访问根结点；

② 先序遍历左子树；

③ 先序遍历右子树。

中序遍历二叉树的操作定义为：若二叉树为空，则返回；否则

① 中序遍历左子树；

② 访问根结点；

③ 中序遍历右子树。

后序遍历二叉树的操作定义为：若二叉树为空，则返回；否则

① 后序遍历左子树；

② 后序遍历右子树；

③ 访问根结点。

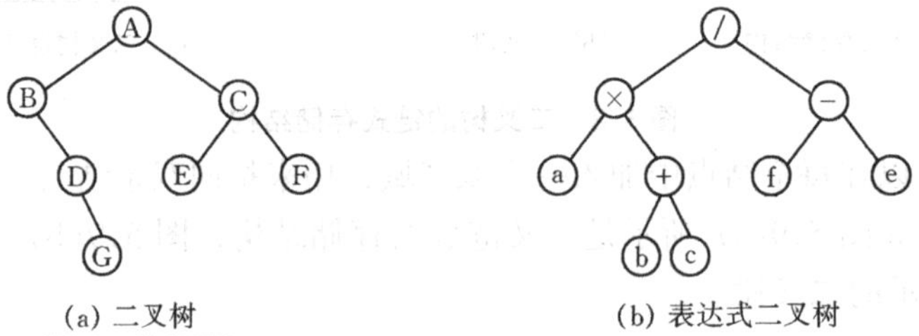

图 5.10　二叉树

对于图 5.10(a) 所示二叉树，先序、中序和后序遍历的序列如下。

先序遍历：A，B，D，G，C，E，F。

中序遍历：B，D，G，A，E，C，F。

后序遍历：G，D，B，E，F，C，A。

最早提出遍历问题是对存储在计数机中表达式求值。例如，表达式 a×(b+c)/(f−e) 利用二叉树表示，如图 5.10(b) 所示。当对此二叉树分别进行先序、中序、后序遍历时，可获得表达式的前缀、中缀、后缀书写形式。

前缀表达式：/×a+bc−fe

中缀表达式：a×b+c/f−e

后缀表达式：abc+×fe−/

其中，前缀表达式称为波兰表达式，后缀表达式被称做逆波兰表达式。算数表达式在计数机内，一般利用后缀表达式实现求值过程。

另外，除了上述三种遍历方法，还可以从上到下、从左到右按照层次进行遍历。

能否利用已知的先序序列和中序序列恢复二叉树呢?

答案是肯定的。对于已知二叉树的先序和中序遍历结果，可以确定唯一的一棵二叉树。

根据定义，二叉树的先序遍历是先访问根结点，其次按照先序遍历方式遍历根结点的左子树，最后按照先序遍历方式遍历根结点的右子树。可以得出结论，在先序序列中，第一个结点一定是二叉树的根结点。

另一方面，中序遍历是先遍历左子树，然后访问根结点，最后遍历右子树。中序遍历中，根结点将中序序列分割成两个子序列，前一个子序列是根结点的左子树的中序序列，而后一个子序列是根结点的右子树的中序序列。

根据这两个子序列，在先序序列中找到根结点，通过根结点，将中序序列分成左子树序列和右子树序列两部分。然后在先序序列中标示出左子树序列和右子树序列，左子树序列第一个结点为左子树的根，右子树序列的第一个结点为右子树的根。这就确定了二叉树的三个结点。同时，左子树和右子树的根结点又可以通过中序序列分别把左子序列和右子序列划分成两个子序列，如此递归下去，便可以得到一棵二叉树。

同样道理，由二叉树的后序序列和中序序列也可以唯一地确定一棵二叉树。因为依据后序遍历和中序遍历的定义，后序序列的最后一个结点就是根结点，可以将中序序列分成两个

子序列，分别是这个结点的左子树的中序序列和右子树的中序序列。

再从后序序列中标识出左右子树的后序序列，其中左右子树的后序序列的最后一个结点为子树的根。如此递归下去，便可以得到一棵二叉树。

已知一棵二叉树的先序序列与中序序列分别为：

A B D H G C E F

B H D G A E C F

恢复该二叉树，如图 5.11(a) 所示。

已知一棵二叉树的中序序列与后序序列分别为：

H D B J E K A C G

H D J K E B G C A

恢复该二叉树，如图 5.11(b) 所示。

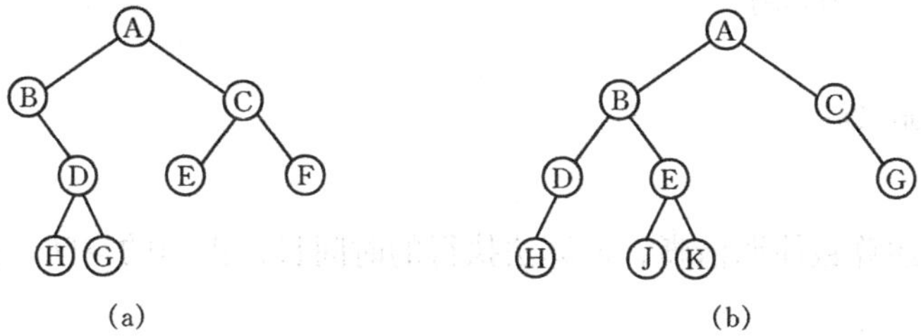

图 5.11　二叉树

5.3.2　遍历算法

(1) 递归的遍历方法

① 递归方法先序遍历的算法。

```
Status PreOrderTraverse(BiTree T)
{ if (T) /* 如果 T 存在 */
  {
    Visit(T->data); /* 访问数据域 */
    PreOrderTraverse(T->lchild);
    PreOrderTraverse(T->rchild);
  }
  else return OK;
}
```

② 递归方法中序遍历的算法。

```
Status InOrderTraverse(BiThrTree T)
{ if (T!=NULL)
  {
    InOrderTraverse(T->lchild);
    Visit(T->data);
    InOrderTraverse(T->rchild);
```

```
      return OK;
    }
    else return OK;
}
```

③ 递归方法后序遍历的算法。

```
Status PostOrderTraverse(BiThrTree T)
{ if (T)
    {
      PostOrderTraverse(T->lchild);
      PostOrderTraverse(T->rchild);
      Visit(T->data);
    }
    else return OK;
}
```

用递归方式描述算数简明清晰，但算法执行的时间长，占用的空间也较多，主要与二叉树的深度有关。

（2）非递归的遍历方法

前面介绍的二叉树先序、中序和后序三种遍历算法都是递归算法。当给出二叉树的链式存储结构以后，用具有递归功能的程序设计语言很方便就能实现上述算法。然而，并非所有程序设计语言都允许多层次的递归；另一方面，递归程序虽然简洁，但可读性一般不好，执行效率也不高。因此，存在如何把一种递归算法转化为非递归算法的问题。解决这个问题的方法可以通过对三种遍历方法的实质过程的分析得到。

① 先序遍历的非递归算法。先序遍历从根结点开始访问，访问该结点 T 的值，沿 T 结点的左指针即左子树先序遍历。遍历左子树前，先将 T 结点压栈，以便后来找到它们的右子树进行先序遍历。重复执行上述步骤，直至遇到某个结点的左子树为空，设为 P 结点。当 P 的左子树为空时，处理 P 的右子树。此时 P 正处在栈顶，将 P 从中弹出，沿 P 结点的左子树线先序遍历，将 P 结点的右孩子指针（右子树）压栈。处理的过程与处理整棵树是类似的。先序遍历过程直到栈为空时结束。在下面的算法中，二叉树以二叉链表存放，一维数组 stack[MAX] 用以实现栈，变量 top 用来表示当前栈顶的位置。

```
void NRPreOrder(BiTree T)
{
  BiTree stack[MAX],p;
  int top;
  if (bt==NULL) return;
  top=0;
  p= T;
  while(!(p==NULL&&top==0))
    { while(p!=NULL)
```

```
        { Visit(p->data);            /* 访问结点的数据域 */
          if (top<MAX-1)             /* 将当前指针 p 压栈 */
            { stack[top]=p;
              top++;
            }
          else { printf("栈溢出");
                   return;
                 }
          p=p->lchild;               /* 指针指向 p 的左孩子 */
        }
        if (top<=0) return;          /* 栈空时结束 */
        else{ top--;
                p=stack[top];        /* 从栈中弹出栈顶元素 */
                p=p->rchild;         /* 指针指向 p 的右孩子结点 */
              }
      }
  }
```

② 中序遍历的非递归实现。在中序遍历的非递归方法中，各结点的处理与先序递归遍历相似，但访问结点的位置不同。当结点的左子树处理完，而右子树未处理时，应该输出该结点，这正好在该结点从栈中弹出之后。中序遍历的非递归算法的实现，只需将先序遍历的非递归算法中的 Visit(p->data) 移到 p=stack[top] 和 p=p->rchild 之间即可。

③ 后序遍历的非递归实现。后序遍历的非递归算法要复杂一些。在先序遍历中，每遇到一个结点，就可以输出；在中序遍历中，结点在出栈时输出。而在后序遍历中，在输出一个结点之前，要两次经过该结点。一次是从经过该结点访问其左子树，另一次经过该结点访问其右子树，最后访问该结点。一个结点要两次进栈两次出栈，只有经过两次出栈，才访问该结点。也就是说，在后序遍历中，要区分是从左子树返回，还是从右子树返回。为了实现这种区分，在结点入栈时，必须同时压入一个标记，用该标记指明返回的情况。

当结点指针进、出栈时，其标志 flag 也同时进、出栈。因此，可以将栈中元素的数据类型定义为指针和标志 flag 合并的结构体类型。定义如下：

```
  typedef struct
  {
      BiTree link;
      int flag;
  } stacktype;
```

其中，flag 初始为 0，令：

$$flag=\begin{cases}1, & \text{第一次出栈，结点不能访问}\\2, & \text{第二次出栈，结点可以访问}\end{cases}$$

后序遍历二叉树的非递归算法如下。在算法中，一维数组 stack[MAXNODE] 用于实现栈的结构，指针变量 p 指向当前要处理的结点，整型变量 top 用来表示当前栈顶的位置，整型变量 sign 为结点 p 的标志量。

```
void NRPostOrder(BiTree T)
{
  stacktype stack[MAXNODE];
  BiTree p;
  int top, sign;
  if (T= =NULL) return;
  top= -1                          /*栈顶位置初始化*/
  p=T;
  while (!(p= =NULL && top= = -1))
    { if (p! =NULL)                 /*结点第一次进栈*/
      { top++;
        stack[top].link=p;
        stack[top].flag=1;
        p=p->lchild;                /*找该结点的左孩子*/
      }
      else { p=stack[top].link;
             sign=stack[top].flag;
             top--;
             if (sign= =1)                  /*结点第二次进栈*/
               { top++;
                 stack[top].link=p;
                 stack[top].flag=2;         /*标记第二次出栈*/
                 p=p->rchild;
             }
             else { Visite(p->data);        /*访问该结点数据域值*/
                    p=NULL;
                  }
             }
  }
}
```

5.3.3 遍历的应用

由于遍历可以访问到二叉树的每一个结点，并且有唯一性，所以对于二叉树的很多操作都可以利用遍历的算法和思路，如，求结点的双亲、求结点的孩子、判断结点所在的层次、创建一棵链式存储的二叉树等。

(1) 利用遍历的方法建立二叉树

下面是一个按照先序遍历序列建立二叉树的链式存储结构的方法。

```
Status CreateBiTree(BiTree *T)
{
  int ch=0;
  scanf("%d", &ch);
  if (ch==0) (*T)=NULL;
  else {
    (*T)=(BiTree) malloc(sizeof(BiNode));
    (*T)->data=ch;
    CreateBiTree(&(*T)->lchild);
    CreateBiTree(&(*T)->rchild);
  }
  return OK;
}
```

按照先序算法建立二叉树，图5.12所示二叉树应该输入序列为1 2 0 4 0 0 3 5 0 0 0。

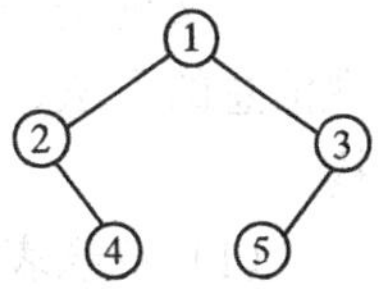

图5.12 二叉树

(2) 求叶子结点的个数

用遍历二叉树的方法求叶子结点的数目，设置全局变量leafcount统计叶子结点的个数。

```
void LeafCount(BiTree T)
{
      if (T) {
    if(T->lchild==NULL && T->rchild==NULL)
      leafcount++;
      LeafCount(T->lchild);
    LeafCount(T->rchild);
  }
}
```

(3) 求二叉树的高度

设T表示二叉树的根，根结点为第一层的结点，可以用下面方法求出二叉树的高度：

① 若T=NULL，hight=0；

② 若T!=NULL，hight=MAX（左子树高度，右子树高度）+1

很明显，在T!=NULL时，还需要求子树的高度，所以也是一个递归调用方式。具体算法如下：

```
int Height(BiTree T)
{
  int hl, hr;
  if (T==NULL) return 0;
  hl=Height(T->lchild)+1;
```

```
    hr = Height(T - >rchild) + 1;
    return (hl>hr?hl:hr);
}
```

遍历二叉树能实现很多相关操作。按照先序、中序、后序进行遍历，对含 n 个结点的二叉树，时间复杂度均为 O(n)，所有辅助空间为遍历过程中栈的最大容量，即树的深度。在最坏的情况下，时间复杂度为 n，此时二叉树已经退化为线性表。

5.4 树和森林

5.4.1 树的存储结构

二叉树是一种特殊的形式，在实际生活中，树更具有普遍性和通用性，树是人们表示客观信息的方法，但一般的树不像二叉树那样有规律的形态。下面介绍 3 种树的常用存储结构。

(1) 双亲表示法

假设以一组连续空间存储树的结点，同时在每个结点中附设一个指示器指示其双亲结点在向量中的位置，存储类型说明如下。

```
typedf struct PTNode
{
  elemtype data;                    /*存储数据信息的值*/
int parent;                         /*存储双亲位置*/
} PTNode;
Typefef struct
{
  PTNode nodes[MAXSIZE];
  int r,n;                          /*根的位置和结点数*/
};
```

图 5.13(a) 是一棵树，图 5.13(b) 是利用双亲表示法存储表示的存储结构。这种存储结构利用每个结点有唯一双亲的性质，根结点无双亲，可以用空 (0) 表示。以双亲表示法为存储结构时，求双亲 Parent(Tree, x) 操作方便实现。从某点开始找结点的双亲，反复判断双亲结点、双亲的双亲，直到双亲为空，就可以找到树的根，就是 ROOT(x) 操作。在这种表示法中，求结点 x 的孩子结点时，需要遍历整个向量，顺序查找确定结点 x 的下标位置 i，再顺序查找 parent 域为 i 的元素，即是 x 的孩子结点。

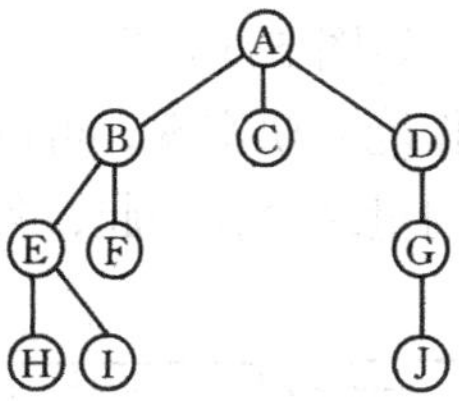

(a)

序号	data	parent
1	A	0
2	B	1
3	C	1
4	D	1
5	E	2
6	F	2
7	G	4
8	H	5
9	I	5
10	J	7
	…	…

(b)

图 5.13　树的双亲表示法

(2) 孩子表示法

由于树中每个结点可能有多棵子树，模仿二叉树的二叉链表，可以采用多重链表，即每个结点有多个指针域，其中每个指针指向一棵子树的根结点，此时链表中的结点可以有如下两种情况。

data	child1	child2	…	childn

data	degree	child1	child2	…	childn

其中，data 存储数据；child1，child2，…，childn 存储 i 个指针，n 为树的度。由于树中很多结点的度小于 n，所以链表中有很多链域为空。不难推出，在一棵有 n 个结点、度为 k 的树中必有 n(k－1)＋1 个空链域，浪费较大。如果在结点中添加一个域，表示每个结点的度 degree，就可以减少空间浪费，但是链表中的结点类型不同。此时，虽然能节约内存空间，但操作不方便。

另一种孩子表示法是把每个结点的孩子结点排列起来，使之成为一张线性表，以单链表作为存储结构，则 n 个结点有 n 个孩子链表（叶子的孩子链表为空表）。而 n 个头指针又组成一张线性表，存储结构描述如下。

```
typedef struct Node
{
int child;                        /* 指向孩子的存储位置(数组下标序号) */
struct Node  * next;              /* 指向下一个孩子 */
}  * ChildPtr
typefef struct {
        TElemType data;
firstchild;  / * 孩子链表的头指针 * /
} TBox;
Typedef struct
{
        TBox nodes[MaxSize];
```

```
        int n, r; /* 结点数和根的位置 */
    } Tree;
```

将如图 5.13(a) 所示的树用孩子表示法表示出来，如图 5.14 所示。与双亲表示法相反，孩子表示法便于查找孩子操作的实现。为了各种操作能方便实现，可以把双亲表示法和孩子表示法结合起来。如果将双亲向量与孩子表示法的向量结合在一起，各种操作变得很简单。

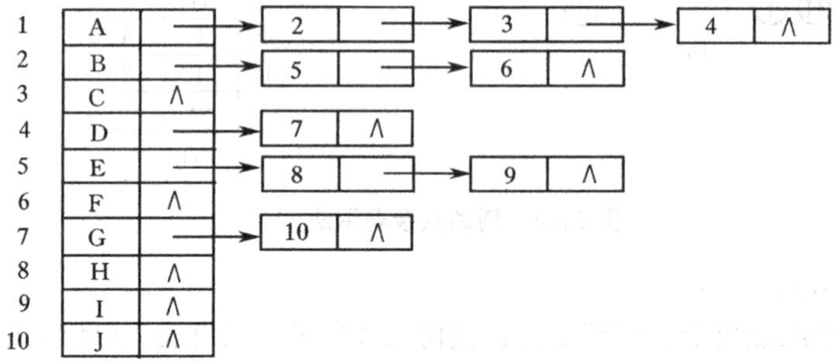

图 5.14　树的孩子表示法

(3) 孩子兄弟表示法

前两种树的存储方法和之前的二叉树的存储方法与操作比较起来还有些困难，所以可以使用孩子兄弟表示法。孩子兄弟表示法又称为二叉链表表示法，即以二叉链表作为树的存储结构。链表中结点的两个链域分别指向该点的第一个孩子（firstchild）结点和下一个兄弟（nextsibling）结点，分别命名为 fch 域和 nsib 域。这种将树转换成二叉树的方法通常被称为左孩子右兄弟。

```
Typedef struct Tnode
{
ElemType data; /* 数据域 */
Struct Tnode * firstchild, * nextsibling;
}CSNode, * CSTree;
```

图 5.15 表示图 5.13(a) 树的孩子兄弟表示法，容易看出，这是一张二叉链表。这种存储结构便于各种树的操作的实现。例如，要访问结点 x 的第 i 个孩子，只要先从结点 x 的 firstchild 域找到第一孩子，然后沿着第一个孩子结点的 nextsibling 域连续走 i-1 步，就是 x 的第 i 个孩子。与二叉树的链式相同，孩子兄弟表示法也缺乏结点的前驱，所以找到双亲比较麻烦。如果为每个结点增设一个 parent 域，同样能方便地实现 Parent(T, x) 操作。

5.4.2　森林和二叉树的转换

从树的孩子兄弟表示法可以看出，如果设定一定规则——左孩子右兄弟，就可用二叉树结构表示树和森林，这样，对树的操作实现就可以借助二叉树存储，利用二叉树上的操作来实现。

二叉树和树都可以用二叉链表作为存储结构，以二叉链表作为媒介可以导出树与二叉树之间的一种对应关系。如果有一棵树，那么用孩子兄弟表示法，可以将树存储成一棵二叉树

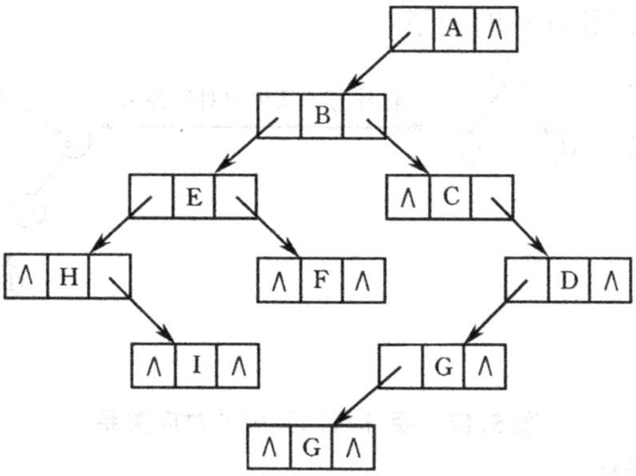

图 5.15 树的孩子兄弟表示法

与这棵树对应。从物理结构来看，它们的二叉链表是相同的，只是解释不同而已。通过将树用孩子兄弟表示法表示，就将树转化成一棵二叉树。图 5.16 直观地展示了树与二叉树之间的对应关系。

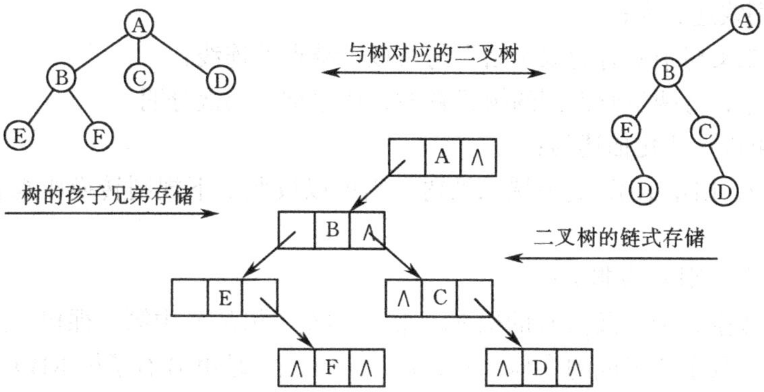

图 5.16 树与二叉树的对应关系

从树的二叉链表表示的定义可知，任何一棵树对应的二叉树，其右子树一定为空。

(1) 森林转换成二叉树

森林是由树构成的，树可以转换成二叉树，只要把根结点设定为兄弟结点，就可以把一个森林转化二叉树。森林转换为二叉树的方法如下。

① 将森林中的每棵树转换成相应的二叉树。

② 第一棵二叉树不动，从第二棵二叉树开始，依次把后一棵二叉树的根结点作为前一棵二叉树根结点的右孩子，当所有二叉树连起来后，此时所得到的二叉树就是由森林转换得到的二叉树。

这一方法可以形式化描述为：

若 $F=\{T_1, T_2, \cdots, T_m\}$ $(m\geqslant 0)$ 是森林，则按照如下规则转化成一棵二叉树 B=(root，lb，rb)。

① 若 m=0，即 F 为空，则 B 为空树。

② 若 m>0，即 F 非空，则 B 的根 root 即为森林中第一棵树的根 ROOT(T1)；B 的根和 B 的左子树 LB 是森林 F 中 T_1 转换成的二叉树；其右子树 RB 是从森林 F 中 $\{T_2, T_3, \cdots, T_m\}$ 转换而成的二叉树。

图 5.17 描述了二叉树和森林的关系。

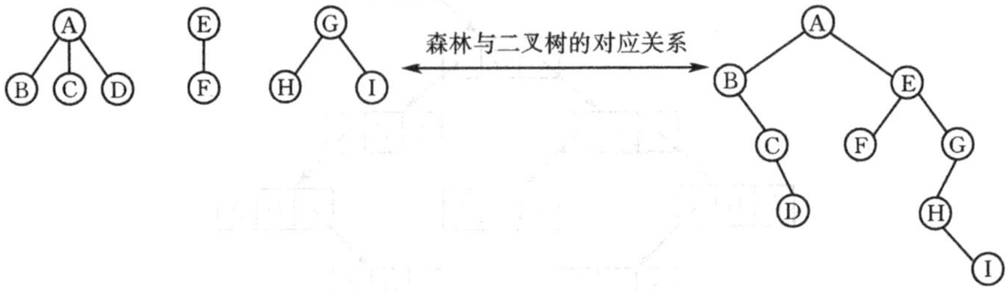

图 5.17　森林与二叉树的对应关系

(2) 二叉树转换成森林

树和森林都可以转换为二叉树，二者不同的是树转换成的二叉树，其根结点无右分支，而森林转换后的二叉树，其根结点有右分支。显然，这一转换过程是可逆的，即可以依据二叉树的根结点有无右分支，将一棵二叉树还原为树或森林，具体方法如下：

① 若某结点是其双亲的左孩子，则把该结点的右孩子、右孩子的右孩子……都与该结点的双亲结点用线连起来；

② 删去原二叉树中所有的双亲结点与右孩子结点的连线；

③ 整理由①，②两步所得到的树或森林，使之结构层次分明。

这一方法可以形式化描述为：

若 B=(root，LB，RB) 是一棵二叉树，则可以按照如下规则转换成森林 $F=\{T_1, T_2, \cdots, T_m\}$。

① 若 B 为空，则 F 为非空；

② 若 B 为非空，则二叉树 B 的根 root 和 B 的左子树是 F 中第一棵树 T_1 转换的二叉树；F 中除 T_1 之外，其余树组成的森林 $\{T_2, T_3, \cdots, T_m\}$ 是由 B 右子树 RB 转换而成的森林。

5.4.3　数和森林的遍历

树的遍历方法有两种：一种是先根（次序）遍历树，即先访问树的根结点，然后依次先根遍历根的每棵子树（从左至右）；另一种是后根（次序）遍历，即先依次后根遍历每棵子树（从左至右），然后访问根结点。

例如，对图 5.16 的树进行先根遍历，可得树的先根序列为

　　A　B　E　F　C　D

若对此树进行后根遍历，则得树的后根序列为

　　E　F　B　C　D　A

按照森林和树相互递归定义，可以推出以下两种森林的遍历方法。

(1) 先序遍历森林

若森林非空，则可以按照下述规则遍历：

① 访问森林中第一棵树的根结点；

② 先序遍历第一棵树中根结点的子树森林；

③ 先序遍历除去第一棵树之后剩余的树构成的森林；

若对图 5.17 中森林进行先序遍历，得到森林先序序列为：

A B C D E F G H I

(2) 中序遍历森林

若森林非空，则可以按照下述规则遍历：

① 中序遍历第一棵树中根结点的子树森林；

② 访问森林中第一棵树的根结点；

③ 中序遍历除去第一棵树之后剩余的树构成的森林；

若对图 5.17 中森林进行中序遍历，得到森林中序序列为

B C D A F E H I G

由森林与二叉树之间转换的规则可知，当森林转换成二叉树时，第一棵树的根成为二叉树的根，第一棵树的子树森林转换成左子树，剩余树的森林转换成右子树，则森林的先序遍历和中序遍历即为对应的二叉树先序遍历和中序遍历。若对图 5.17 中和森林对应的二叉树分别进行先序遍历与中序遍历，可得出与上述相同的序列。

由此可见，当以二叉链表作为树的存储结构时，树的先根遍历和后根遍历可以借用二叉树的先序遍历和中序遍历的算法实现。

5.5 哈夫曼树及其应用**

哈夫曼（Huffman）树又称为最优二叉树，是一类带权路径长度最短的树，有着广泛的应用。

5.5.1 最优二叉树（哈夫曼树）

(1) 术语

① 路径。从树中一个结点到另一个结点之间的分支构成这两个结点之间的路径。

② 路径长度。是路径上分支的数目。

③ 树的路径长度。是树的根到每一个结点路径长度之和。同样结点的不同二叉树，完全二叉树路径长度最短。

④ 权。在二叉树的结点上常常有一些有意义的值，称为权。

⑤ 结点的带权路径长度。从该结点到树根之间的路径长度与结点上权的乘积。

⑥ 树的带权路径长度。树中所有叶子结点的带权路径长度之和，通常记做

$$WPL=\sum_{k=1}^{n}w_k l_k$$

式中，w_k——k 结点的权值；

l_k——k 结点到根的路径。

⑦ 最优二叉树。由 n 个权值 $\{w_1, w_2, \cdots, w_n\}$ 作为叶子结点，构造一棵二叉树，其中带权路径长度 WPL 最小的二叉树称做最优二叉树或哈夫曼树。

例如，图 5.18 中的 3 棵二叉树，都有 4 个叶子结点 a，b，c，d，分别带权 4，5，6，10，它们的带权路径长度分别为

$$WPL_{(a)}=4\times2+5\times2+6\times2+10\times2=50$$

$$WPL_{(b)} = 10\times2 + 4\times3 + 6\times3 + 5\times1 = 55$$

$$WPL_{(c)} = 10\times1 + 6\times2 + 4\times3 + 5\times3 = 49$$

在图 5.18 所示的三种树中，图 5.18(c) 的带权路径长度最小，其实它就是权值为 4，5，6，10 结点构成的哈夫曼树。

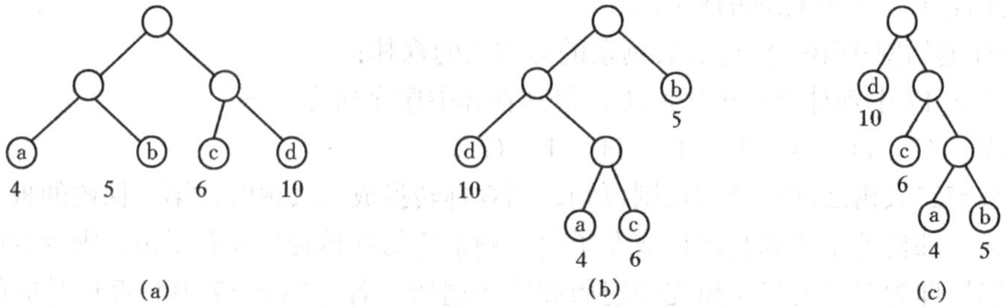

图 5.18　具有不同带权路径长度的二叉树

在解某些判定问题时，利用哈夫曼树可以得到最佳断定算法。例如，编制一个将百分制转换成等级评定的程序。只要利用条件语句，便可以完成。如：

```
if (a<60) b= "不及格";
else if (a<70) b= "及格";
else if (a<80) b= "中";
else if (a<90) b= "良";
else b= "优";
```

这个断定过程用图 5.19(a) 的判断树来表示。如果数量很大，那么执行效率需要考虑。在实际考试中，学生的成绩在 5 个等级上的分布是不均匀的。假设其分布规律如下表所示。

分数	0～59	60～69	70～79	80～89	90～100
比例数/%	0.05	0.15	0.40	0.30	0.10
等级	不及格	及格	中	良	优

如果按照图 5.19(a) 所示判断树执行条件语句，80% 的数据（大于 70 分人数占 80%）需要进行三次或三次以上的比较，才能得出结果。怎样能提高效率，减少判断次数呢？从分数分布表知道，如果将比例数（权值）较大的在条件语句的最前面判断，权值小的在后面判断，就能提高判断效率。

假定以 5，15，40，30 和 10 为权构造一棵哈夫曼树，如图 5.19(b) 所示，比图 5.19(a) 判断次数少。按照此判定树可以写出相应的程序。假设现有 1000 个输入数据，若按照图 5.19(a) 的断定过程进行操作，则总共比较的次数为

不及格人数×1＋及格人数×2＋中人数×3＋良人数×4＋优人数×4＝3150 次

而若按照图 5.19 (b) 的判定过程进行操作，则总共比较的次数为

不及格人数×3＋及格人数×3＋中人数×2＋良人数×2＋优人数×2＝2200 次

上面所求的判断次数就是前面介绍的 WPL 值。编程时，需要最小的判断次数，也就是求一棵 WPL 值最小的二叉树。而求最少判断次数可以通过构造哈夫曼树来实现。

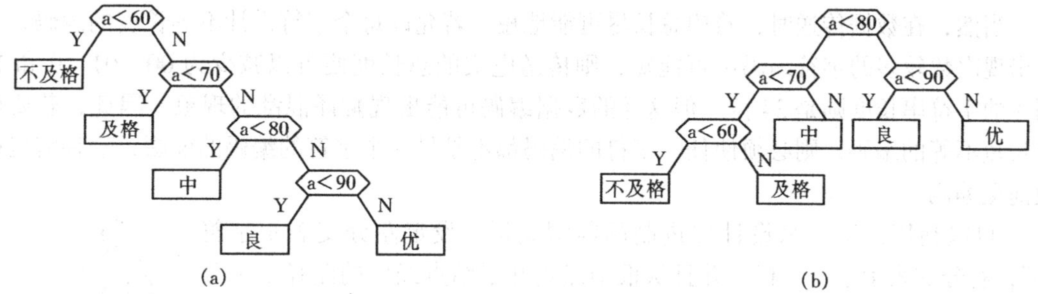

图 5.19 转换五等级分制的判定过程

(2) 哈夫曼树的构造

哈夫曼最早给出了一种带有一般规律的算法，俗称哈夫曼算法。

① 给定的 n 个权值 $\{w_1, w_2, \cdots, w_n\}$ 构造成 n 棵二叉树的集合，即森林 $F=\{T_1, T_2, \cdots, T_n\}$，其中每棵二叉树 T_i 中只有一个带权为 w_i 的根结点，其左右子树均为空。

② 在 F 中选取两棵根结点的权值最小的树作为左右子树，构造一棵新的二叉树，且置二叉树的根结点的权值为左、右子树根结点的权之和。

③ 在 F 中删除上面两棵子树，同时将新构成的二叉树加入 F 中。

④ 重复②和③，直到 F 只含一棵树。

其中，根结点上标注的数字是所赋得权。图 5.20(a) 所示是森林的初始状态，F 中有四棵只有根结点的树。如果每棵树都用权值表示，则 F＝{4，5，6，10}；图 5.20(b) 是将最小权值的两棵子树构造为一棵新的二叉树，这时 F＝{6，9，10}；图 5.20(c) 所示的 F＝{10，15}；图 5.20(d) 是构造完成的状态，这时 F 中只有一棵二叉树，即哈夫曼树。

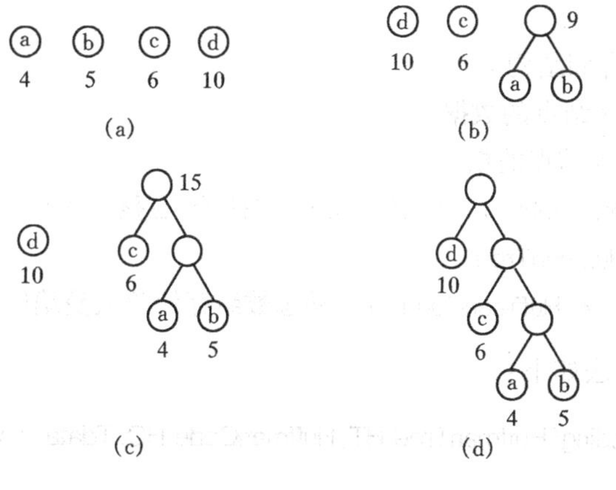

图 5.20 哈夫曼树构造过程

5.5.2 哈夫曼编码

在现实生活中，网络的数据传输主要通过二进制数据流进行。例如，需要从甲地向乙地传送字符串为“aabbcccdddaabbbcccddddddd”。串中有 4 种字符，a 出现了 4 次，b 出现了 5 次，c 出现了 6 次，d 出现了 10 次，用二进制位串对字符编码，只需两个位数据就可以表示。假设 A，B，C，D 的编码分别为 00，01，10 和 11，总长 50 位。接收时，可以按照编码方式二位一组进行译码，就得到了甲地传送字符串。

当然，在数据传送时，希望总长尽可能地短。若允许每个字符设计不等长度的编码，且让出现次数较多的字符编码尽可能短，则传送电文的总长度便可以减少为 00，01，0 和 1，刚才的字符串长度则是 34 位。但这样的数据编码可能出现翻译混乱的现象。因此，若要设计长短不等的编码，则必须使任一字符的编码都不是另一个字符的编码的前缀，这种编码称做前缀编码。

可以利用二叉树来设计二进制的前缀编码。设定左分支表示字符“0”，右分支表示字符“1”，并且从根结点到叶子结点经历的路径上由分支上的“0”和“1”组成的字符串作为该叶子结点的编码。如图 5.21 所示，a，b，c，d 的编码分别是：110，111，10 和 0。

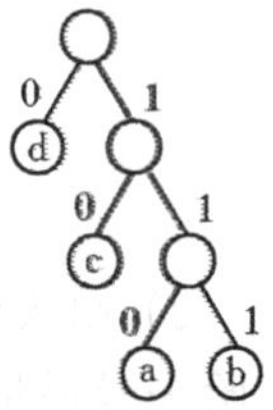

图 5.21　前缀编码示例

如果把字符出现的次数作为权值构成哈夫曼树，那么将会得到最短的二进制前缀编码。由此得到的二进制前缀编码便称为哈夫曼编码。图 5.21 所示也是哈夫曼编码的情况，按照这种编码，从甲地传到乙地的数据流需要 49 位数据。

下面介绍哈夫曼编码的求法。

首先创建哈夫曼树。由于哈夫曼树中没有度为 1 的结点（这类树又称为严格或正则二叉树）。在一棵有 n 个叶子结点的哈夫曼树中，共有 2n－1 个结点。用大小为 2n－1 的存储空间存储，每个结点结构可以根据操作需要设置。所以可以使用具有 2n－1 存储空间的顺序存储结构存储这个过程。需要什么操作？在求编码时，要从叶子结点出发，走一条从叶子到根的路径；而为译码，需要从根出发走一条从根到叶子的路径。对每个结点而言，既需要双亲的信息，又需要孩子结点信息。由此，设计如下存储结构。

```
typedef struct
{/ * 哈夫曼树存储结构 * /
  char data; / * 结点的数据 * /
  int weight; / * 结点的权值 * /
  int parent, left, right; / * 结点的双亲,左孩子,右孩子 * /
} HTNode, * HuffmanTree ;
typedef char *  * HuffmanCode; / * 动态数组存储哈夫曼编码 * /
```

求哈夫曼编码的算法如下：

```
void HuffmanCoding(HuffmanTree HT, HuffmanCode HC, Tdata * w, int n)
{
  int m, i, s1, s2, start, c, f;
  HTNode * p;
  char * cd;
  if (n<=1) return ;
  m=2 * n-1;
  HT=(HuffmanTree)malloc((m+1) * sizeof(HTNode));
 / * 初始化哈夫曼树顺序存储结构 * /
  for (p=HT+1, i=1; i<=n; i++, p++)
```

```
    {   p->data=w[i].data;
        p->weight=w[i].weight;
        p->left=0;
        p->right=0;
        p->parent=0;
    }
    for(;i<=m;i++,p++)
    {
        p->weight=0;
        p->left=0;
        p->right=0;
        p->parent=0;
    }
  /*构建哈夫曼树*/
    for(i=n+1;i<=m;i++)
    {
        SelectMinTree(HT,i-1,&s1,&s2);
        HT[s1].parent=i,HT[s2].parent=i;
        HT[i].left=s1;HT[i].right=s2;
        HT[i].weight=HT[s1].weight+HT[s2].weight;
    }
  /*创建哈夫曼编码*/
    HC=(HuffmanCode)malloc((n+1)*sizeof(char *));
    cd=(char *)malloc(n*sizeof(char));
    cd[n-1]='\0';
    for(i=1;i<=n;i++)
    {
        start=n-1;
        for(c=i,f=HT[i].parent;f!=0;c=f,f=HT[f].parent)
           if(HT[f].left==c) cd[--start]='0';
           else cd[--start]='1';
        HC[i]=(char *)malloc((n-start)*sizeof(char));
        strcpy(HC[i],&cd[start]);
    }
    free(cd);
  }
```

HT 是哈夫曼树的存储空间的前 n 个元素表示叶子结点，最后一个分量表示根结点，各字符的编码长度不等，所以按照实际长度分配存储空间。算法中每个字符的哈夫曼树编码是从叶子结点到根的逆运算。

译码的过程是分解电文中字符串，从根出发，按照字符“0”或“1”确定左孩子或右孩子，直至叶子结点，便求得相应的字符。

请读者自己分析对于 a，b，c 和 d 四个字符的哈夫曼树的建立过程。

5.6 实 训

【实训 5.1】 二叉树的创建与遍历。

【实训目的】 用二叉链表存储二叉树，利用二叉树先序遍历结果递归的方法创建二叉树，对二叉树进行先序遍历、中序遍历和后序遍历。

【实训内容】 测试数据按照先序算法建立如图 5.12 所示二叉树，输入序列为 1 2 0 4 0 0 3 5 0 0 0。

【参考代码】

```
/* made by Pengxiang.Zhai */
/* 2010.3.26 */
/* zhaipx1978@21cn.com */
#include "stdio.h"
#include "malloc.h"
#include "stdlib.h"
#define TRUE 1
#define FALSE 0
#define OK 1
#define MAXSIZE 100
typedef int Status;
typedef int Elemtype;
typedef struct BiNode{
    Elemtype data;
    struct BiNode *lchild, *rchild;
} BiNode, *BiTree;
Status TreeCreated=FALSE;
Status CreateBiTree(BiTree *T);
Status PreOrderTraverse(BiTree T);
Status InOrderTraverse(BiTree T);
Status PostOrderTraverse(BiTree T);
void main( )
{
    int choice=0;
    Status leave=FALSE, flag;
    BiNode *BT;
    printf("\n========= 二叉树演示程序 =========\n");
```

```
do {
printf("1. 创建一个二叉树,按先序遍历结果输入,空用 0 表示\n");
printf("2. 先序遍历二叉树,递归方式遍历二叉树\n");
printf("3. 中序遍历二叉树,递归方式遍历二叉树\n");
printf("4. 后序遍历二叉树,递归方式遍历二叉树\n");
printf("0. Quit\n");
printf("------Input your selection:");
scanf("%d", &choice);
switch (choice) {
case 1:
    if (TreeCreated) {
        printf("Sorry, the tree has been already created!\n");
        break;
    };
    printf("Please put in number !\n");
    flag=CreateBiTree(&BT);
    if (flag==OK) {
    printf(" Okey, Now a TREE named BT is created...\n");
    TreeCreated=TRUE;
    }
    break;
case 2:
    if (!TreeCreated) {
    printf("Sorry, you must CREATE a Tree for further steps!\n");
    break;
    }
    printf("Pre Order:");
    PreOrderTraverse(BT);
    printf("\n");
    break;
case 3:
    if (!TreeCreated) {
    printf("Sorry, you must CREATE a Tree for further steps!\n");
    break;
    }
    printf("In Order:");
    InOrderTraverse(BT);
    printf("\n");
    break;
case 4:
```

```
            if (!TreeCreated) {
            printf("Sorry, you must CREATE a Tree for further steps! \n");
            break;
            }
            printf("Post Order:");
            PostOrderTraverse(BT);
            printf(" \n");
            break;
        case 0:
            leave=TRUE;
            break;
        } /* ends switch */
    } while (!leave);
    printf("Thanks for using, bye-bye! \n");
}
/*递归方法实现创建*/
Status CreateBiTree(BiTree *T){
    int ch=0;
    scanf("%d", &ch);
    if (ch==0) (*T)=NULL;
    else {
      (*T)=(BiTree) malloc(sizeof(BiNode));
      (*T)->data=ch;
      CreateBiTree(&(*T)->lchild);
      CreateBiTree(&(*T)->rchild);
    }
  return OK;
}
/*递归方法实现先序遍历*/
Status PreOrderTraverse(BiTree T){
    if (T) {
    printf("%3d", T->data);
    PreOrderTraverse(T->lchild);
    PreOrderTraverse(T->rchild);
    return OK;
  }
  else return OK;
}
/* 递归方法实现中序遍历*/
Status InOrderTraverse(BiTree T){
```

```
        if (T! =NULL) {
        InOrderTraverse(T- >lchild);
        printf("%3d",T- >data);
        InOrderTraverse(T- >rchild);
        return OK;
      }
      else return OK;
    }
    /*递归方法实现后序遍历*/
    Status PostOrderTraverse(BiTree T){
        if (T) {
        PostOrderTraverse(T- >lchild);
        PostOrderTraverse(T- >rchild);
        printf("%3d", T- >data);
        return OK;
      }
      else return OK;
    }
```

【程序运行结果】

输入1

显示：1 2 0 4 0 0 3 5 0 0 0

输入2

显示：1 2 4 3 5

输入3

显示：2 4 1 5 3

输入4

显示：4 2 5 3 1

输入0，结束程序

【实训5.2】 二叉树的非递归遍历。

【实训目的】 建立二叉链表存储结构，创建二叉树，利用栈实现非递归中序遍历。

【实训内容】 测试数据按照先序算法建立图5.12所示二叉树，输入序列为1 2 0 4 0 0 3 5 0 0 0。

【参考代码】

```
#include "stdio.h"
#include "malloc.h"
#include "stdlib.h"
#define TRUE 1
#define FALSE 0
#define OK 1
```

```
#define MAXSIZE 100
typedef int Status;
typedef int Elemtype;
typedef struct BiNode
{
    Elemtype data;
    struct BiNode *lchild, *rchild;
} BiNode, *BiTree;
typedef struct
{
    BiNode *a[MAXSIZE];
    int top;
} SqStack;
Status TreeCreated=FALSE;
Status CreateBiTree(BiTree *T);
void NRInOrderTraverse(BiTree T);
void Push(SqStack *s,BiNode *x);
BiNode *Pop(SqStack *s);
void main( )
{
    int choice=0,flag;
    Status leave=FALSE;
    BiNode *BT;
    printf("\n========= 利用栈实现非递归遍历演示程序 =========
    \n");
    do {
    printf("1. 创建一个二叉树,按先序遍历结果输入,空用 0 表示\n");
    printf("2. 中序遍历二叉树,非递归方式遍历二叉树\n");
    printf("0. Quit\n");
    printf("------Input your selection:");
    scanf("%d",&choice);
    switch (choice) {
    case 1:
        if (TreeCreated) {
            printf("Sorry, the tree has been already created! \n");
            break;
        };
        printf("Please put in number ! \n");
        flag=CreateBiTree(&BT);
        if (flag==OK) {
```

```
            printf(" Okey, Now a TREE named BT is created... \n");
            TreeCreated=TRUE;
            }
        case 2:
            printf("In NROrder:");
            NRInOrderTraverse(BT);
            printf(" \n");
            break;
        case 0:
            leave=TRUE;
            break;
        } /* ends switch */
    } while (!leave);
    printf("Thanks for using, bye-bye! \n");
}
/*递归方法实现创建*/
Status CreateBiTree(BiTree *T)
{
    int ch=0;
    scanf("%d", &ch);
    if (ch==0) (*T)=NULL;
    else {
        (*T)=(BiTree) malloc(sizeof(BiNode));
        (*T)->data=ch;
        CreateBiTree(&(*T)->lchild);
        CreateBiTree(&(*T)->rchild);
    }
    return OK;
}
/*非递归中序遍历*/
void NRInOrderTraverse(BiTree T){
    SqStack s;
    BiNode *p;
    s.top=0;
    Push(&s,T);
    while(s.top!=0)
    {
        while(s.a[s.top]!=NULL)
        {
            p=s.a[s.top];
```

```
                Push( &s,p->lchild);
            }
            p=Pop( &s);
            if(s.top!=0)
            {p=Pop( &s);
            printf("%3d",p->data);
            Push( &s,p->rchild);
            }
        }
        printf("\n");
    }
    /*压栈*/
    void Push(SqStack *s,BiNode *x)
    {
        if(s->top==MAXSIZE)printf("\n stack overflow!");
        else
        {
          s->top++;
          s->a[s->top]=x;
        }
    }
    /*弹栈*/
    BiNode *Pop(SqStack *s)
    {
        BiNode *x;
        if(s->top==0)
        {
          printf("\n stack underflow!");
          return(NULL);
        }
        else
        {
          x=s->a[s->top];
          s->top--;
          return(x);
        }
    }
```

【程序运行结果】

输入 1

显示：1 2 0 4 0 0 3 5 0 0 0

输入 2

显示：2 4 1 5 3

输入 0，结束程序

【实训 5.3】　二叉树遍历的应用。

【实训目的】　建立二叉链表存储结构，创建二叉树，求二叉树的叶子结点数，求二叉树的高度，翻转二叉树。

【实训内容】　测试数据按照先序算法建立图 5.12 所示二叉树，输入序列为 1 2 0 4 0 0 3 5 0 0 0。

【参考代码】

```
#include "stdio.h"
#include "malloc.h"
#include "stdlib.h"
#define TRUE 1
#define FALSE 0
#define OK 1
#define MAXSIZE 100
typedef int Status;
typedef int Elemtype;
typedef struct BiNode
{
    Elemtype data;
    struct BiNode *lchild, *rchild;
} BiNode, *BiTree;
Status TreeCreated=FALSE;
int leafcount=0;
Status CreateBiTree(BiTree *T);
Status PreOrderTraverse(BiTree T);
int Height(BiTree T);
void Swap(BiTree *T);
void LeafCount(BiTree T);
void main( )
{
    int choice=0;
    Status leave=FALSE, flag;
    BiNode *BT; /* just a binary tree */
    printf("\n========= 二叉树演示程序 =========\n");
    do {
    printf("1. 创建一个二叉树,按先序遍历结果输入,空用 0 表示\n");
    printf("2. 先序遍历二叉树,递归方式遍历二叉树\n");
```

```
printf("3. 求叶子数\n");
printf("4. 计算二叉树的高度\n");
printf("5. 交换左右子树\n");
printf("0. Quit\n");
printf("-------Input your selection:");
scanf("%d", &choice);
switch (choice) {
case 1:
    if (TreeCreated) {
      printf("Sorry, the tree has been already created! \n");
      break;
};
printf("Please put in number ! \n");
flag=CreateBiTree(&BT);
if (flag==OK) {
printf(" Okey, Now a TREE named BT is created... \n");
TreeCreated=TRUE;
}
break;
case 2:
    if (!TreeCreated) {
    printf("Sorry, you must CREATE a Tree for further steps! \n");
    break;
    }
    printf("Pre Order:");
    PreOrderTraverse(BT);
    printf(" \n");
    break;
case 3:
    if (!TreeCreated) {
    printf("Sorry, you must CREATE a Tree for further steps! \n");
    break;
    }
    LeafCount(BT);
    printf("leaf count is :%d\n", leafcount);
    break;
case 4:
    int h;
    h=Height(BT);
    printf("The height is %d. \n", h);
```

```
            break;
        case 5:
            Swap( &BT);
            printf("OKey, Tree was swapped. \n");
            break;
        case 0:
            leave=TRUE;
            break;
        } /* ends switch */
    } while (!leave);
    printf("Thanks for using, bye-bye! \n");
}
/*递归方法实现创建*/
Status CreateBiTree(BiTree *T)
{
    int ch=0;
    scanf("%d", &ch);
    if (ch==0) (*T)=NULL;
    else {
        (*T)=(BiTree) malloc(sizeof(BiNode));
        (*T)->data=ch;
        CreateBiTree( &(*T)->lchild);
        CreateBiTree( &(*T)->rchild);
    }
    return OK;
}
/*递归方法实现先序遍历*/
Status PreOrderTraverse(BiTree T){
    if (T) {
    printf("%3d", T->data);
    PreOrderTraverse(T->lchild);
    PreOrderTraverse(T->rchild);
    return OK;
    }
    else return OK;
}
/* 求二叉树的高度 */
int Height(BiTree T){
    int hl, hr;
    if (T==NULL) return 0;
```

```
        hl=Height(T->lchild)+1;
        hr=Height(T->rchild)+1;
        return (hl>hr?hl:hr);
    }
    /*翻转*/
    void Swap(BiTree *T){
        BiTree p;
        if (*T!=NULL) {
          p=(*T)->lchild;
          (*T)->lchild=(*T)->rchild;
          (*T)->rchild=p;
          Swap(&(*T)->lchild);
          Swap(&(*T)->rchild);
        }
    }
    /*求叶子结点数*/
    void LeafCount(BiTree T){
        if (T) {
        if(T->lchild==NULL &&T->rchild==NULL)
          leafcount++;
        LeafCount(T->lchild);
        LeafCount(T->rchild);
      }
    }
```

【程序运行结果】

输入 1

显示：1 2 0 4 0 0 3 5 0 0 0

输入 2

显示：1 2 4 3 5

输入 3

显示：lea fcount is 2

输入 4

显示：The Height is 3

输入 5

显示：交换成功

输入 2

显示：1 3 5 2 4

输入 0，结束程序

【实训 5.4】 哈夫曼树的应用。

① 基本要求。对于给定结点的权值和数据，创建哈夫曼树，并输出哈夫曼编码。
② 测试数据以按照先序算法建立如图 5.20(d) 所示哈夫曼树为依据。

【参考代码】

```
#include "stdio.h"
#include "malloc.h"
#include "string.h"
#define MAXSIZE 30
#define MAX 100
typedef struct
{
    char data;
    int weight;
    int parent;
    int left;
    int right;
} HTNode, *HuffmanTree;
typedef char ** HuffmanCode;
typedef struct
{
    char data;
    int weight;
} Tdata;
HuffmanTree HT;
HuffmanCode HC;
void SelectMinTree(HuffmanTree HT, int n, int *s1, int *s2);
void HuffmanCoding(HuffmanTree HT, Tdata *w, int n);
void SelectMinTree(HuffmanTree HT, int n, int *s1, int *s2)
{
    int i,min1,min2;
    *s2=*s1=0;
    min1=min2=MAX;
    for(i=1;i<=n;i++)
    {
      if(HT[i].parent==0)
      {
        if(HT[i].weight<min1)
        {
          min2=min1;
          min1=HT[i].weight;
          *s2=*s1;
```

```
                *s1 = i;
            }
            else
            {
                if(HT[i].weight<min2)
                {
                    min2 = HT[i].weight;
                    *s2 = i;
                }
            }
        }
    }
}
void HuffmanCoding(HuffmanTree HT, Tdata *w, int n)
{
    int m, i, s1, s2, start, c, f;
    HTNode *p;
    char *cd;
    if (n<=1) return ;
    m=2*n-1;
    HT=(HuffmanTree)malloc((m+1)*sizeof(HTNode));
    for (p=HT+1, i=1; i<=n; i++, p++)
    {   p->data=w[i].data;
        p->weight=w[i].weight;
        p->left=0;
        p->right=0;
        p->parent=0;
    }
    for( ; i<=m; i++, p++)
    {
      p->weight=0;
      p->left=0;
      p->right=0;
      p->parent=0;
    }
    for(i=n+1; i<=m; i++)
    {
      SelectMinTree(HT, i-1, &s1, &s2);
      HT[s1].parent=i, HT[s2].parent=i;
      HT[i].left=s1; HT[i].right=s2;
```

```
        HT[i].weight=HT[s1].weight+HT[s2].weight;
      }
      HC=(HuffmanCode)malloc((n+1)*sizeof(char *));
      cd=(char *)malloc(n*sizeof(char));
      cd[n-1]='\0';
      for(i=1;i<=n;i++)
      {
        start=n-1;
        for(c=i,f=HT[i].parent;f!=0;c=f,f=HT[f].parent)
          if(HT[f].left==c) cd[--start]='0';
          else cd[--start]='1';
        HC[i]=(char *)malloc((n-start)*sizeof(char));
        strcpy(HC[i],&cd[start]);
      }
      free(cd);
    }
    void main()/*主函数*/
    {
      Tdata w[MAXSIZE];
      int n,i;
      printf("请输入元素数:");
      scanf("%d",&n);
      for(i=1;i<=n;i++)
      {
        getchar();
        printf("input %d data=>\tname:",i);
        scanf("%c",&w[i].data);
        printf("\tweight :");
        scanf("%d",&w[i].weight);
      }
      HuffmanCoding(HT, w, n);
      printf("\n*************result*************\n");
      for(i=1;i<=n;i++)
      {
        printf("%c----->%s\n",w[i].data,HC[i]);
      }
    }
```

【程序运行结果】

请输入元素数：4（回车）

以后分别输入：a　4

b　5
c　6
d　10

输出:

a------>110
b------>111
c------>10
d------>0

习　　题

一、填空题

1. 树中任意结点允许有________ 个孩子结点，除根结点外，其余结点有________ 个双亲结点。

2. 若一棵树表示为 (A(B(C(D,E,F))),(G(H,I)) ，则这棵树的度为________，树的深度为________，树的叶子结点有________。

3. 若一棵具有 n 个结点二叉树，若它有 m 个叶子结点，则度为 2 的结点有________ 个。

4. 深度为 5 的二叉树最多有________ 个结点，第三层上最多有________ 个结点。

5. 已知二叉树有 42 个结点，度为 1 的结点个数有 19 个，则叶子结点有 ________个，度为 2 的结点有________。

6. 高度为 7 的完全二叉树至少有________ 个结点。

7. 有 74 个结点的完全二叉树的高度是________。

8. 已知完全二叉树第六层有 10 个结点，则这棵二叉树的结点总数最多有________ 。

9. 具有 10 个叶子结点的哈夫曼树共有 ________ 个结点。

10. 树的后序遍历与其对应的二叉树的 ________ 遍历序列相同。

11. 一棵完全二叉树共有 47 个结点，5 号结点的双亲是________ ，左孩子是________ ；25 号结点的双亲是 ________ ，右孩子是________。

二、应用题

1. 具有 4 个结点的二叉树有哪些？请画出对应的二叉树。

2. 已知二叉树的中序遍历序列是 ACBDGHIFE，后序序列是 ABDCFHEG，请构造这棵二叉树，并写出其先序序列。

3. 一棵深度为 5 的满二叉树，求：

① 各层的结点数目是多少？

② 编号为 10 的结点的父结点的编号是多少？

③ 编号为 21 的结点的左孩子结点的编号是多少？

4. 将如图 5.22 所示森林转化成二叉树，并对森林进行先序遍历。

5. 将如图 5.23 所示二叉树转化成森林。

6. 对于给定的一组权值 {3，4，6，7，9}，请构造出相应的哈夫曼树。

7. 一段文字中的字符 A，B，C，D，E，F，G，H 分别出现 10，12，23，4，8，14，7，2 次，为这些字符编写哈夫曼码，并计算需要多少存储空间？

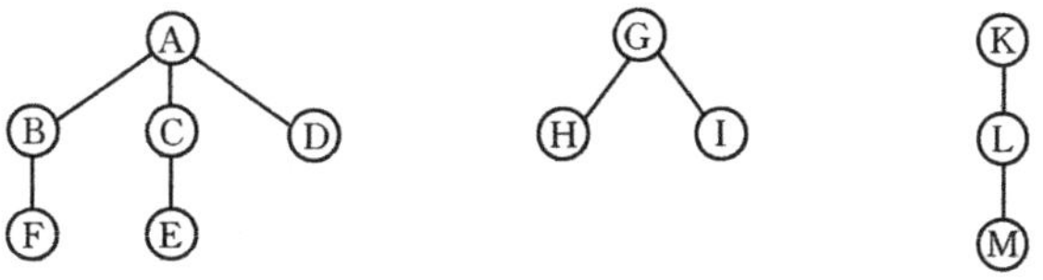

图 5.22　森　林

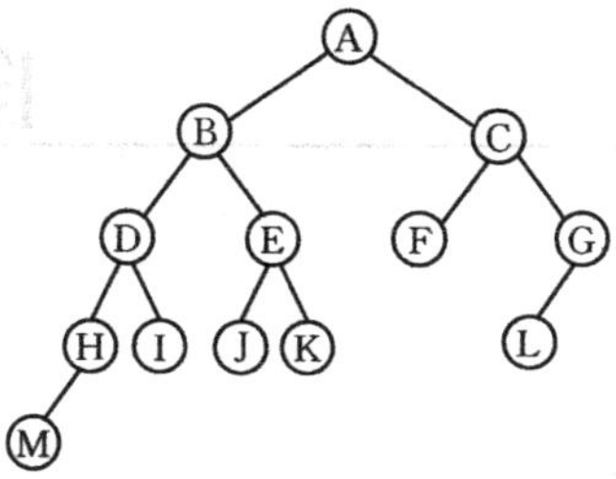

图 5.23　森　林

三、算法设计题

1. 以二叉链表为结构的二叉树，编写一种复制二叉树的算法。
2. 设计一种算法，使用双亲表示法存储结构，求树中某个结点的孩子结点。
3. 设计一种算法，求以孩子兄弟链表表示。

第 6 章 图

【学习目标】

图是一种非线性数据结构，在图中任意两个结点之间都可能相关，即结点之间的邻接关系可以是任意的。因此，图被用于描述各种复杂的数据对象。图在数学、工程、统计力学、遗传学、控制论、编译系统等多个领域被广泛应用。

本章主要介绍图的相关概念和数据组织形式，利用图的特性和方法，求解实际相关工作项目的最小生成树、关键路径和最短路径等问题。

【基本要求】

要求通过学习掌握以下内容：

① 图的概念、图的术语；

② 图的存储结构；

③ 图的深度优先搜索遍历方法和广度优先搜索遍历方法；

④ 最小生成树的建立方法；

⑤ 拓扑排序和关键路径的求解方法；

⑥ 最短路径的求解方法。

6.1 图的定义及术语

6.1.1 图的定义

图是一种比线性表和树更为复杂的数据结构，图与它们的不同表现在结点之间的关系上，在图结构中，顶点之间的关系可以是多对多，即某一顶点与其他顶点之间的关系是任意的，既可以有关也可以无关。图由两个集合 V 和 E 组成，其中 V 是有限顶点的集合，E 是顶点关系的有限集合。习惯上，将图中的数据元素称为顶点（Vertex）。

（1）图、有向图和无向图

图的数据结构为 Graph=（V，E），其中：V 是顶点的有穷集合；E 是两个顶点之间的关系（边）集合。

在一个图中，边的顶点是有序对，则称该图为有向图。若 $<V_i, V_j> \in E$，则 $<V_i, V_j>$ 表示从 V_i 到 V_j 的一条弧（Arc），且 V_i 称为弧尾或初始点，V_j 称为弧头或终端点，此时的图称为有向图（Digraph），如图 6.1(a) 所示。

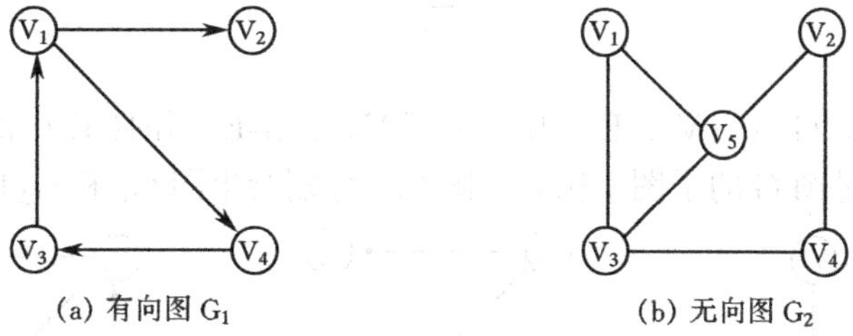

图 6.1　图的示例

在一个图中，边的顶点是无序对，则称该图为无向图。则以无序对 (V_i, V_j) 表示 V_i 和 V_j 之间的一条边（Edge），此时的图称为无向图（Undigraph），如图 6.1(b) 所示。

图 G_1 可以表示成：

$G_1 = (V, E)$；

$V = \{V_1, V_2, V_3, V_4\}$；

$E = \{<V_1, V_4>, <V_1, V_2>, <V_3, V_1>, <V_4, V_3>\}$。

图 G_2 可以表示成：

$G_2 = (V', E')$；

$V' = \{V_1, V_2, V_3, V_4, V_5\}$；

$E' = \{(V_1, V_3), (V_1, V_5), (V_2, V_4), (V_2, V_5), (V_3, V_2), (V_3, V_5)\}$。

在图的讨论中，不考虑顶点到自身的边，即若 $<V_1, V_2>$ 是 G 的弧，则 $V_1 \neq V_2$ 并且不允许重复出现。

(2) 完全图

完全图要把图按照有向图和无向图分别进行描述。

在一个无向图中，如果任意两顶点都有一条直接边相连接，则称该图为无向完全图。在含有 n 个顶点的无向完全图中，其边数等于 $n(n-1)/2$。

在一个有向图中，如果任意两顶点之间都有方向互为相反的两条弧相连接，则称该图为有向完全图。在含有 n 个顶点的有向完全图中，有 $n(n-1)$ 条边。

(3) 稀疏图和稠密图

有很少条边的图称为稀疏图，反之称为稠密图。

(4) 邻接点

对于无向图 $G=(V, E)$，若边 $(V_i, V_j) \in E$，则称顶点 V_i 与 V_j 互为邻接点，即 V_i 与 V_j 相邻接。

(5) 度

在无向图中，顶点 V 的度（Degree）是与 V 相关联的边（弧）的数目，记做 TD(V)。在图 6.1(b) 的 G_2 中 $TD(V_5) = 3$。

若 G 是一个有向图，则把以结点 V 作为终端的弧的数目称做 V 的入度 ID(V)；把以 V 作为起始点弧的数目称为 V 的出度 OD(V)，则有以下关系：

$TD(V) = ID(V) + OD(V)$

在图 6.1(a) 的 G_1 中，$ID(V_1)=1$，$OD(V_1)=2$，$TD(V_1)=3$。

一般地，在有 n 个顶点的图中，存在边或弧的数量（e）和度的关系为

$$e=\frac{1}{2}\sum_{i=1}^{n}TD(V_i)$$

（6）子图

图 G=（V，E），G′=（V′，E′）中，V′⊆V，E′⊆E，并且 E′中的边所关联的结点都在 V′中，则称图 G′是图 G 的子图。例如，图 6.2 分别给出图 G_1 和 G_2 的几个子图。

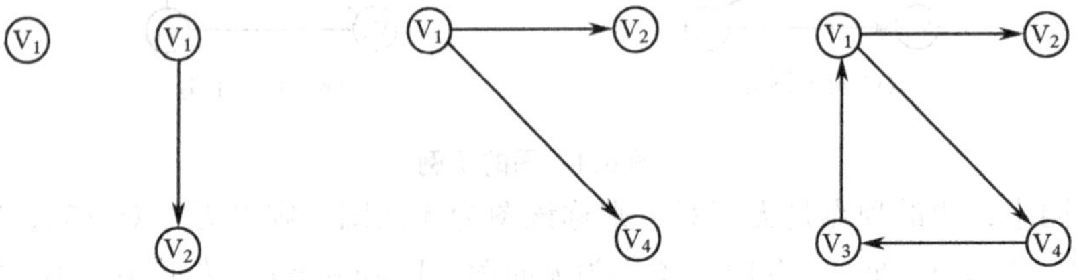

(a) 有向图 G_1 的子图

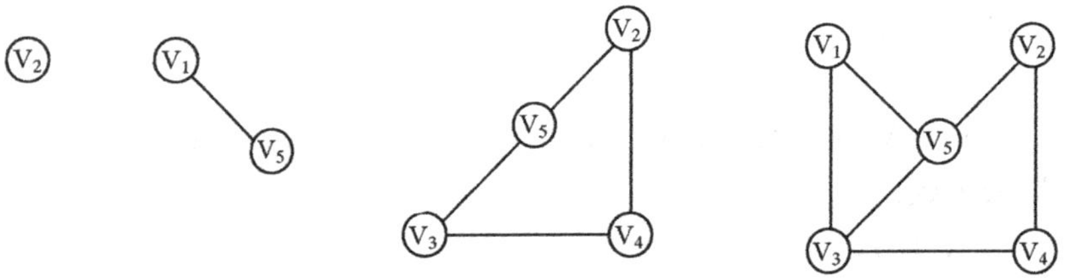

(b) 无向图 G_2 的子图

图 6.2　子图的实例

（7）路径与回路

在图 G=（V，E）中，顶点 V_p 到顶点 V_q 之间的路径（Path）是指顶点序列 V_p，V_{i1}，V_{i2}，…，V_{im}，V_q。其中，（V_p，V_{i1}），（V_{i1}，V_{i2}），…，（V_{im}，V_q）分别为图中的边。路径上边的数目称为路径长度。

在路径上，第一个顶点和后一个顶点相同的路径，称为回路或者环。序列中顶点不重复出现的路径称为简单路径。除第一个顶点与最后一个顶点之外，其他顶点不重复出现的回路称为简单回路或者简单环。例如，在图 6.2(a) 的 G_1 中，$V_1 \to V_4 \to V_3 \to V_1$ 构成一个简单回路。

（8）连通图与连通分量

对无向图 G=(V，E) 而言，若从 V_i 到 V_j 有一条路径，则称 V_i 和 V_j 是连通的；若图 G 中任意两个结点都是连通的，则称无向图 G 是连通图的。

无向图中的极大连通子图称为该无向图的连通分量。

例如，图 6.1(b) 中的 G_2 是连通图。图 6.3 中无向图 G_3 是非连通图，它有两个连通分量。

在有向图 G=(V，E) 中，若对于每对顶点 V_i，V_j 且 $V_i \neq V_j$，从 V_i 到 V_j 和 V_j 到 V_i 都有路径，则称该有向图为强连通图。有向图的极大强连通图子图称做有向图的强连通分量，如图 6.1(a) 中 G_1 不是强连通图，其强连同分量如图 6.4(a) 所示。图 6.4(b) 中有向图 G_4 是强连通图。

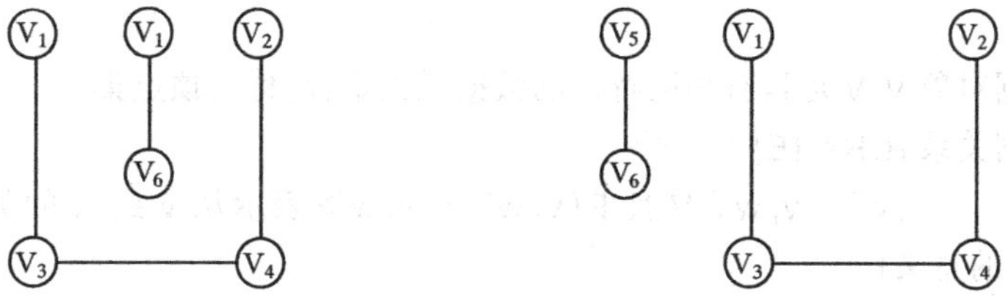

(a) G_3　　(b) G_3 的两个连通分量

图 6.3　连通分量示例一

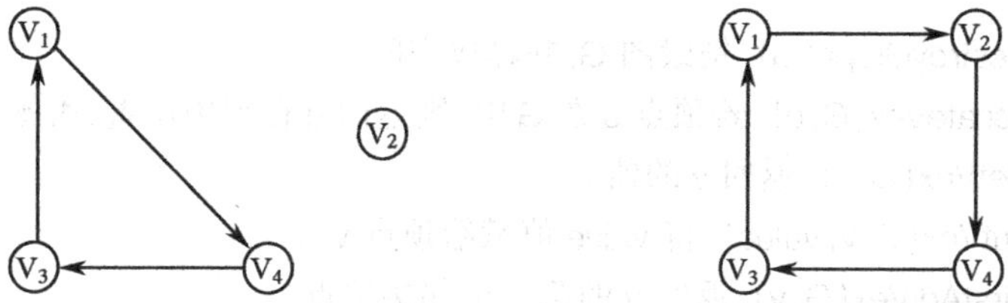

(a) 有向图 G_1 的连通分量　　(b) 强连通图 G_4

图 6.4　连通分量示例二

(9) 权与网

与边有关的数据信息称为权。例如，在城市交通图中，权可以表示从一个顶点到另一个顶点的距离；电路图中可以表示两个端点之间的电阻、电流等信息。

带权的图称为网（Network）。网分为无向网和有向网。

(10) 生成树

生成树是无向连通图的一个极小连通子图，它含有图中的全部顶点和任意顶点都连通的最少的边，如图 6.5(a) 所示是 G_2 的生成树。若在一棵生成树上添加一条边，则必定形成一个环（因为添加的这条边的两个顶点之间有了第二条路径）。在无向图中，一棵有 n 个顶点的生成树有且仅有 n－1 条边。若图中多于 n－1 条边，则一定有回路。但是有 n 个顶点和 n－1 条边的图并不一定是连通图，

非连通图可以生成多个生成树。如图 6.5(b) 所示是 G_3 的生成森林。

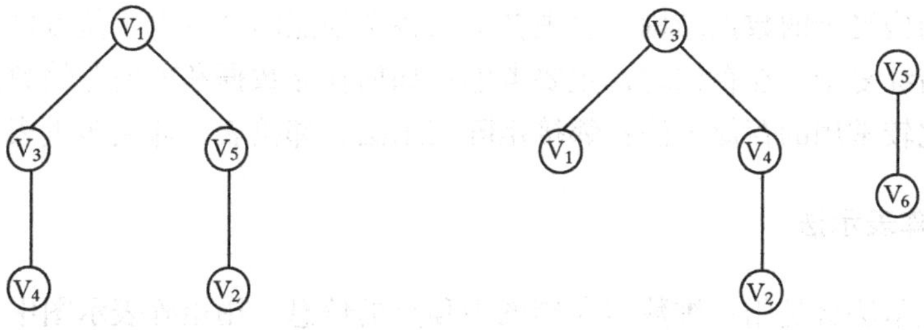

(a) G_2 的生成树　　(b) G_3 的生成森林

图 6.5　G_2 的生成树

6.1.2　图的逻辑结构

图的抽象数据类型定义如下。

ADT Graph

{

数据对象 V:V 是具有相同特性的数据元素集合,称为顶点集。

数据关系 R:R={E}

ER={＜v, w＞|v, w∈V 且 P(v, w), ＜v, w＞表示从 v 到 w 的弧, P(v, w)定义弧＜v, w＞的意义}

基本操作如下。

① CreateGraph(G, V, E)。V 是图的顶点集, E 是图中边的集合。按照 V 和 E 的定义构造图 G。

② DestroyGraph(G)。销毁图 G,并释放空间。

③ LocateVex(G, u)。若顶点 u 在 G 中,则返回 u 在图中位置;否则,返回零。

④ GetVex(G, v)。返回 v 的值。

⑤ PutVex(G, v, value)。将 value 值赋给顶点 v。

⑥ FirstAdjVex(G, v)。返回 v 的第一个邻接顶点。

⑦ NextAdjVex(G, v, w)。返回 v(相对于 w)的下一个邻接顶点。若 w 是 v 的最后一个邻顶点,则返回"空"。

⑧ InsertVex(G, v)。在图 G 中增添新顶点 v。

⑨ DeleteVex(G, v)。删除 G 中顶点 v 及其相应的关系。

⑩ InsertArc(G, v, w)。在 G 中增添弧＜v, w＞,若 G 是无向的,则还增添对称弧＜w, v＞。

⑪ DeleteArc(G, v, w)。在 G 中删除弧＜v, w＞,若 G 是无向的,则还删除对称弧＜w, v＞。

⑫ DFSTraverse(G, v)。从顶点 v 开始深度优先遍历图 G。

⑬ BSFTraverse(G, v)。从顶点 v 开始广度优先遍历图 G。

}ADTGraph

6.2 图的存储结构

图是一种结构复杂的数据结构，表现在不仅各个顶点的度可以千差万别，而且顶点之间的逻辑关系也错综复杂，在存储时，主要考虑：如何存储数据和如何存储数据之间的关系。

图有四种比较常用的存储方法：邻接矩阵表示法、邻接表、邻接多重表、十字链表。

6.2.1 邻接矩阵表示法

邻接矩阵表示法就是用一维数组存储图中顶点的信息，用矩阵表示图中各顶点之间的邻接关系。矩阵中的数据元素表示为 0，1（若是带权图，则可以使用权值表示）。表示顶点之间关系的矩阵称为邻接矩阵。若 G 是有 n 个顶点的图，则 G 的邻接矩阵是一个 n×n 的矩阵，矩阵的元素为：

$$A[i][j]=\begin{cases}1, & \text{若}\ (v_i,\ v_j)\ \text{或} < v_i,\ v_j > \text{是 G 的边;} \\ 0, & \text{若}\ (v_i,\ v_j)\ \text{或} < v_i,\ v_j > \text{不是 G 的边。}\end{cases}$$

图 6.1 中的 G_1 和 G_2 的邻接矩阵分别表示为 A_1 与 A_2 矩阵，矩阵的行、列号对应于图的顶点号。

$$G_1\text{ 的邻接矩阵 }A_1=\begin{bmatrix}0&1&0&1\\0&0&0&0\\1&0&0&0\\0&0&1&0\end{bmatrix}$$

$$G_2\text{ 的邻接矩阵 }A_2=\begin{bmatrix}0&0&1&0&1\\0&0&0&1&1\\1&0&0&1&1\\0&1&1&0&0\\1&1&1&0&0\end{bmatrix}$$

从图的邻接矩阵存储方法容易看出这种表示具有以下特点。

① 无向图的邻接矩阵一定是一个对称矩阵。因此，在具体存放邻接矩阵时，只需要存放上（或下）三角矩阵的元素即可，需要 $n(n+1)/2$ 个存储单元。

② 对于无向图，邻接矩阵的第 i 行（或第 i 列）非零元素（或非∞元素）的个数正好是第 i 个顶点的度 $TD(v_i)$。

③ 对于有向图，邻接矩阵的第 i 行（或第 i 列）非零元素（或非∞元素）的个数正好是第 i 个顶点的出度 $OD(v_i)$（或入度 $ID(v_i)$）。

④ 用邻接矩阵方法存储图，很容易确定图中任意两个顶点之间是否有边相连；但要确定图中有多少条边，则必须按照行、列对每个元素进行检测，所花费的时间代价很大。

图的邻接矩阵存储表示如下。

```
#define INFINITY
#define MAX_V_N 20 /* 最大顶点个数 */
typedef enum {DG, DN, UDG, UDN} GRaphKind; /* {表示图的种类} */
typedef struct ArcCell /* 定义图的邻接矩阵 */
{
  VRType adj; /* VRType 是顶点关系类型 */
  InfoType *info; /* 弧相关信息指针 */
} ArcCell.AdjMatrix[MAX_V_N][MAX_V_N];
typedef struct /* 图的邻接矩阵表示法的数据类型 */
{
  VertexType vexs[MAX_V_N]; /* 顶点数据 */
  AdjMatrix arcs; /* 邻接矩阵 */
  int vexnum, arcnm; /* 图的当前顶点数和弧数 */
  GraphKind kind; /* 图的种类标志 */
} MGraph;
```

用邻接矩阵为存储结构的图的相关算法如下。

```
int LocateVertex(MGraph G, VertexType v) /* 给定图 G 求顶点 v 的位置 */
{
  i=0;
```

```
    while (i<G->vexnum && G->vexs[i]!=v) i++;
    if (G->vexs[i]==v) return i;
    else return ERROR;
    }
Status Create_DN(MGraph G) /*采用邻接矩阵表示法,构造有向网 G*/
{
    /*IncInfo 为 0 则各弧不含其他信息*/
    scanf(&G.vexnum, &G.arcnum, &IncInfo);
    for (i=0;i<G.vexnum; i++) sanf(&G.vexs[i]);/*构造顶点向量*/
    for (i=0;i<G.vexnum; i++)/*初始化邻接矩阵*/
    for (j=0;j<G.vexnum; j++) G.arcs[i][j]={INFINITY, NULL};
    for (k=0;k<G.vexnum; k++) /*构造邻接矩阵*/
    {
      scanf(&v1, &v2, &w);/*输入一条边依附的顶点及权值*/
      i=LocateVex(G,v1);j=LocateVex(G,v2);/*确定 v1 和 v2 在 G 中位置*/
      G.arcs[i][j].agj=w;/*弧<v1,v2>的权值*/
      if (IncInfo) Input(*G.azrcs[i][j];)/*若弧含有相关信息,则输入*/
    }
    return OK;
}
```

对于无向网的建立，则需要 G.arcs[i][j].agj= G.arcs[j][i].agj=w。而对于无向图和有向图，只需要初始化邻接矩阵时，设置为 0；构造邻接矩阵时，将对应的 w 写成 1 就可以了。

6.2.2　邻接表

邻接表是图的一种顺序存储与链式存储结合的存储方法。利用向量存储结点的信息，利用链表存储弧或边的信息。

用邻接矩阵表示图占用的存储单元个数只与图的结点个数有关，而与边的数目无关。一个有 n 个结点的稀疏图的邻接矩阵中就有很多零元素，占用许多空间存储零元素当然浪费。用邻接表表示图，占用的存储单元不但与图中结点个数有关，而且与边数有关，表示 n 个顶点的图。若边数少，则占用的存储单元也少。

① 顶点数据表。由所有顶点数据信息以顺序结构的向量表形式存储，一个表目对应于图的一个结点。顶点结点既需要描述结点的基本信息，还需要引导以该顶点为弧尾（起始点）的边或弧建立的链表。每个顶点结构包含两部分；一部分表示数据，可以是数据或指向结点数据的指针（data）；另一部分表示边或弧的指针（firstarc），该指针指向以该顶点为弧尾的第一条弧，通过这个指针便可以访问相邻的任一顶点。表示结点的结构如图 6.6 中顶点结点结构所示。

② 表示边的链表。图中有 n 个顶点，就有 n 个表示边的链表，其中第 i 条链是由与第 i 个顶点相邻的边构成的链表。图的每个顶点都有一个边链表，这个链表的表头是顶点数据表

中第 i 个表目的指针域。边链表中结点的结构如图 6.6 中表结点结构所示。它由 3 部分组成，邻接点域（adjvex）：用于存放 v_i 出发的边或弧的弧头（终端结点）所在的顶点表中位置；链指针域（nextarc）用于指向以顶点 v_i 为弧头的下一条边或弧；数据域（info）用于存放与边或弧相关的信息，比如权值。

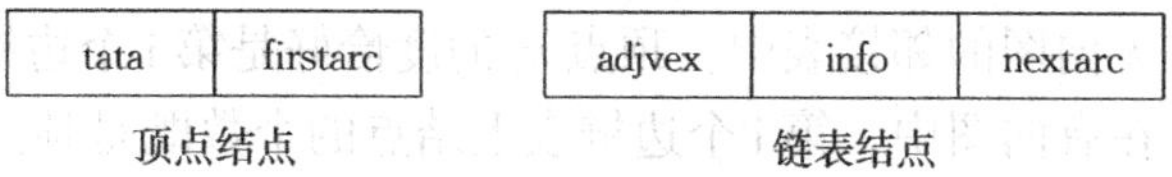

图 6.6　邻接表结点的结构

图 6.7 为表示 G_1 的邻接表，图 6.8 为 G_2 的邻接表。

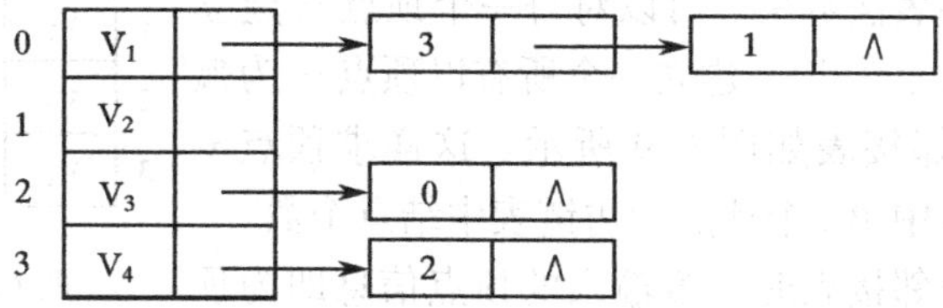

图 6.7　G_1 的邻接表

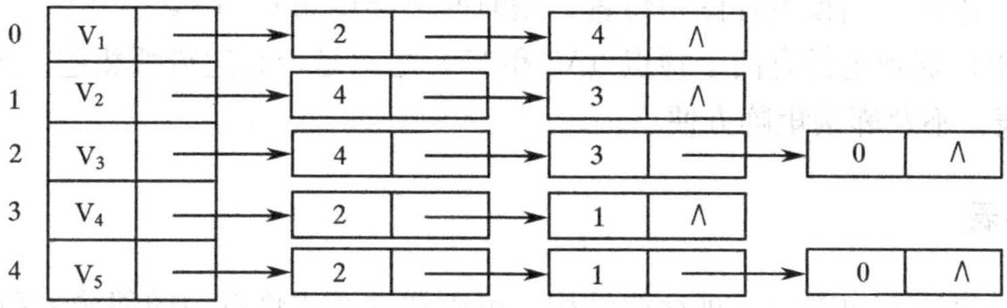

图 6.8　G_2 的邻接表

一个图的邻接表存储结构说明如下。

```
typedef struct ArcNode
{
    int adjvex; /＊该弧头顶点的位置＊/
    struct ArcNode ＊nextarc; /＊指向相同弧尾的下一条弧的指针＊/
    IntfoType ＊info; /＊该弧相关信息的指针＊/
} ArcNode;
typedef struct VNode
{
    VertexType data; /＊顶点数据信息＊/
    ArcNode firstarc; /＊指向第一条以该点为弧尾的弧＊/
} AdjList [MAX];
Typedef struct
{
    AdjList vertices;
    int vexnum, arcnum; /＊图的顶点数和弧数＊/
    int kind; /＊图的种类标志＊/
} ALGraph;
```

采取邻接表作为存储结构的特点如下。

① n 个顶点 e 条边的无向图。如采取邻接表作为存储结构，需要 n 个顶点数据 Vnode 和 2e 个表示边的结点 ArcNode。显然，在边很稀疏，即 e 远小于 $n(n-1)/2$ 的情况下，用邻接表存储所需的空间比邻接矩阵所需的空间少。

② 无向图度。在无向图的邻接表中，顶点 v_i 的度恰好是第 i 个边链表上结点的个数。

③ 有向图的度。在有向图中，第 i 个边链表上结点的个数既是顶点 v_i 的出度，也是第 i 个边链表上结点的个数。

但要求出顶点的入度需要遍历整张邻接表，时间复杂度增加。可以使用逆邻接表法解决，可以对每一个顶点 v_i 建立一张逆邻接表，即对每个项点 v_i 建立一个所有以顶点 v_i 为弧头的弧的表，G_1 的逆邻接表如图 6.9 所示。这样求顶点 v_i 的入度即是求逆邻接表中第 i 个顶点的边链表中结点个数。

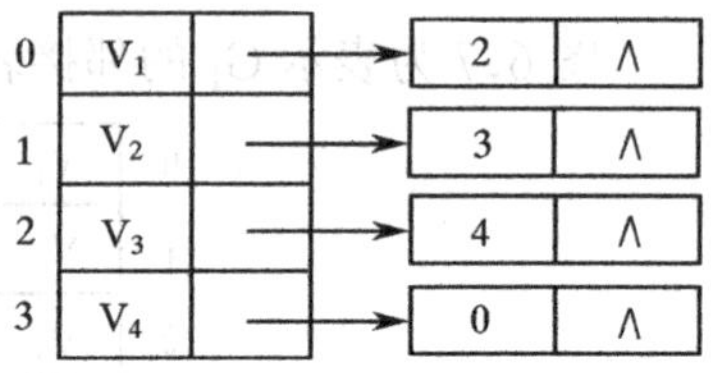

图 6.9　G_1 的逆邻接表

在建立邻接表或逆邻接表时，若输入的顶点信息即为顶点的编号，则建立邻接表的时间复杂度为 $O(n+e)$；否则，需要通过查找，才能得到顶点在图中位置，则时间复杂度为 $O(n\times e)$。

在邻接表中，要判定任意两个顶点（V_i 和 V_j）之间是否有边或弧相连，则需要搜索第 i 个或第 j 个链表，不及邻接矩阵方便。

6.2.3　十字链表

十字链表是表示有向图的一种存储结构。可以把它看成将有向图邻接表和逆邻接表结合起来形成的一种存储形式。有向图中的每一条弧或边对应十字链表中的一个弧结点，有向图中的每个顶点在十字链表中对应一个顶点结点。这两类结点构成十字链表的存储结构，如图 6.10 所示。

data	firstin	Firstout

顶点结点

tvex	hvex	hlink	tlink	info

弧结点

图 6.10　十字链表的结点

在顶点结点中，data 用于存储与顶点有关的信息，如顶点的名字等；firstin 用于指向该顶点作为弧头的第一条弧；firstout 用于指向该顶点作为弧尾的第一条弧。在弧结点中，tvex 用来表示弧尾顶点的位置；hvex 用来表示弧头顶点的位置；hlink 指向以 hvex 为弧头结点的下一条弧；tlink 指向以 tlvex 为弧尾结点的下一条弧；info 用来描述弧的相关信息。

图 6.11(b) 是图 6.11(a) 的十字链表。

有向图的十字链表存储结构如下。

```
typedef struct ArcBox /*图中弧结点定义*/
{
    int tvex, hvex; /*弧依附于顶点的下标*/
    struct ArcNode *hlink, *tlink; /*分别指向弧头相同和弧尾相同的弧*/
    InfoType *info;/*该弧相关信息的指针*/
}ArcBox;
```

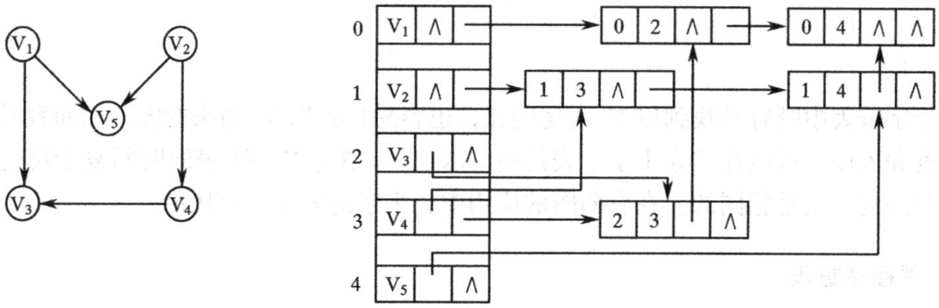

(a) 有向图 G_5　　　　(b) G_5 的十字链

图 6.11　十字链表的示例

```
typedef struct VexNode /*图中每个顶点定义*/
{
    VertexType data;
    ArcBox *firstin, *firstout; /*分别指向第一条入弧和第一条出弧*/
}Vexnode;
typedef struct
{
    VexNode vlist[MAX]; /*表头向量*/
    int vexnum,arcnum; /*有向图的当前顶点数和弧数*/
} OrGraph;
```

建立有向图的十字链表，算法如下。

```
Status Create_DG(OrGraph *G) /*采用十字链表存储表示,构造有向图 G*/
{
    scanf(&G.vexnum,&G.arcnum); /*输入顶点和弧的个数*/
    for(i=0;i<G.vexnum;i++) /*构造顶点数据表*/
    {
      scanf(&G.vlist[i].data); /*输入每个顶点数据*/
      G.vlist[i].firstin=NULL; /*初始化指针*/
      G.vlist[i].fristout=NULL;
    }
    for(k=0;k<G.arcnum; k++) /*输入各条弧并构造十字链表*/
    {
      scanf(&v1,&v2); /*输入一条弧的起点和终点*/
      i=LocateVex(G,v1);
      j=LocateVex(G,v2);/*确定 v1 和 v2 在 G 中的序号*/
      p=(ArcBox *)malloc(sizeof(ArcBox));/*开辟空间,存储弧*/
      *p={i,j,G.vlist[j].firstin,G.vlist[i].firstout,NULL}/*对弧赋值*/
      G.vlist[j].firstin=G.vlist[i].firstout=p;/*为逆序创建弧链表插入节点*/
      Scanf(*p->info); /*输入弧相关的信息*/
```

```
        }
    }
```

在十字链表中既容易找到以 V_i 为尾的弧，也容易找到以 V_i 为头的弧，因而容易求得顶点的出度和入度（可以在建立十字链表的同时求出）。创建十字链表的时间复杂度与创建邻接表的时间复杂度是相同的。在有向图的应用中，十字链表是很有用的。

6.2.4　邻接多重表

邻接多重表是无向图的一种存储结构。

如果用邻接表表示无向图，每一条边（V_i，V_j）在邻接表中都对应两个链表中的结点，它们分别在第 i 个边链表和第 j 个边的两条链表中。这样不仅浪费了存储空间，也给一些操作带来不便，如删除某条边，则需要分别在两个链表中删除结点。

邻接多重表解决了这个问题，将图中一条边用一个结点来表示，边结点结构如图 6.12(b) 所示，图中的每个顶点也对应一个顶点结点，结构如图 6.12(a) 所示。

data	firstedge

(a) 顶点结点

mark	ivex	ilink	jvex	jlink	info

(b) 边结点

图 6.12　邻接多重表的结点

在顶点结点中，data 存储与顶点有关的信息；firstedge 指向第一条依附于顶点的边。在边结点中，mark 用来标记是否被访问过；ivex 为该边依附的一个顶点在图中的位置；ilink 指向下一条依附于顶点 ivex 的边；jvex 为该边依附的另一个顶点在图中的位置；jlink 指向下一条依附于顶点 jvex 的边；info 为该边信息指针。图 6.13 描述的是 G_2 对应的邻接多重表。

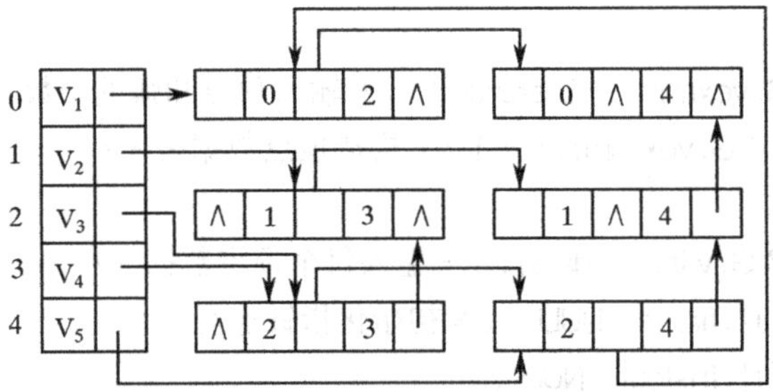

图 6.13　G_2 对应的邻接多重表

在邻接多重表中，所有依附于同一顶点的边串联在同一链表中，由于每条边依附于两个顶点，则每个边结点同时连接在两个链表中。对无向图而言，其邻接多重表和邻接表的差别在于同一条边在邻接表中用两个结点表示，而在邻接多重表中只有一个结点。因此，除了在边结点中添加一个标记域外，邻接多重表所需要存储的信息与邻接表相同。在邻接多重表上，各种基本操作的实现也和邻接表相似。

无向图的邻接多重表的存储结构如下。

```
#defin MAX_VERTEX_NUM/ * 最大顶点个数 * /
typedef emnu {unvisited, visited} VisitIf;
```

```
typedef struct Ebox /*边的定义*/
{
    VisitIf mark; /*访问标记*/
    int ivex,jvex; /*该边依附的两个顶点的位置*/
    struct EBox *ilink,*Jlink; /*分别指向依附这两个顶点的下一条边*/
    InfoType *info; /*该边信息指针*/
}EBox;
typedef struct VexBox/*顶点定义*/
{
    VertexType data;
    EBox *firstedge; /*指向一条依附该顶点的边*/
}VexBox;
typedef struct
{
    VexBox adjmulist[MAX];
    int vexnum,edgenum;/*顶点数和边数*/
} ANLGraph;
```

以邻接多重表为存储结构的创建操作与十字链表相似，此处不再描述。

上面介绍了四种存储方法，邻接矩阵和邻接表既可以存储有向图，也可以存储无向图，其中十字链表是针对有向图的存储方式，邻接多重表是针对无向图的存储方式。针对不同图的操作，四种存储方式各有利弊，可以根据实际问题来选择合适的存储结构。

6.3 图的遍历

图的遍历是指从图中的任一顶点出发，对图中的所有顶点访问一次且只访问一次。图的遍历是图的一种基本操作，图的许多其他操作都建立在遍历操作的基础之上。

由于图中结点之间的关系是任意的，所以图的遍历要比树的遍历复杂，主要表现在以下四个方面。

① 在图结构中，没有一个明显的首结点，图中任意一个顶点都可以作为第一个被访问的结点，所以需要提供首结点。

② 在非连通图中，从一个顶点出发，只能够访问它所在的连通分量上的所有顶点，因此，还需要考虑如何选取下一个出发点，以访问图中其余的连通分量。

③ 在图结构中，可能有回路存在，那么一个顶点被访问之后，有可能沿着回路又回到该顶点，在访问之前，需要判断结点是否已经被访问过。

④ 在图结构中，一个顶点可以和其他多个顶点相连，当这样的顶点被访问过后，存在如何选取下一个要访问的顶点的问题。

因此，在遍历图时，为了保证图中各顶点在遍历过程中访问且仅一次，需要为每个顶点设计一个访问标记，设置一个数组，用于标示图中每个顶点被访问过，它的初始值全部为

0，表示顶点均未被访问过；某个顶点被访问后，将相应访问标志数组中的值设为 1，以表示该顶点已经被访问过。

通常，图中的遍历有两种：一种是深度优先搜索遍历，另一种是广度优先搜索遍历。

6.3.1 深度优先搜索

深度优先搜索（Depth First Search）是按照深度方向搜索，它类似于树的先根遍历。深度优先搜索的基本思想如下。

① 假定从某个顶点 V_i 出发，先访问 V_i。

② 找出顶点 V_i 的第一个未被访问的邻接点 V_j，然后访问顶点 V_j，再以 V_j 为出发点继续访问 V_j 的第一个未被访问的邻接点。重复本步操作，直到顶点的所有邻接点都被访问为止。

③ 返回前一个访问过的且仍有未被访问的邻接点的顶点，找出并访问该顶点的一个未被访问的邻接点，然后执行步骤②，否则，执行步骤④。

④ 若此时图中还有顶点未被访问，则选图中一个未被访问的顶点作为起始点，重复上述描述过程，直至图中所有顶点均被访问过为止。

对图 G_2 进行深度优先搜索遍历的结果为：$V_1 \rightarrow V_3 \rightarrow V_4 \rightarrow V_2 \rightarrow V_5$。遍历过程如图 6.14（a）所示。

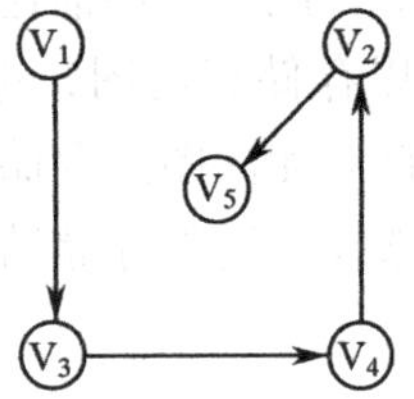

(a) 深度优先搜索遍历 G_2

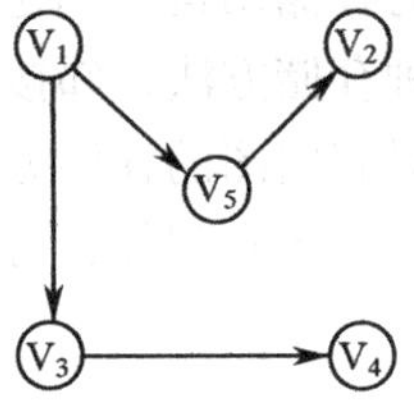

(b) 广度优先搜索遍历 G_2

图 6.14 图的遍历

图的遍历算法如下。

```
int visited[MAX];
void Traver(Graph G)
{
  for (i=0; i<G.vexnum; i++)/*初始化*/
    visited[i]=0;
  for (i=0; i<G.vexnum; i++)
    if(!visited[i]) /*如果 vi 没访问,就从 vi 开始深度遍历*/
      DFS(G, i);
  }
```

其中从 v 出发的递归过程如下。

```
void DFS(Graph G, int i)
{
```

```
    printf(i);
    visit[i]=1; /*w为邻接点*/
    for(w=FirstAdjVex(G,i);w;w=NextAdjVex(G,i,w))
      if(!visited[w])
        DFS (G, w);
}
```

图遍历的过程实质上是对每个顶点搜索其邻接点的过程。用邻接矩阵表示图时，搜索一个顶点需要花费 O(n)，则对于 n 个顶点的图进行深度优先搜索的时间复杂度为 $O(n^2)$。当使用邻接表来存储图时，其深度优先搜索的时间复杂度为 O(n+e)。

从算法的操作过程可以知道，深度优先搜索的顺序与存储结构和算法本身相关，结果不是唯一的。例如，图 G_2 进行深度优先搜索遍历的结果也可能是：$V_1 \to V_5 \to V_2 \to V_4 \to V_3$，可以试着写出其他情况。

6.3.2　广度优先搜索

广度优先搜索（Breadth First Search）是按照广度方向搜索，广度优先搜索访问完当前顶点所有的邻接点，再去寻找与邻接点相邻的下一层的其他顶点，它类似于树的层次遍历。广度优先搜索的基本思想如下。

① 从图中某个顶点 V 出发，首先访问 V。

② 依次访问 V 的各个未被访问的邻接点。

③ 分别从这些邻接点出发，依次访问各个未被访问的邻接点。

访问时保证：若 V_i 和 V_j 为当前结点，且 V_i 和 V_j 之间被访问，则 Vi 的所有未被访问的邻接点应在 V_k 的所有未被访问的邻接点之前访问。重复步骤③，直到所有结点均没有未被访问的邻结点为止。

④ 若此时还有顶点未被访问，则继续选一个未被访问的顶点作为起始点，重复上述过程，直至所有顶点均被访问过为止。

对图 G_2 进行广度优先搜索遍历的结果为：$V_1 \to V_3 \to V_5 \to V_4 \to V_2$。遍历过程如图 6.14（b）所示。

广度优先遍历的算法如下。

```
void Traver(Grapg G)
{
    for (i=0; i<vexnum; i++)/*初始化*/
      visited[i]=0;
    for (i=0; i<vexnum; i++)
      if (!visited[i]) BFS(G, i);
}
void BFS(Graph G, int i) /*从v出发广度优先遍历图G*/
{
    printf (i);
```

```
visited[v]=1;
Initqueue(Q); /*初始化设置完队列 Q*/
Enqueue(Q,i); /*i进队列 Q*/
while (!Emptyqueue(q))
{
  V=Dequeue(Q); /*队头元素 v 出队列*/
  for(w=FirstAdjVex(G,v);w>=0;w=NextAdjVex(G,u,w))
    if (!visited[w])
    {
      printf (i);visited[w]=1;
      Enqueue(Q,w);
    }/* end of if */
  } /*enf of while */
}
```

如果图采用邻接表方式存储，广度优先搜索算法的时间复杂度为 O(n+e)。如果图采用邻接矩阵方式存储，广度优先搜索算法的时间复杂度为 $O(n^2)$。

可以利用广度优先搜索和深度优先搜索来判断图是否连通。如果仅需要调用一次搜索过程，就能从任一个顶点出发，遍历图中的各个顶点，说明这个图是连通图；否则，是非连通图。

6.4 最小生成树

前面已经介绍了生成树和生成森林的概念。本节主要介绍最小生成树的求解算法和应用。

6.4.1 最小生成树

设 G 为连通图，E(G) 为所有边的集合，则从图中任一顶点出发遍历图时，必定将 E(G)分成两个集合 T(G) 和 B(G)，其中 T(G) 是遍历图过程中历经的边的集合；B(G) 是剩余的边的集合。显然，T(G) 和图 G 中所有顶点一起构成连通图 G 的极小连通子图，按照 6.1 节的定义，它是连通图的一棵生成树，且图的生成树不是唯一的。由深度优先搜索得到的为深度优先生成树；由广度优先搜索得到的为广度优先生成树。例如，图 6.15(b) 和 (c) 所示分别为连通图 G_6 的深度优先生成树和广度优先生成树。图中虚线为集合 B(G) 中的边，实线为集合 T(G) 中的边。

对于有 n 个顶点的无向连通图，至少有 n－1 条边，而生成树恰好有 n－1 条边，所以生成树是图的极小连通子图。

如果无向连通图是一个网，那么它的所有生成树中必有一棵边的权值总和最小的生成树，称这棵生成树为最小生成树 (Minimum Cost Spanning Tree)。

假设某高等学校已经确定了网络管程中心的位置，要和其他楼宇进行网络连接，如何在

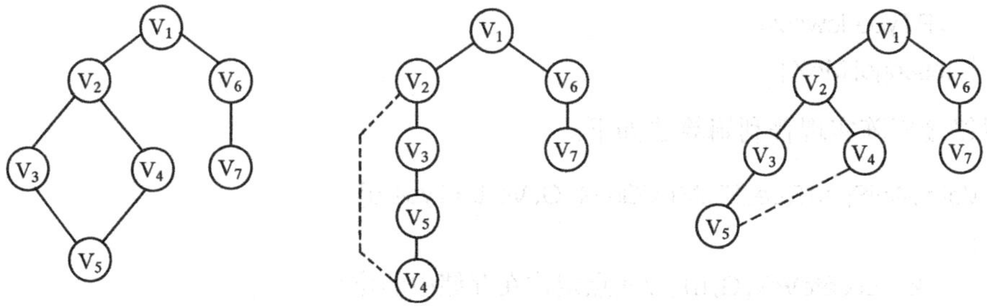

(a) 无向图 G_6　　(b) 深度优先生成树　　(c) 广度优先生成树

图 6.15 图的生成树

最节省费用的前提下，建立网络连接（网络连接费用只考虑线路费用)。在校园的楼宇之间，任何两个建筑都可以进行连接，如果要连接 n 个建筑，最多架设 n(n−1)/2 条光纤，最少也得 n−1 条光纤。那么如何确定 n−1 条光纤，使得总的耗费最少，这构造连通网的最小代价生成树的问题。

构造最小生成树可以有多种算法。其中多数算法利用最小生成树的 MST 性质：假设 G=(V, E)是一个连通网，U 是顶点集 V 的一个非空子集。若（u, v）是一条具有最小权值的边，其中 u∈U, v∈V−U，则一定存在一棵包含边（u, v）的树。

证明 （反证法)：设连通网上的一棵最小生成树 T 不包括边（u, v)，当将边（u, v）加入到 T 中时，由生成树的定义，T 中必须存在一条包含边（u, v）的回路。另一方面，由于 T 是生成树，则在 T 上必存在另一条边（u′, v′)，其中 u′∈U, v′∈V−U，且 u 和 u′之间、v 和 v′之间均有路径相通。删去边（u′, v′)，便可以消除上述回路，同时得到另一棵生成树 T′。因为（u, v）的代价不高于（u′, v′)，则 T′的代价也不高于 T，T′是包含（u, v）的一棵最小生成树。由此和假设矛盾。

可以利用 MST 性质来生成一个连通网的最小生成树。普里姆算法和克鲁斯卡尔算法便利用了这个性质。

6.4.2 普里姆算法

普里姆（Prim）算法的基本思想如下：假设 G=（V, E）是连通网，T=（U, TE）为预构成的最小生成树，TE 是最小生成树边的集合，U 是顶点集合。从 TE=Φ 和 U=$\{u_0\}$（u_0∈V）开始，重复执行下述操作：在所有 u∈U, v∈V−U 的边（u, v）∈E 中，找一条代价最小的边（u, v)，将边（u, v）加入集合 TE，同时 v 加入 U，直至 U=V 为止。此时 TE 中必有 n−1 条边，则 T=（V, TE）为 N 的最小生成树。

为了实现这种算法，需要附设一个辅助数组 closedge，以记录从 U 到 V−U 具有最小代价的边。对每个顶点 v_i∈V−U，在辅助数组中，存在一个相应分量 closedge[i−1]，它包括两个域，其中 lowcost 存储该边上的权，adjvex 域存储该边依附的在 U 中的顶点。显然

closedge[i−1] .lowcost=Min{cost(u, v_i)|u∈U)}

辅助数组 closedge 结构定义如下所述。

```
struct{
   VertexType adjvex;
```

```
    VRType lowcost;
}closedge[MAX];
```

使用邻接矩阵实现普利姆算法如下。

```
Void MiniSpanTree_PRIM(MGraph G, VertexType u)
{
    k=LocateVex(G,u); /* 点定位在存储中的位 */
    for (j=0;j<G.vexnum; ++j) /* 辅助数组初始化 */
    if (j!=k) closedge[j]={u,G.arcs[k][j].adj};
closedge[k].lowcost=0; /* 初始,U={u} */
for (i=1;i<G.vexnum; ++i) /* 选择 V-U 中其余 G.vexnum-1 个顶点 */
{
    k=minimum(closedge); /* 找到下一顶点,lowcost 域值最小 */
    printf(closedge[k].adivex,G.vexs[k]); /* 输出生成树的边 */
    closedge[k].lowcost=0; /* 第 k 顶点加入 U 集 */
    for (j=0;j<G.vexnum; ++j)
    if (G.arcs[k][j].adj<closedge[j].lowcost) /* 修改 closedge 数组 */
    closedge[j]={G.vexs[k],G.arcs[k][j].adj};
  }
}
```

例如，如图 6.16 所示为按照普里姆算法构造网的一棵最小生成树的过程，在构造过程中，辅助数组中各分量值的变化如表 6.1 所示。

表 6.1　　　　普里姆算法中变量的变化

closedeg ＼ i	1	2	3	4	5	U	V-U	k
adjvex lowcost	v_1 6	v_1 1	v_1 5			$\{v_1\}$	$\{v_2, v_3, v_4, v_5, v_6\}$	2
adjvex lowcost	V_3 5	 0	V_3 4	V_3 6	V_3 3	$\{v_1, v_3\}$	$\{v_2, v_4, v_5, v_6\}$	5
adjvex lowcost	V_3 5	 0	V_6 2	V_3 6	 0	$\{v_1, v_3, v_6\}$	$\{v_2, v_4, v_5\}$	3
adjvex lowcost	V_3 5	 0	 0	V_3 6	 0	$\{v_1, v_3, v_6, v_4\}$	$\{v_2, v_5\}$	1
adjvex lowcost	 0	 0	 0	V_2 3	 0	$\{v_1, v_3, v_6, v_4, v_2\}$	$\{v_5\}$	4
adjvex lowcost	 0	 0	 0	 0	 0	$\{v_1, v_3, v_6, v_4, v_2, v_5\}$	{ }	

其操作过程说明如下：先对数组 closedge 初始化。以 V_1 为起始顶点，$U=\{V_1\}$，$V-U=\{V_2, V_3, V_4, V_5, V_6\}$，losedge 记录和 V_1 相关的边，其中（V_1，V_3）的权值最小，因

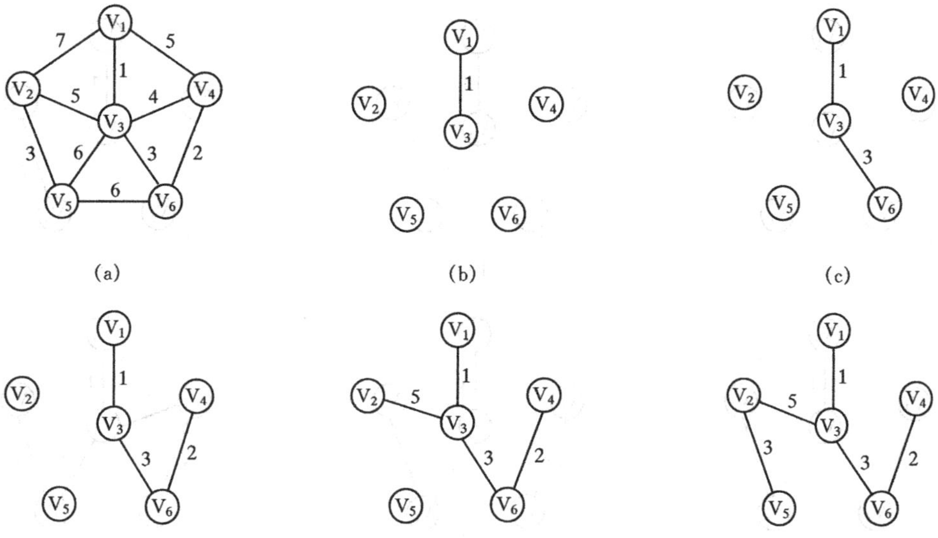

(a) (b) (c) (d) (e) (f)

图 6.16 普里姆算法构造最小生成树的过程

此取该边为第一条边，并将 $\mathbf{V}_3$ 加入到 U 中。继续确定和 U＝{V_1，V_3} 相关的边，选择权值最小的边（V_3，V_6）作为生成树的第二条边，把 V_6 加入的 U。确定和 U＝{V_1，V_3，V_6} 相关的边，选择权值最小的边（V_6，V_4）作为生成树的第三条边，把 V_4 加入的 U。确定和 U＝{V_1，V_3，V_6，V_4} 相关的边，选择权值最小的边（V_3，V_2）作为生成树的第四条边，把 V_2 加入的 U。确定和 U＝{V_1，V_3，V_6，V_4，V_2} 相关的边，选择权值最小的边（V_2，V_5）作为生成树的第五条边，把 V_5 加入的 U，此时 V－U＝Φ，结束操作。

普里姆算法初始化时，其时间复杂度为 O(n)；在选择边的时候，其时间复杂度为 $O(n^2)$；从总体来说，该算法时间复杂度为 $O(n^2)$。普里姆算法和边数无关，只和顶点的数量相关，所以适合求稠密网的最小生成树。

6.4.3 克鲁斯卡尔算法

克鲁斯卡尔（Kruskal）算法从另一途径求网的最小生成树。其基本思想是：假设连通网 G＝(V，E)，令最小生成树的初始状态为只有 n 个顶点而无边的非连通图 T＝(V，{ })，图中每个顶点自成一个连通分量。在 E 中选择代价最小的边，若该边依附的顶点分别在 T 中不同的连通分量上，则将此边加入到 T 中；否则，舍去此边而选择下一条代价最小的边。依此类推，直至 T 中所有顶点构成一个连通分量为止。

如图 6.17 所示为依照克鲁斯卡尔算法构造一棵最小生成树的过程。

使用克鲁斯卡尔算法需要对图的边进行访问，所以克鲁斯卡尔算法的时间复杂度只和边有关系，可以证明其时间复杂度为 O(eloge)。

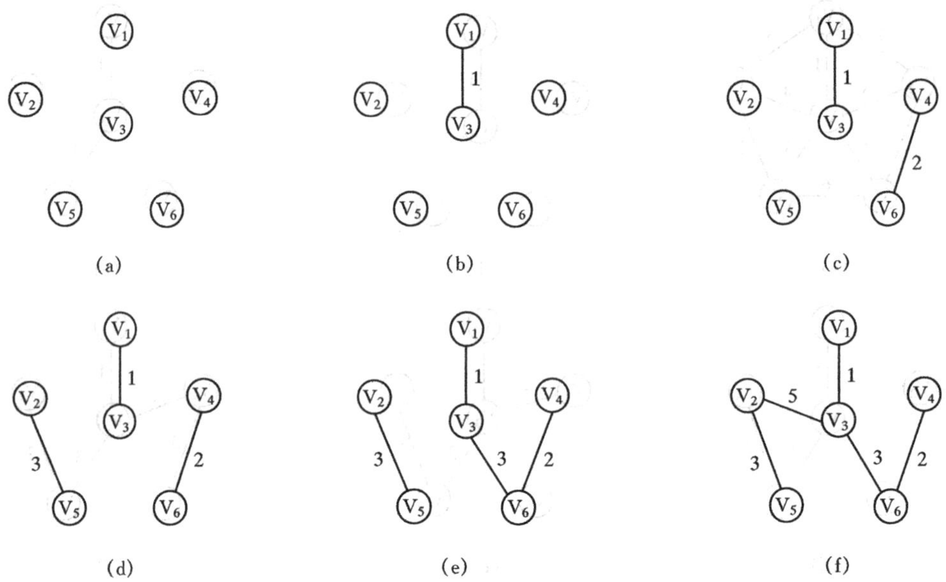

图 6.17　克鲁斯卡尔算法构造最小生成树的过程

6.5　有向无环图及应用

有向无环图（Directed Acyclic Graph）是指一个无环的有向图，简称 DAG。有向无环图可以用来描述工程或系统的进行过程，如一个工程的施工图、学生课程之间的制约关系图等。

用有向无环图描述一项工程的进行过程时，可以将工程分为若干个称做活动（Activity）的子工程，而这些子工程之间通常受到一定条件的约束，如其中某些子工程的开始必须在另一些子工程完成之后。对整个工程和系统，人们关心两方面的问题：一方面是工程能否顺利进行；另一方面是估算整个工程完成所必须的最短时间。在有向图上操作，即为求拓扑排序和关键路径。

6.5.1　拓扑排序

离散数学中有关于偏序和全序的定义如下。

若集合 X 上的关系 R 是自反的、反对称的和传递的，则称 R 是集合 X 上的偏序关系。

设 R 是集合 X 上的偏序，若对每个 x，$y \in X$，必有 xRy 或 yRx，则称 R 是集合 X 上的全序关系。

由某个集合上的一个偏序得到该集合上的一个全序，这个操作被称为拓扑排序。

直观地看，偏序指集合中仅有部分成员之间可以比较，而全序指集合中全体成员之间均可以比较。在如图 6.18(a) 所示的有向图中，弧$<V_1, V_2>$表示 V_1 优先于 V_2，所以图 6.18(a) 表示偏序。其中，顶点 V_2 和 V_3 是不可比较的，如果在顶点 V_2 和 V_3 之间建立优先关系，从而使得 V_2 和 V_3 是可以比较的，如图 6.18(b) 表示全序。弧$<V_2, V_3>$的建立操作便是拓扑排序，并且这个全序被称为拓扑有序。

(a) 偏序　　(b) 全序

图 6.18　偏序和全序

例如，某高等职业学校软件技术专业学生的必修课与其先行课关系如表 6.2 所示。

表 6.2　学生的必修课与其先行课关系

课程代号	课程名称	先行课
C_1	计算机应用基础	无
C_2	程序设计基础	C_1
C_3	网页制作	C_1
C_4	网页特效	C_3
C_5	数据库技术	C_1
C_6	C#数据库应用程序开发	C_2，C_5
C_7	C#面向对象程序设计	C_2
C_8	多层 WINFORM 程序设计	C_5，C_6，C_7
C_9	ASP.NET 程序设计	C_3，C_5，C_8

表 6.2 定义的课程之间的优先关系可以表示为图 6.19 所示的有向图，图中的弧表示课程之间的先后关系，例如 <C_1，C_3>表示计算机应用基础在网页制作之前开课。

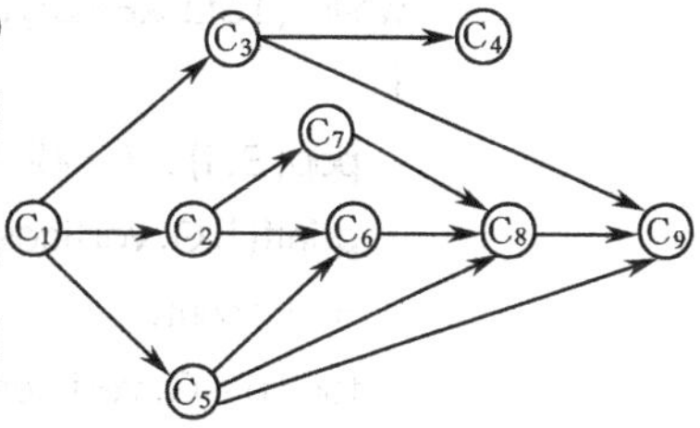

图 6.19　课程之间关系的有向图

类似课程先后关系的有向图，用顶点表示活动，用户表示活动之间的先后关系的有向图称为顶点表示活动的网 (Activity On Vetex Network)，简称为 AOV 网。

如何将这些课程安排在不同的学期进行，就需要对图 6.19 进行拓扑排序，并求出响应的拓扑序列。具体方法可以描述成：

① 在课程关系图中，选择一个没有前驱的顶点并且输出；

② 从图中删除该顶点和所有由它发出的弧，即以它为弧的弧。

重复上述两步，直至全部顶点都输出。

如图 6.19 所示课程关系的拓扑序列既可以是 $C_1 \to C_2 \to C_3 \to C_5 \to C_6 \to C_4 \to C_7 \to C_8 \to C_9$，也可以是 $C_1 \to C_2 \to C_5 \to C_3 \to C_4 \to C_6 \to C_7 \to C_8 \to C_9$。

由上述可知，一个有向图的拓扑序列不是唯一的。

拓扑序列求解的详细步骤可以从图 6.20 的过程中看出来。如图 6.20(a) 所示的 AOV 网的拓扑序列为 $V_5 \to V_1 \to V_2 \to V_3 \to V_4$。

为了实现上述思想，可以采用邻接表作为存储 AOV 网，并在表头结点增加一个入度

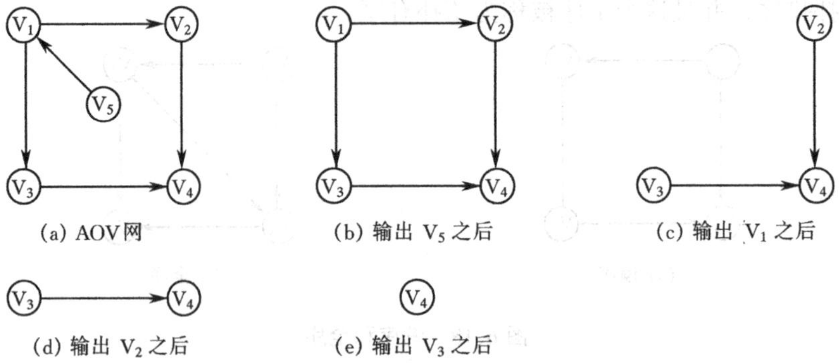

图 6.20 拓扑排序过程

域，存放各个顶点当前的入度，入度的值需要在用邻接表创建AOV网的时候累计。若入度为0，则可以输出并删除以该顶点为弧的弧，对应的弧头入度减1。为了避免重复检测入度为零的顶点，可以另设一栈，存放所有入度为零的顶点，由此可得拓扑排序的算法如下。

```
Status Topo_Sort(ALGraph G)
{
    FindInDegree(G, indegree);/*求对各顶点入度 indegree[0..vernum-1]*/
    InitStack(S); /*初始化零入度顶点栈 S*/
    for (i=0;i<G.vexnum; i++)
      if (!indegree[i]) Push(S, i);/*入度为零的顶点进栈*/
    count=0; /*输出顶点技术*/
    while (!StackEmpty(S))
    {
      pop(S, i); /*栈顶出栈*/
      printf(i, G.vertices[i].data);/*输出 i 号顶点并计数*/
      ++count;
      for (p=G.vertices[i].firstarc;p;p=p->nextarc)
      {
        k=p->adjvex; /*i 号顶点的每个邻接点的入度减 1*/
        if (!(--indegree[k])) Push (S, k);/*入度减为零压入栈*/
      }
    }
    if (count<G.vexnum) return ERROR; /*没有输出全部顶点则图有回路*/
    else return OK;
}
void FindInDegree(ALGraph G, int indegree[])/*求各顶点的入度*/
{
  for (i=0;i<G.vexnum;i++) indgree[i]=0; /*初始化各顶点的入度为零*/
  for (i=0;i<G.vexnum;i++)
  {
```

```
        p = G.vetexes[i].firstarc; /* 求出第 i 个顶点的第一条邻接弧 */
        while(p)
        {
          indegree[p->adjvex]++; /* 与第 i 个顶点相邻的顶点入度加 1 */
          p = p->nextarc;
        }
      }
    }
```

6.5.2　关键路径

在有向图中，如果用顶点表示事件，用弧表示活动，弧的权值表示活动所需要的时间，这种方法构造的用边表示活动的网（Activity On Edge Network），简称为 AOE 网。在工程计划和项目进度管理中，经常使用 AOE 网。通常可以利用 AOE 网计算哪些子项目是影响工程的关键活动，至少需要多长时间完成项目。

如果一个项目中有 7 个事件、9 次活动，并且事件之间的相互关系可以用 AOE 网描述，如图 6.21 所示，若要完成项目需要至少多长时间呢？如何提高整个项目的运行速度呢？其中，7 个事件 V_1，V_2，…，V_7，每个事件表示在它之前的活动已经完成，在它之后的活动可以开始。V_2 表示 a_1 已经结束，a_4 可以开始。权值表示活动需要的天数，a_4 需要 2 天完成。

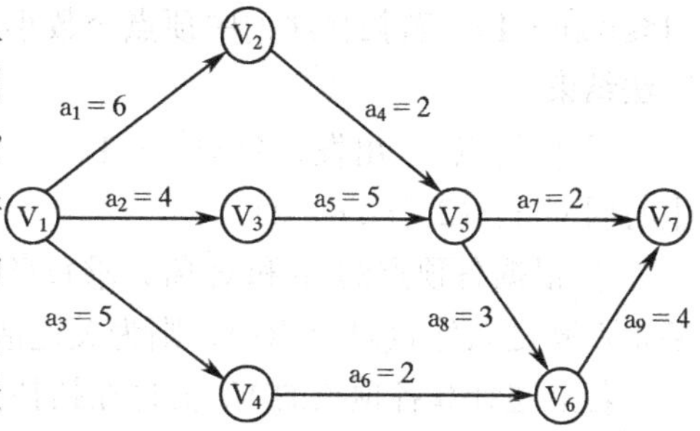

图 6.21　一个 AOE 网

为了解决上述问题，先了解一下相关的术语。

① 源点。在 AOE 网中存在唯一的入度为零的顶点，称做源点。

② 汇点。存在唯一的出度为零的顶点，称做汇点。

③ 活动 a_i 的持续时间 dut(<j，k>)。若活动 a_i 对应的弧为<j，k>，则活动的持续时间是 V_i 到 V_j 的路径长度。

④ 顶点 V_i 的最早发生时间 Ve(i)。是从 V_1 到顶点 V_i 的最长路径长度，并且有

$$\begin{cases} Ve(0) = 0 \\ Ve(j) = MAX\{Ve(i) + dut(<i, j>)\} \end{cases} \tag{6.1}$$

⑤ 顶点 V_i 的最晚发生时间 Vl(i)。是在保证汇点 V_n 在 Ve(n) 时刻发生的前提下，事件 V_i 允许发生的最晚时间。

$$\begin{cases} Vl(n-1) = Ve(n-1) \\ Vl(i) = MIN\{Vl(j) - dut(<i, j>)\} \end{cases} \tag{6.2}$$

⑥ 活动 a_i 的最早开始时间 e[i]。若活动 a_i 用弧<v_j，v_k>表示，根据 AOE 网的性质，只有事件 v_j 发生了，活动 a_i 才能开始。也就是说，活动 a_i 的最早开始时间应等于事件 v_j 的最早发生时间。因此，有

$$e[i] = ve[j] \tag{6.3}$$

⑦ 活动 a_i 的最晚开始时间 l[i]。活动 a_i 的最晚开始时间是指在不推迟整个工程完成日期的前提下，必须开始的最晚时间。若由弧< v_j，v_k >表示，则 a_2 的最晚开始时间要保证事件 v_j 的最迟发生时间不拖后。因此，应该有

$$l[i] = v[j] - dut(<v_k, v_j>) \tag{6.4}$$

⑧ 活动 a_i 的时间余量。活动 a_i 的最迟开始时间与活动 a_i 的最早开始时间之差。

⑨ 关键活动。当活动 a_i 的时间余量为零时，即 l(i) = e(i) 的活动称为关键活动。

⑩ 关键路径。关键活动组成的路径称为关键路径。关键路径描述了整个工程需要的时间。

由定义可以知道，关键活动是没有时间余量的，是制约工程发展的关键，为了加快工程的进度，应该知道哪些活动是关键活动，可以为关键活动增加人力和物力，缩短整个工程的完成时间。

求关键路径的算法描述如下。

① 建立 AOE 网的存储结构，输入 n 个顶点和 e 条弧。

② 从源点 V_0 出发，令 ve[0] = 0，按照拓扑有序求其余各顶点的最早发生时间 ve[i]（$1 \leqslant i \leqslant n-1$）。若拓扑序列中顶点个数小于网中顶点数 n，则网中存储在环，返回错误信息，算法结束。

③ 从汇点 V_n 出发，令 vl[n-1] = ve[n-1]，按照逆拓扑有序求其余各顶点的最迟发生时间 vl[i]（$2 \leqslant i \leqslant n-2$）。

④ 根据各顶点的 ve 和 vl 值，求每条弧 s 的最早开始时间 e(s) 和最迟开始时间 l(s)。若某条弧满足条件 e(s) = l(s)，则为关键活动。

若上述计算各顶点的 Ve 值是在拓扑排序的过程中进行的，则需要对拓扑排序的算法做如下修改。在拓扑排序之前，设初始值，令 Ve[i]=0（$0 \leqslant i \leqslant n-1$）。在算法中，增加一个计算 V_j 的直接后继 V_k 的最早发生时间的操作。

为了能按照逆拓扑有序序列的顺序计算各顶点的 Vl 值，需要记下在拓扑的过程中求得的拓扑有序序列，增设一个栈，以记录拓扑有序序列，在计算求得各个顶点的 Ve 值之后，从栈顶至栈底就是逆拓扑排序序列。

例如，如图 6.21 所示 AOE 网的计算结果如表 6.3 所示。

表 6.3　事件发生时间与活动的发生时间

顶点	Ve	Vl	活动	e	l	l-e
V_1	0	0	a_1	0	1	1
V_2	6	7	a_2	0	0	0
V_3	4	4	a_3	0	2	2
V_4	5	7	a_4	6	7	1
V_5	9	9	a_5	4	4	0
V_6	12	12	a_6	5	7	2
V_7	16	16	a_7	9	14	5
			a_8	9	9	0
			a_9	12	12	0

计算得到图 6.21 的关键路径为拓扑 $V_1 \rightarrow V_3 \rightarrow V_5 \rightarrow V_6 \rightarrow V_7$，关键活动为 a_2，a_5，a_8，a_9。

如果采用邻接表存储结构，关键路径算法如下。

```
Status TopologicalOrder(ALGraph G, Stack T)
{
  FindInDegree(G, indegree); /* 求顶点入度 */
  InitStack(T); count=0; ve[0..G.vexrlum-1]=0; /* 初始化 */
  建零入度顶点栈 S;
  while (!StackEmpty(S))
  {
    Pop(S, j); Push(T, j); count++;  /* j 号顶点入 T 栈并计数 */
    for (p=G.vertices[j].firstarc; p; p=p->nextarc)
    {
      k=p->adjvex;  /* 对 j 号顶点的每个邻接点的入读减 1 */
      if (--indegree[k]==0) Push(S, k);  /* 若入度减为 0, 则入栈 */
      if (ve[j]+*(p->info)>ve[k]) ve[k]=ve[j]+*(p->info);
    }
  }
  if (count<G.vexnum) return ERROR;  /* 该有向网有回路 */
  else return OK;
}
Status CriticalPath(ALGraph G)
/* G 为有向网, 输出 G 的各项关键活动 */
{
  if(!TopologicalOrder(G, T)) return ERROR;
  Vl[G.vexnum-1]=ve[G.vexnum-1];  /* 初始化顶点事件的最迟发生时间 */
  while (!StackEmpty(T))  /* 按拓扑逆序求各顶点的 vl 值 */
    for (Pop(T, j), p=G.vertices[j].fristarc; p; p=p->nextarc)
    {
      k=p->adjvex; dut=*(p->info);
      if (vl[k]-dut<vl[j]) vl[j]=vl[k]-dut;
    }
  for (j=0; j<G.vexnum; ++i)  /* 求 ee, el 和关键活动 */
    for (p=G.vertices[j].fristarc; p; p=p->nextarc)
    {
      k=p->adjvex; dut=*(p->info);
      ee=ve[j]; el=vl[k]-dut;
      tag=(ee==el)?'*':'';
      printf(j, k, dut, ee, el, tag);  /* 输出关键活动 */
    }
```

}

该算法的时间复杂度为O(n+e)。

用AOE网来估算某些工程完成是非常有用的，但由于AOE网中各项活动是互相牵涉的，因此影响关键活动的因素也是多方面的。任何一项活动持续时间的改变都会影响关键路径的改变。关键活动的速度提高是有限度的。只有在不改变网的关键路径的情况下，提高关键活动的速度才能有效。有时候，对于一个AOE网，可能有几条关键路径，那么，仅仅提高一条关键路径上的关键活动的速度，还不能导致整个工程缩短工期，而必须提高同时在几条关键路径上的活动的速度。

6.6 最短路径**

可以利用图结构在计算机上描述旅游景点，图中顶点表示景点，边可以表示景点之间的距离。如果从A地到B地，希望选择一条最近的路，这就是最短路径问题。本节讨论两种最常见的最短路径问题。

6.6.1 从一个源点到其他各点的最短路径

例如，为某快递公司设计一套系统，求解从总公司分别到达各个子公司的最短路径。总公司和子公司之间的路可以用图6.22所示带权有向图表示。其中权值代表路途的公里数，V_1代表总公司的位置，其他顶点为子公司的位置。

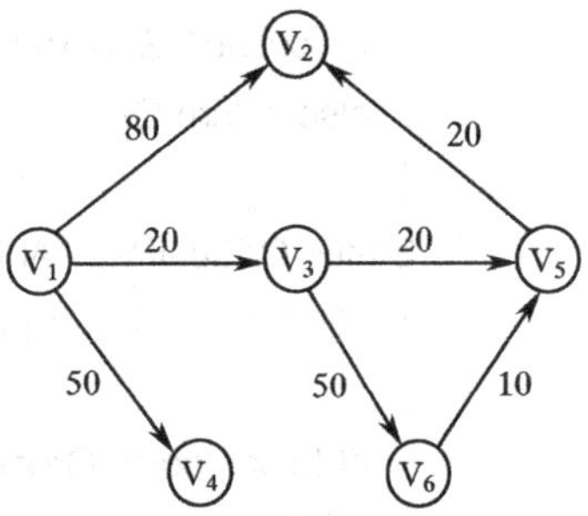

图6.22 带权有向图 G_7

针对这个问题，可以使用迪杰斯特拉（Dijkstra）算法来求最短路径，该算法的基本思想算法是：按照路径长度递增的顺序，逐个产生各最短路径。

该算法的基本思想是：给定带权有向图G=(V，E)和源点$V_0 \in V$，设置两个顶点的集合S和T=V-S，集合S中存放已经找到最短路径的顶点，集合T存放当前还未找到最短路径的顶点。初始状态时，集合S中只包含源点V_0，然后不断从集合T中选取到顶点V_0路径长度最短的顶点u加入到集合S中，集合S每加入一个新的顶点u，都要修改顶点V_0到集合T中剩余顶点的最短路径长度值，集合T中各顶点新的最短路径长度值为原来的最短路径长度值与顶点u的最短路径长度值加上u到该顶点的路径长度值中的较小值。不断重复此过程，直到集合T的顶点全部加入到S中为止。

根据以上分析，描述的算法如下。

首先引进辅助向量dist，它的每个分量dist[i]表示已经找到且从开始点V_0到每个终点V_i的当前最短路径的长度。它的初态为：若从V_0到V_i有弧，则dist[i]为弧的权值；否则，dist[i]为无穷大。其中，长度$dist[j]=\min\{dist[i] \mid v_i \in V\}$的路径是从$V_0$出发到$V_i$长度最短的一条最短路径，此路径为（$V_0$，…，$V_j$）。

① 假设用带权的邻接矩阵arcs表示带权有向图，arcs[i][j]表示弧<V_i，V_j>的权值。

若< V_i，V_j >不存在，则 arcs[i][j]为无穷大。S 为已经找到从 V_0 出发的最短路径的终点的集合，它的初始状态为空集。那么，从 V_0 出发到图上其余各顶点 V_i 可能达到的最短路径长度的初始值为

$$dist[i]=arcs[LocatVex(G, v)][i] \quad V_i \in S。$$

② 选择 v_j，使得

$$dist[j]=\min\{dis[i] \mid V_i \in V-S\},$$

v_j 就是当前求得的一条从 V_0 出发的最短路径的终点。令 S=SU {j}。

③ 修改从 V_0 出发到集合 V－S 上任一顶点 V_k 可达到最短路径长度。如果

$$dist[j]+arcs[j][k]<dist[k],$$

则 dist[k]被修改为

$$dist[k]= dist[j]+arcs[j][k]。$$

④ 重复操作②，③共 n－1 次。由此求得从 v 到图上其余各顶点的最短路径是依路径长度递增的序列。

按照此方法，获得快递公司对子公司的最短路径如表 6.4 所示。

表 6.4　　快递公司对子公司最短路径

起始点	终点	最短路径	长度
V_1	V_2	V_1，V_3，V_5，V_2	60
	V_3	V_1，V_3	20
	V_4	V_1，V_4	50
	V_5	V_1，V_3，V_5	40
	V_6	V_1，V_3，V_5，V_6	50

用 Dijkstra 算法求有向网 G 的 V_0 顶点到其余顶点 v 的最短路径 P[v]及其带权长度 D[v]。迪杰斯特拉算法如下。

```
void DIJ(MGraph G, int v0, PathMatrix * p, ShortPathTable  * D)
/ * 若 p[v][w]为 TRUE,则 w 是从 v0 到 v 当前求得最短路径上的顶点 * /
/ * final[v]为 TRUE 当且仅当 v∈S,即已经求得 v0 到 v 的最短路径 * /
{
    for (v=0;v<G.vexnum; v++)
    {
  final[v]=FALSE;D[v]=G.arcs[v0][v];
  for(w=0;w<G.vexnum; ++w) p[v][w]=FALSE;/ * 设空路径 * /
  if (D[v]<INFINITY) {p[v][v0]=TRUE;p[v][v]=TRUE;}
    }
    D[v0]=0;final[v0]=TRUE; / * 初始化,v0 顶点属于 S 集 * /
    / * 主循环,每次求得 v0 到某个 v 顶点的最短路径,并加 v 到 S 集 * /
    for (i=1;i<G.vexnum: i++)/ * 其余 G.vexnum-1 个顶点 * /
    {
      min=INFINITY; / * 当前所知离 v0 顶点的最近距离 * /
```

```
            for (w=0;w<G.vexnum; ++w)
              if (!final[w]) /* w 顶点在 V-S 中 */
                if (D[w]<min){v=w;min=D[w];}/* w 顶点离 v0 顶点更近 */
        final[v] = TRUE; /* 离 v0 顶点最近的 v 加入 S 集 */
        for (w=0;w<G.vexnum; ++w)/* 更新当前最短路径及距离 */
        if (!final[w] & & (min+G.arcs[v][w]<D[w]))
        /* 修改 D[w]和 P[w],w∈V-S */
        {
            D[w] = min+G.arcs[v][w];
            P[w] = p[v];p[w][w] = TRUE;
        }
    }
}
```

迪杰斯特拉算法的时间复杂度为 $O(n^2)$。

6.6.2 每一对顶点之间的最短路径

解决这个问题的一种办法是：分别以每个顶点为起始点，重复执行迪杰斯特拉算法 n 次，便可以求得每一对顶点的最短路径。总的执行时间为 $O(n^3)$。

这里要介绍由弗洛伊德（Floyd）提出的另一种算法。这种算法的时间复杂度也是 $O(n^3)$，但形式上简单一些。

弗洛伊德算法仍然从图的带权邻接矩阵 cost 出发，其基本思想如下。

假设求从顶点 V_i 到 V_j 的最短路径。若从 V_i 到 V_j 有弧，则从 V_i 到 V_j 存在一条长度为 edges[i][j]的路径，该路径不一定是最短路径，尚需要进行 n 次试探。首先考虑路径（V_i，V_0，V_j）是否存在（即判别弧（V_i，V_0）和（V_0，V_j）是否存在）。若存在，则比较（V_i，V_j）和（V_i，V_0，V_j）的路径长度，取长度较短者为从 V_i 到 V_j 的中间顶点的序号不大于 0 的最短路径。再增加一个点，仍然使得 V_i 有能通向 V_j 的路径，就有可能是从 V_i 到 V_j 的中间顶点的序号不大于 1 的最短路径。将它和已经得到的从 V_i 到 V_j 中间顶点序号不大于 0 的最短路径相比较，从中选出中间顶点的序号不大于 1 的最短路径之后，再增加一个顶点 V_2，继续进行试探。依此类推，在经过 n 次比较后，最后求得的必是从 V_i 到 V_j 的最短路径。按照此方法，可以同时求得各对顶点之间的最短路径。

在一般情况下，若（V_i，…，V_k）和（V_k，…，V_j）分别是从 V_i 到 V_k 和从 V_k 到 V_j 的中间顶点的序号不大于 k-1 的最短路径，则将（V_i，…，V_k，…，V_j）和已经得到的从 V_i 到 V_j 且中间顶点序号不大于 k-1 的最短路径相比较，其长度较短者便是从 V_i 到 V_j 的中间顶点的序号不大于 k 的最短路径。

现定义一个 n 阶方阵序列。

$D^{(-1)}, D^{(0)}, D^{(1)}, \cdots, D^{(k)}, D^{(n-1)}$

其中，

$D^{(-1)}[i][j] = edges[i][j]$

$$D^{(k)}[i][j] = \mathrm{Min}\{D^{(k-1)}[i][j],\ D^{(k-1)}[i][k] + D^{(k-1)}[k][j]\} \quad 0 \leqslant k \leqslant n-1$$

从上述计算公式可见，$D^{(1)}[i][j]$ 是从 V_i 到 V_j 的中间顶点的序号不大于 1 的最短路径的长度；$D^{(k)}[i][j]$ 是从 V_i 到 V_j 的中间顶点的个数不大于 k 的最短路径的长度；$D^{(n-1)}[i][j]$ 就是从 V_i 到 V_j 的最短路径的长度。

由此得到求任意两顶点之间的最短路径的算法。

```
void ShortestPath_FLOYD (Mgraph G, PathMatrix *P[], DistancMatrix *D)
{
/*求顶点 v 和 w 之间的最短路径 P[v][w]及其带权长度 D[v][w]*/
/*若 P[v][w][u]为 TRUE,则 u 是从 v 到 w 当前求得的最短路径上的顶点*/
  for(v=0;v<G.vexnum; v++) /*各对顶点之间初始已知路径及距离*/
    for(w=0;w<G,vexnum; w++)
    {
      D[v][w]=G.arcs[v][w];
      for(u=0;u<G,vexnum; u++) P[v][w][u]=FALSE;
        if (D[v][w]<INFINITY) /*从 v 到 w 有直接路径*/
        { P[v][w][v]=TRUE; P[v][w][w]=TRUE;}
    }
  for(u=0; u<G.vexnum; u++)
    for(v=0; v<G.vexnum; ++v)
      for(w=0;w<G.vexnum; ++w)
      if (D[v][u]+D[u][w]<D[v][w])
        {
          D[v][w]=D[v][u]+D[u][w];
          for(i=0;i<G.vexnum; ++i)
            P[v][w][i]=P[v][u][i]||P[u][w][i];
        }
}
```

下面给出针对图 6.23，利用弗洛伊德算法求该有向网中每对顶点之间的最短路径过程中，D 和 P 的变化情况。

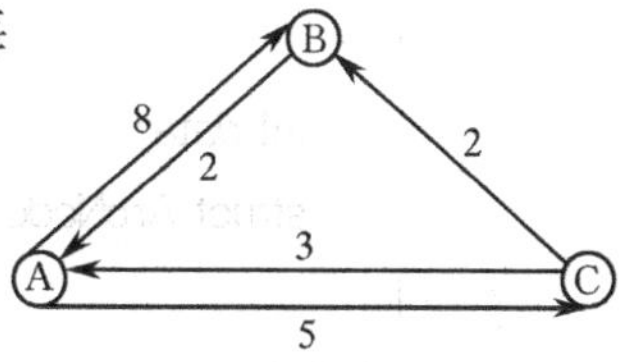

图 6.23 带权有向图 G_8

$$D^{(-1)} = \begin{bmatrix} 0 & 8 & 5 \\ 2 & 0 & \infty \\ 3 & 2 & 0 \end{bmatrix} \qquad P^{(-1)} = \begin{bmatrix} 0 & AB & AC \\ BA & 0 & \infty \\ CA & CB & 0 \end{bmatrix}$$

$$D^{(0)} = \begin{bmatrix} 0 & 8 & 5 \\ 2 & 0 & 7 \\ 3 & 2 & 0 \end{bmatrix} \qquad P^{(0)} = \begin{bmatrix} 0 & AB & AC \\ BA & 0 & BAC \\ CA & CB & 0 \end{bmatrix}$$

$$D^{(1)} = \begin{bmatrix} 0 & 8 & 5 \\ 2 & 0 & 7 \\ 3 & 2 & 0 \end{bmatrix} \qquad P^{(1)} = \begin{bmatrix} 0 & AB & AC \\ BA & 0 & BAC \\ CA & CB & 0 \end{bmatrix}$$

$$D^{(2)}=\begin{bmatrix}0 & 8 & 5\\ 2 & 0 & 7\\ 3 & 2 & 0\end{bmatrix}\qquad P^{(2)}=\begin{bmatrix}0 & ACB & AC\\ BA & 0 & BAC\\ CA & CB & 0\end{bmatrix}$$

$D^{(2)}$和$P^{(2)}$描述了图6.23结点之间的最短路径。

6.7 实 训

【实训6.1】 图的创建与遍历。

【实训目的】 要求利用邻接表存储无向图，并建立深度优先搜索遍历和广度优先搜索遍历的方法，对图进行遍历。

【实训内容】 要求利用邻接表存储无向图，对图进行遍历，并测试图6.1(b)所示无向图。

【参考代码】

```
/* made by Pengxiang.Zhai */
/* 2010.3.26 */
/* zhaipx1978@21cn.com */
#include "stdio.h"
#include "stdlib.h"
#include "malloc.h"
#define MaxSize 50
struct ArcNode              /*定义边结点*/
{
    int adjvex;
    struct ArcNode * nextarc;
};
struct Vnode /*定义顶点结点*/
{
    int data;
    struct ArcNode * firstarc;
};
int m,n,v;
void creatgraph(struct Vnode A[MaxSize]);
void dfsTraverse(struct Vnode A[MaxSize]);
void bfsTraverse(struct Vnode A[MaxSize]);
void main( )
{
    struct Vnode AdjList[MaxSize];
    int cord;
```

```
    do
    {
      printf("\n\t\t 主菜单");
      printf("\n 1 建立无向图的邻接表");
      printf("\n 2 按深度遍历图");
      printf("\n 3 按广度遍历图");
      printf("\n 4 结束程序运行");
      printf("\n------------------------------
      -");
      printf("\n 请输入您的选择 1,2,3,4 :");
      scanf("%d", &cord);
      switch(cord)
      {
        case 1:creatgraph(AdjList);break;
        case 2:dfsTraverse(AdjList);break;
        case 3:bfsTraverse(AdjList);break;
        case 4:exit(0);
      }
    } while(cord<=4);
}
void creatgraph(struct Vnode A[MaxSize])
{
    int i,j,k;
    struct ArcNode *p;
    printf("input arces and vexes :");
    scanf("%d, %d", &m, &n);
    for(k=0;k<n;k++)
    {
      A[k].data=k+1;
      A[k].firstarc=NULL;
    }
    for(k=0;k<m;k++)
    {
      printf("\ninput arc :");
      scanf("%d, %d", &i, &j);
      p=(struct ArcNode *)malloc(sizeof(struct ArcNode));
      p->adjvex=j;
      p->nextarc=A[i-1].firstarc;
      A[i-1].firstarc=p;
```

```
        p=(struct ArcNode *)malloc(sizeof(struct ArcNode));
        p->adjvex=i;
        p->nextarc=A[j-1].firstarc;
        A[j-1].firstarc=p;
    }
    printf("\n");
    for(k=0;k<n;k++)
    {
      printf("vex %4d arc is : ",A[k].data);
      p=A[k].firstarc;
      while(p)
      {
        printf("%4d",p->adjvex);
        p=p->nextarc;
      }
      printf("\n");
    }
}
void dfsTraverse(struct Vnode A[MaxSize])
{
    /* ar[MAX]作为顺序栈,存放遍历过程中边结点的地址 */
    struct ArcNode * p, * ar[MaxSize];
    int x,i,y,top=-1;
    int visited[MaxSize]; /* 用做存放已遍历过顶点的标记 */
    for(i=0;i<n;i++)visited[i]=0;
    printf("\ninput x of start vex");
    scanf("%d",&x); /* 输入图遍历的始顶点的编号 */
    printf("%d",x);
    visited[x-1]=1;
    /* 下一个要遍历的顶点所关联的边结点,向量表的下标从0开始 */
    p=A[x-1].firstarc;
    while((p)||(top>=0))
    {
        if(!p){p=ar[top];top--;}
        y=p->adjvex;
        if(visited[y-1]==0)
        {
    /* 若未遍历过,则遍历,并且下一个顶点进栈,从本顶点出发继续按深度遍历 */
          visited[y-1]=1;
          printf("->%d",y);
```

```
            p=p->nextarc;
            if(p){top++;ar[top]=p;}
            p=A[y-1].firstarc;
          }
          else p=p->nextarc;
      }
  }
  void bfsTraverse(struct Vnode A[MaxSize])
  {

    struct ArcNode * p;
    int x,i,y,front=-1,rear=-1,ar[MaxSize],visited[MaxSize];
    /*数组ar[Max]为顺序队列存放刚遍历过的顶点号*/
    for(i=0;i<n;i++)visited[i]=0;
    printf("\ninput x");
    scanf("%d",&x);
    printf("%d",x);
    visited[x-1]=1;
    p=A[x-1].firstarc;
    while((p)||(front!=rear))
    {
        if(!p)
        {
          front++;
          y=ar[front];
          p=A[y-1].firstarc;
        }
        y=p->adjvex;
        if(visited[y-1]==0) /*遍历顺点并插入队列*/
        {
          visited[y-1]=1;
          printf("->%d",y);
          rear++;
          ar[rear]=y;
        }
        p=p->nextarc;
    }
  }
```

【运行结果】

输入：1

输入：
6，5 /＊边和顶点数量＊/
3，5
3，4
2，5
2，4
1，5
1，3
显示：
Vex 1 arc is 3 5
Vex 1 arc is 4 5
Vex 1 arc is 1 2 5
Vex 1 arc is 2 3
Vex 1 arc is 1 2 3
输入 2
输入 1
显示：1→3→4→2→5
输入 3
输入 1
显示：1→3→5→4→2
输入 0，结束程序

【实训 6.2】 图的拓扑排序和关键路径。

【实训目的】 要求利用邻接表存储。求解有向无环图。

【实训内容】 测试图 6.20 和图 6.21 所示的图。

【参考代码】

```
#include "stdio.h"
#include "stdlib.h"
#include "malloc.h"
#define MAX 20
typedef struct node
{
    int vex;
    struct node * next;
}edgenode; /* 定义 AOV 网的邻接链表的边结点结构 */
typedef struct vnode
{
    int id;
    struct node * link;
}vexnode; /* 定义 AOV 网的邻接链表的边结点结构 */
```

```
typedef struct nodel
{
    int adgvex;
    int dut;
struct nodel * next;
}edgenodel; /* 定义 AOV 网的邻接链表的边结点结构 */
typedef struct vnodel
{
    int vertex;
    int id;
  struct nodel * link;
} vexnodel; /* 定义 AOV 网的邻接链表的边结点结构 */
int na;
int creatAOE(vexnodel dig[]); /* 函数说明 */
int creatAOV(vexnode dig[]);
void toposort(vexnode dig[], int n);
void criticalpath(vexnodel dig[], int n) ;
void main()
{
    vexnodel dig[MAX]; /* AOV 的项点数组 */
    vexnode dig2[MAX]; /* AOE 的项点数组 */
    int n=0;
    int cord=1;
    while(1)
    {
      printf("\t\t\t 主菜单\n");
        printf("\t1. 建立 AOV 邻接链表\n");
        printf("\t2. 建立 AOE 邻接链表\n");
        printf("\t3. 拓扑排序\n");
        printf("\t4. 求关键路径\n");
        printf("输入代码选择:(1-4),0 表示结束");
        scanf("%d", &cord);
        switch(cord)
        {
      case 1: n=creatAOV(dig2);break;
      case 2:
           {
                    printf("input Arcs: ");
                    scanf("%d", &na);/* 输入 AOE 图的活动数 */
                    n=creatAOE(dig);
```

```
            }break;
        case 3: toposort(dig2,n);break;
        case 4: criticalpath(dig,n);break;
        case 0: exit(9);
            }
    }
} /*main end*/
int creatAOE(vexnodel dig[])
{
    int vextotal,j,a,b,c;
    edgenodel * p;
    printf("input vex number:");
    scanf("%d",&vextotal);
    for(j=0;j<MAX;j++)              /*输入 AOE 邻接链表*/
    {
      dig[j].vertex=j;              /*初始化顶点数组*/
      dig[j].id=0;dig[j].link=NULL;
    }
   /*a 为始顶点,b 为终顶点,c 为活动的权*/
   for(j=1;j<=na;j++)
   {
      printf("input edge <i,j> weight :");
      scanf("%d,%d,%d",&a,&b,&c);
      dig[b].id++;
      p=(edgenodel *)malloc(sizeof(edgenodel));
      p->adgvex=b;p->dut=c;
      p->next=dig[a].link;
      dig[a].link=p;
   }
   printf("output link table\n");
   /*输入 AOV 图的邻接链表*/
   for(j=1;j<=vextotal;j++)
   {
      printf("%8d%8d",j,dig[j].id);
      p=dig[j].link;
      while(p!=0)
      {
        printf("%8d%3d",p->adgvex,p->dut);
        p=p->next;
      }
```

```
        printf("\n");
    }
    return(vextotal);
}
int creatAOV(vexnode dig[])
{
    int vextotal,arcnumber,j,a,b;
    edgenode * p;
    printf("input vex number:");
    scanf("%d",&vextotal);
    printf("input Arc number: ");
    scanf("%d",&arcnumber);
    /* 输入 AOV 图的邻接链表 */
    for(j=0;j<MAX;j++)
    {
        dig[j].id=0;dig[j].link=NULL;
    }
    for(j=1;j<=arcnumber;j++)
    {
        printf("input vex number<i,j>: ");
        scanf("%d,%d",&a,&b); /* 输入边信息,a 为始顶点,b 为终顶点 */
        dig[b].id++;
        p=(edgenode *)malloc(sizeof(edgenode));
        p->vex=b;p->next=dig[a].link;
        dig[a].link=p;
    }
    printf("output link table\n"); /* 输入 AOV 图的邻接链表 */
    for(j=1;j<=arcnumber;j++)
    {
        printf("%8d%8d",j,dig[j].id);
        p=dig[j].link;
        while(p!=NULL)
        {
            printf("%8d",p->vex);
            p=p->next;
        }
        printf("\n");
    }
    return(arcnumber);
}
```

```
void toposort(vexnode dig[ ], int n)        /* 拓扑排序 */
{
  edgenode * p;
  int i, j, k, top, m;
  top=0;m=0;
  for(i=1;i<=n;i++)
    if(dig[i].id==0)
    {dig[i].id=top;top=i;}/* 把入度为0的顶点链成链表 */
    while(top>0)
    {
      j=top;top=dig[top].id;
      printf("%5d",j);/* 输入度为0的顶点 */
      m++;
      p=dig[j].link;
      while(p!=NULL)
      {
        k=p->vex;dig[k].id--;
        if(dig[k].id==0){dig[k].id=top;top=k;}
        p=p->next;
      }
    }
    printf("\n");
    if(m<n)printf("\nThe network has acycle.\n");
}/* toposort end */
void criticalpath(vexnodel dig[ ], int n) /* 求关键路径 */
{
  int front=0, rear=0;
  int tpord[20], vl[20], ve[20];
  int l[20], e[20], i, j, k, m;
  edgenodel * p;
  for(i=1;i<=n;i++)ve[i]=0;
  for(i=1;i<=n;i++)
      if(dig[i].id==0)tpord[++rear]=i;
  m=0;
  while(front!=rear)/* 求ve[k]的值 */
  {
      front++;j=tpord[front];
      m++;p=dig[j].link;
      while(p)
      {
```

```
            k=p->adgvex;
            dig[k].id--;
            if(ve[j]+p->dut>ve[k]) ve[k]=ve[j]+p->dut;
            if(dig[k].id==0)tpord[++rear]=k;
            p=p->next;
        }
    }
    if(m<n)printf("The AOE network has acycle\n");
    for(i=1;i<=n;i++) vl[i]=ve[n];
    for(i=n-1;i>=1;i--)
    {
        j=tpord[i];
        p=dig[j].link;/*求 vl[]数组的值*/
        while(p)
        {
            k=p->adgvex;
            if((vl[k]-p->dut)<vl[j]) vl[j]=vl[k]-p->dut;
            p=p->next;
        }
    }
    printf("output VE VL\n");/*输出每个事件的最早发生时间和最晚发生时间*/
    for(i=1;i<=n;i++)
        printf("%4d%4d\n",ve[i],vl[i]);
    for(j=1,i=1;j<=n;j++,i++)/*计算活动的最早发生时间和最晚发生时间*/
    {
        p=dig[j].link;
        while(p)
        {
            k=p->adgvex;
            e[i]=ve[j];
            l[i]=vl[k]-p->dut;
            printf("%d\t%d\t%d\t%d\t%d\t",dig[j].vertex,dig[k].vertex,e[i],l[i],l
[i]-e[i]);
            if(l[i]==e[i])printf("CRITICAL ACTIVITY\n");
            else printf("\n");
            p=p->next;
        }
    }
}
```

【运行结果】

略。

习　题

一、填空题

1. 在一个具有 n 个顶点的完全无向图和完全有向图中，分别包含________和________条边。那么具有 10 个顶点的完全无向图有________条边，完全有向图有________条边。

2. 具有 n 个顶点的连通图至少有________条边。

3. 对于 n 个顶点 e 条边的无向图，其邻接矩阵中有________个数据，邻接表中有________个边结点。

4. 对于 n 个顶点 e 条弧的有向图，其邻接矩阵中有________个数据，邻接表中有________个弧结点。

5. 一个有 n 个顶点的环形连通图有________棵生成树。

6. 求一个稀疏图的最小生成树最好采用________算法求解。

二、应用题

1. 已知图 G(V, E)，其中 $V=\{V_1, V_2, V_3, V_4, V_5, V_6\}$，$E=\{<V_1, V_2>, <V_2, V_4>, <V_3, V_1>, <V_3, V_4>, <V_5, V_3>, <V_5, V_4>, <V_6, V_5>, <V_4, V_6>\}$。完成下列要求：

① 画出图 G；

② 画出邻接矩阵；

③ 画出邻接表。

2. 对图 6.24 完成下列试题：

① 分别进行深度优先搜索和广度优先搜索遍历；

② 分别用普里姆算法和克鲁斯卡尔算法构造最小生成树，并画出过程。

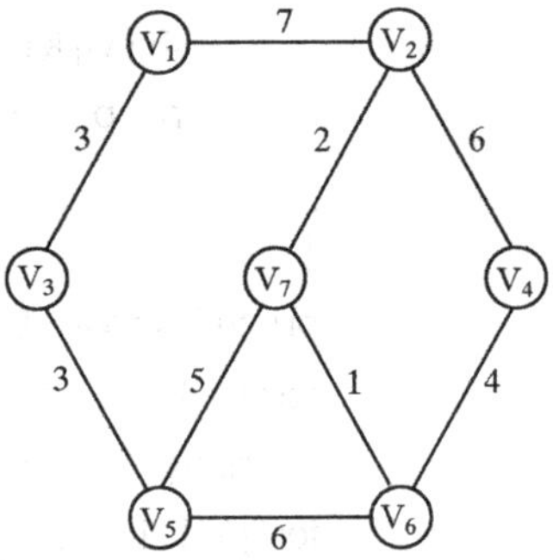

图 6.24　带权无向图

3. 对图 6.25 完成下列试题：

① 画出邻接表；

② 求出一个拓扑排序序列；

③ 求从 V_1 出发到其余各个顶点的最短路径。

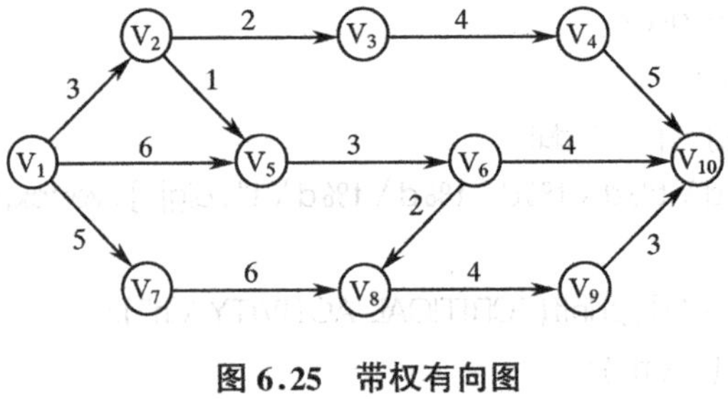

图 6.25　带权有向图

4. 已知某个项目可以用图 6.26 表示，完成下列试题：

① 求每项活动的最早和最晚发生时间；

② 求关键路径；

③ 完成此项目至少需要多少天？

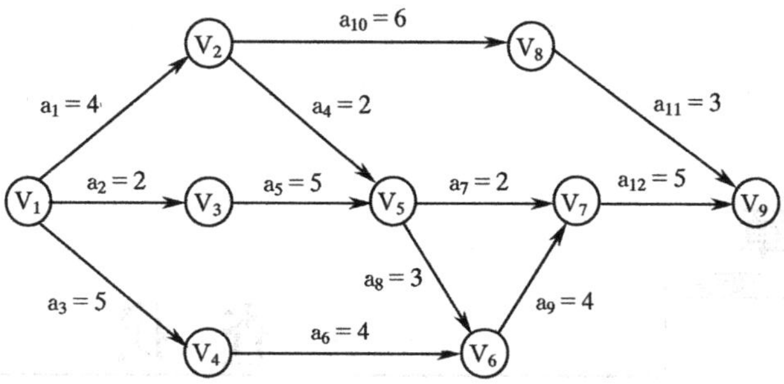

图 6.26 带权有向图

三、算法设计题

1. 利用邻接矩阵存储无向图的创建算法。

2. 利用邻接表存储一个有向图，求出 v 的度的算法。

第 7 章 查找

【学习目标】

本章介绍了查找的概念、静态查找算法、动态查找算法和哈希表。

【基本要求】

通过本章的学习，要求理解并掌握静态查找，掌握顺序查找、二分查找、分块查找；理解并掌握动态查找，掌握二叉排序树查找、二叉排序树的插入和二叉排序树的删除；了解并掌握哈希表算法。

查找（Search）又称为检索，就是确定一个已给的数据是否出现在某个数据表中，是数据处理领域一种很常用的运算。它同人们日常工作和生活有着密切的联系，人们几乎每天都要进行“查找”工作。例如，在电话号码簿中查阅“某单位”或“某人”的电话号码；在字典中查阅“某个词”的读音或含义等。

数据查找问题的一般提法是：设文件或表有 n 个具有相同类型的记录 r_1，r_2，…，r_n，每个记录由一个被称为关键字的数据项和若干相关数据项的值组成，对于给定值 K，要求查找这 n 个记录中是否存在关键字值等于 K 的某个记录。查找的结果有两种：一种是查到该记录，则查找成功；另一种是查找不到，给出查找不成功的信息，或者将给定值作为关键字，再将此记录插入到文件中。

利用计算机查找需要把人工组织的信息表（或称为数据表）存入计算机中，变为计算机可以利用的“表”，查找过程就在这张表上进行。

在计算机中对表进行查找，就是根据所给定的条件，查找出满足条件的第一条记录（元素）或全部记录。若没有找到满足条件的任何记录，则返回特定的值，表明查找失败；若查找到满足条件的第一条记录，则表明查找成功，返回该记录的存储位置，以便对该记录作进一步的处理。

用于在表上查找记录的条件，情况比较复杂，它由具体应用而定，但其中最具有代表性的条件是：在关键字段上查找关键字等于给定值 K 所在的记录。由于表中每个记录的关键字都不同，所以这种条件只可能查找到唯一的一条记录。

关键字（Key）是数据元素（或记录）中某个数据项的值，用它可以标识（识别）一个数据元素（或记录）。若此关键字可以唯一地标识一个记录，则称此关键字为主关键字（Primary Key）（对不同的记录，主关键字均不同）。反之，称用以识别若干记录的关键字为次关键字（Secondary Key）。当数据元素只有一个数据项时，其关键字即为该数据元素的值。

作为查找对象的表的结构不同，其查找方法一般也不同。无论哪一种方法，其查找算法一般是不同的。比较次数的多少就是算法的时间复杂度，它是衡量一种查找算法优劣的主要指标。

查找操作一般包括四个方面：①查询某个“特定的”数据元素是否在查找表中；②某个“特定的”数据元素的各种属性；③在查找表中插入一个数据元素；④从查找表中删去某个数据元素。

在计算机中，查找主要分为静态查找、动态查找和哈希查找。静态查找主要是指静态查询某个“特定的”数据元素是否在查找表中，或检索某个“特定的”数据元素的各种属性；动态查找是指在查找过程中，同时插入查找表中不存在的数据元素，或者从查找表中删除已经存在的某个数据元素；哈希查找则利用哈希函数，通过计算求取待查元素的存储地址。

若对查找表只作上述①和②两种操作，则称此类查找表为静态查找。若在查找过程中同时插入查找表中不存在的数据元素，或者从查找表中删除已经存在的某个数据元素，则称此类查找表为动态查找表。

7.1 静态查找

在对查找表操作过程中，只进行查找操作的查找表称为静态查找表。静态查找表一般以顺序表或线性表表示，在不同的表示方法中，实现查找操作的方法也不同。下面介绍最主要的三种方法：顺序表查找、二分查找和分块查找。

7.1.1 顺序表查找

顺序表是指线性表的顺序存储结构。在顺序表上进行查找有多种方法，顺序查找是一种最简单和最基本的查找方法

它的查找过程是：从顺序表的一端开始，依次将每个元素的关键字同给定值 K 进行比较，若某个元素的关键字等于给定值 K，则表明查找成功，返回该元素所在的下标；若直到所有元素都比较完毕，仍然找不到关键字为 K 的元素，则表明查找失败，返回特定的值（常用“0”表示）。用 C 语言实现的顺序查找的算法如下。

假定有 n 个记录 r_0，r_1，…，r_{n-1}，顺序地存放在一顺序表 r 中，其中第 i 个记录的关键字值为 r_i.key。现在已经给出一个关键数据 K，将 K 依次与 r_0.key，r_1.key，…进行相等比较，一旦找到某一个 r_i.key = K，则查找成功，回送下标 i；若所有的记录数据都与 K 值不等，则给出查找失败的信息。

顺序查找算法如下。

```
int Seq_search(SeqTable r, int n, Keytype K)
{/ * 返回关键字等于 K 的元素在表 r 中的位置,n 为表中元素的个数 * /
    i=n-1;
```

```
        r[0].key=K; /*监视哨*/
        while(r[i].key!=K) i--;
        return i;
    }/* Seq_search */
```

顺序查找算法分析：

① 在最坏的情况下，顺序查找需要比较 n 次，因此 MSL=n。

② 假定各记录的查找机会均等，即 $P_i=1/n$，由于查找第 i 个记录需要比较 i 次，即 $C_i=i$，于是有

$$ASL = \sum_{i=1}^{n} C\varphi i = \frac{1}{n}\sum_{i=0}^{n-1} i = \frac{1}{n} * \frac{n(n+1)}{2} = \frac{n+1}{2}$$

若表已经按照关键字排序，则平均查找速度为 $O(n\log_2 n)$。

从分析中可以推出，顺序表查找的最大查找长度和平均查找长度的数量级（即算法的时间复杂度）均为 O(n)。

从键盘输入 n 个数，然后进行顺序查找。

```
/* Search_Seq.c */
/* This function is to find the element in SSTbale by sequence search */
#include <malloc.h>
#include <stdio.h>
#include <conio.h>
#define MAX_LENGTH 100
typedef int KeyType;
typedef struct                  /* define structure SSTable
{   KeyType *elem;
    int length;
}SSTable;

int Search_Seq(SSTable ST,KeyType key) /* Search_Seq function
{   int i;
    ST.elem[0]=key;
    for(i=ST.length;!(ST.elem[i]==key);--i)
      ;
    return (i);                 /* if not find, return i=0
}

void main()                     /* main function
{   int i,key;
    SSTable ST;
    ST.elem=(KeyType *)malloc(sizeof(KeyType));
    printf(<<"\nSearch_Seq.c\n");
```

```
printf( \ n"================");
printf("Please input the length of array (eg,5) :");
scanf("%d", &ST.length);
for(i=1;i<=ST.length; ++i)
{ printf("Please input the %d th element (eg,58) : ",i);
  scan("%d", &ST.elem[i]);
}
scanf(" \ nThe SSTable ST is : ");
for(i=1;i<=ST.length;i++)
  scanf("%d", &ST.elem[i]); / * output ST.elem[]
printf(" \ nPlease input the data to find : ");
scanf("%d", &key); / * input the element to find
printf("The location of %d is (0 for none): ", key);
printf("%d",Search_Seq(ST,key)); / * call Search_Seq()
printf(" \ n...OK!...");
}
```

顺序查找和后面将要讨论的其他查找算法相比，其缺点是平均查找长度较大，特别是当n很大时，查找效率较低。然而，它最大的优点是：算法简单且适应面广。它对表的结构无任何要求，无论记录是否按照关键字有序，均可以应用，而且上述所有讨论对线性链表也同样适用。

7.1.2 二分查找

二分查找又称为折半查找。作为二分查找的表，必须是顺序存储的有序表。通常假定有序表是按照关键字从小到大有序。二分查找的过程是：首先取整个有序表 A(1..n) 中点元素 A[mid]（其中 mid=(1+n)/2 向下取整）的关键字，同给定值 K 比较，若相等，则查找成功，返回该元素的下标 mid；否则，若 A[mid].key>K，则说明要查找元素只可能落在左子集 A[1..mid - 1]中，接着只要在左子集中继续进行二分查找即可。若 A[mid].key<K，则说明要查找元素只可能落在右子集 A[mid+1..n] 中，接着只要在右子集中进行二分查找即可；这样，经过一次关键字的比较，就缩小一半的查找空间，如此进行下去，直到找到关键字为 K 的元素，或者当前查找区间为空（即表明查找失败）时为止。

二分查找算法如下。

```
/ * 二分查找算法 * /
int binarysearch(list r, int n, int key)
     {int low=0, high, i, mid=0;
     high=n-1;
do{ mid=(1+high)/2;
   if(key<r[mid].key) high=mid-1;
   else low=mid+1;
}while(r[mid].key!=key&&low<high);
```

```
        if(r[mid].key= =key) i=mid;
        else i=0;
        return(i);
        }
另:二分查找的递归算法为:
int Search_Bin_Recursive(SSTable ST, int key, int low, int high)
{if(low>high) return 0; /* 查找不到时返回 0
mid=(low+high)/2;
if(ST.elem[mid].key= =key) return mid;
else if(ST.elem[mid].key>key)
return Search_Bin_Recursive(ST, key, low, mid-1);
else return Search_Bin_Recursive(ST, key, mid+1, high);
}}
```

假定有一组记录的关键字值为{18，20，30，35，52，65，80，90}，若用整型变量low，m，higt 分别表示被查区间的第一个、中间一个和最后一个记录的下标，假设要查找K=65的记录，则折半查找过程如下。

开始时有 low=0，high=7，m=⌊(0+7)/2⌋=3，第一个、中间一个和最后一个记录的关键字值分别为：r0.key，r3.key，r7.key。即

```
18   20   30   35   52   65   80   90
↑              ↑                   ↑
low            m                   high
```

因为 k>35，下一步继续到右半部查找，即

```
18   20   30   35   52   65   80   90
                    ↑    ↑         ↑
                    low  m         high
```

此时，low=4，high=7，m=⌊(4+7)/2⌋=5。由于 K=65，查找成功，所找到的记录序号为 5。

假若现在查找 K=25 的记录，则折半查找过程如下：

```
18   20   30   35   52   65   80   90
↑              ↑                   ↑
low            m                   high
```

因为 low=0，high=7，m=⌊(0+7)/2⌋=3，K<35，下一步到左半部分去找，即

```
18   20   30   35   52   65   80   90
↑    ↑    ↑
low  m    high
```

因为 $low=0$，$high=2$，$m=\lfloor (0+2)/2 \rfloor=1$，$K>20$，下一步转到右半部分去找，此时，low，m，high 均指着 30，即

18　20　30　35　52　65　80　90

↗↑↖

low m high

二分法查找程序如下。

```
/ * Search_Seq.c * /
/ * This function is to find location of the inputed element in SSTbale * /
# include <malloc.h>
# include <stdio.h.h>
# define MAX_LENGTH 100
typedef int KeyType;
typedef struct                    / * define structure SSTable * /
{   KeyType  * elem;
    int length;
}SSTable;
int Search_Seq(SSTable ST, KeyType key)  / * Search_Seq function
{   int mid, low=1, high=ST.length;
    while(low< =high)
    {   mid=(low+high)/2;
        if(key= =ST.elem[mid])
        return (mid);
        else if(key<ST.elem[mid])
        high=mid-1;
        else
        low=mid+1;
    }
    return (0);
}

void main()
{   int i, key;
    SSTable ST;
    ST.elem=(KeyType  * )malloc(sizeof(KeyType));
    printf(" \ nSearch_Seq.c");
    printf(" \ n"===============");
    printf(" \ nPlease input the length of array (eg,5): ");
    scanf("%d", &ST.length);
```

```
    for(i=1;i<=ST.length; ++i)
    {   printf("Please input the %d th element (eg,58) : ",i);
        scanf("%d",ST.elem[i]);
    }
    printf("\nThe SSTable ST is : ");
    for(i=1;i<=ST.length;i++)
         printf("ST.elem[i] "); /* output ST.elem[] */
    printf("\nPlease input the data to find : ");
    scanf("%d", &key); /* input the element to find */
    printf("\nThe location of %d is (0 for none): ", key);
    printf("%d",Search_Seq(ST,key)); /* call Search_Seq() */
    printf("\n...OK!...";
    getch();
}
```

二分查找的优点是比较次数少，查找速度快，但在查找之前，要为建立有序表付出代价，同时对有序表的插入和删除都需要平均比较和移动表中的一半元素，这是很浪费时间的，所以二分查找适用于数据相对固定的情况。

二分查找的效率比顺序查找高，但二分查找只适用于有序表，且限于顺序存储结构（对线性链表无法进行二分查找）。

若表按照关键字有序，则平均查找速度为 $O(nlog_2n)$。

7.1.3 分块查找

若以索引顺序表表示静态查找表，则查找可以用分块查找来实现。分块查找（Blocking Search）又称为索引顺序查找，这是顺序查找的一种改进方法。下面简单介绍此方法。

算法基本思路：在分块查找方法中，除表（主表）本身外，还需要建立一张索引表，索引表称为子表，也称为块，要求主表中每个子表之间是递增（或递减）有序的，即前块中的最大关键字必须小于后块中的最小关键字，或者说后块中的最小关键字必须大于前块中的最大关键字，但每块中的记录的排列次序可以是任意的；还要求索引表中每个索引项中的索引值域用来存储对应块中的最大关键字。

例如，图 7.1 所示为一个表及其索引表，表中含有 12 个记录，可以分成三个子表（R_1，R_2，…，R_4），（R_5，R_6，…，R_8），（R_9，R_{10}，…，R_{12}），对每个子表（或称块）建立一个索引项，其中包括两项内容：关键字项（其值为该子表内的最大关键字）和指针项（指示该子表的第一个记录在表中的位置）。索引表按照关键字有序，则表或者有序或者分块有序。所谓“分块有序”，指的是第 j 块的所有记录的关键字均大于第 j－1 个块的所有记录的关键字（j=2，3，…，n），但每块内部各记录的关键字不一定有序。

因此，分块查找过程需要分为两步进行。首先确定待查记录所在的块（子表），然后在块中顺序查找。假设给定值 key=38，则先将 key 依次和索引表中各最大关键字进行比较，因为23<key<49，则关键字为 38 的记录若存在，必定在第二个子表中，由于同一索引项中的指针指示第二个子表中的第一个记录是表中第 5 个记录，则自第 5 个记录起，进行顺序查

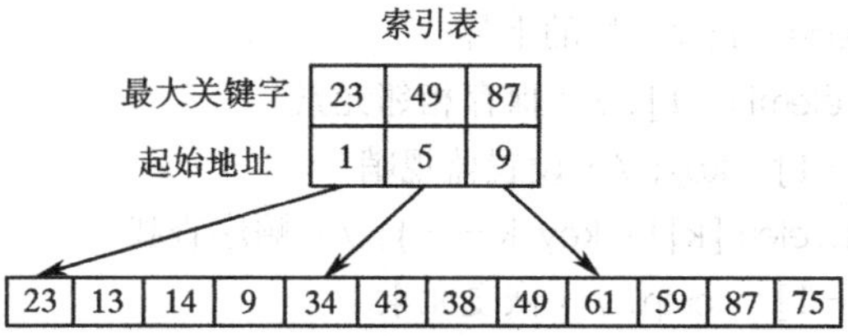

图 7.1 表及其索引表

找，直到找到为止。假如此子表中没有关键字等于 key 的记录（例如，key=29 时，自第 5 个记录起至第 8 个记录的关键字和 key 比较都不等），则查找不成功。

由于由索引项组成的索引表按照关键字有序，所以确定块的查找既可以用顺序查找，也可以用二分查找，而块中记录是任意排列的，则在块中只能是顺序查找。

由此，分块查找的算法即为这两种查找算法的简单合成。

二分查找算法如下。

```
typedef struct {
        int maxkey;
        int firstloc;
        } Index;
typedef struct {
        int *elem;
        int length;
            Index idx[MAXBLOCK]; /* 每块起始位置和最大元素,其中 idx[0]不利用,
其内容初始化为{0,0}以利于折半查找
        int blknum; /* 块的数目
            } IdxSqList; /* 索引顺序表类型
int Search_IdxSeq(IdxSqList L, int key) /* 分块查找,用折半查找法确定记录所在块,块内
采用顺序查找法
{
if(key>L.idx[L.blknum].maxkey) return ERROR; /* 超过最大元素
low=1; high=L.blknum;
found=0;
while(low<=high&&!found) /* 折半查找记录所在块号 mid
{
  mid=(low+high)/2;
  if(key<=L.idx[mid].maxkey&&key>L.idx[mid-1].maxkey)
    found=1;
  else if(key>L.idx[mid].maxkey)
    low=mid+1;
  else high=mid-1;
  }
      i=L.idx[mid].firstloc; /* 块的下界
```

```
        j = i + blksize - 1; /* 块的上界
        temp = L.elem[i-1]; /* 保存相邻元素
        L.elem[i-1] = key; /* 设置监视哨
        for(k = j; L.elem[k]! = key; k--); /* 顺序查找
        L.elem[i-1] = temp; /* 恢复元素
        if(k<i) return ERROR; /* 未找到
        return k;
    }/* Search_IdxSeq */
```

分析：在块内进行顺序查找时，若需要设置监视哨，则必须先保存相邻块的相邻元素，以免数据丢失。

分块查找的平均查找长度为

$$ASL_{bs} = L_b + L_w$$

式中，L_b——查找索引表确定所在块的平均查找长度；

L_w——在块中查找元素的平均查找长度。

一般情况下，为了进行分块查找，可以将长度为 n 的表均匀地分成 b 块，每块含有 s 个记录，即 b = [n/s]；又假定表中每个记录的查找概率相等，则每块查找的概率为 1/b，块中每个记录的查找概率为 1/s。

若用顺序查找确定所在块，则分块查找的平均查找长度为

$$ASL_{bs} = L_b + L_w = \frac{1}{b}\sum_{j=1}^{b} j + \frac{1}{s}\sum_{i=1}^{s} i = \frac{b+1}{2} + \frac{s+1}{2} = \frac{1}{2}\left[\frac{n}{s} + s\right] + 1$$

可见，此时的平均查找长度不仅和表长 n 有关，而且和每一块中的记录个数 s 有关。在给定 n 的前提下，s 是可以选择的。容易证明，当 s 取$\sqrt{n}$时，ASL_{bs}取最小值$\sqrt{n}+1$。这个值比顺序查找有了很大改进，但远不及二分查找。

若用二分查找确定所在块，则分块查找的平均查找长度为

$$ASL'_{bs} \cong \log_2\left[\frac{n}{s} + 1\right] + \frac{s}{2}$$

7.2 动态查找

动态查找的特点是表结构本身在查找过程中动态生成的。有时，在查询之后，还需要将“查询”结果为“不在查找表中”的数据元素插入查找表；或者从查找表中删除其“查询”结果为“在查找表中”的数据元素。

在动态查找过程中，表结构本身是在查找过程中动态生成的，即对于给定值 key，若表中存在其关键字等于 key 的记录，则查找成功，返回；否则，插入关键字等于 key 的记录。

7.2.1 二叉排序树查找

二叉排序树（Binary Sort Tree）或者是一棵空树，或者是具有下列性质的二叉树：①若它的左子树不空，则左子树上所有结点的值均小于它的根结点的值；②若它的右子树不空，

则右子树上所有结点的值均大于它的根结点的值；③它的左、右子树也分别为二叉排序树。

将原始数据表示成二叉排序树，树的每个结点对应一个记录，则可以利用此二叉排序树进行类似于二分查找思想的数据查找，这也是一个逐步缩小查找范围的过程。这种查找方法称为树型查找。

基本思想：查找过程从根结点开始，首先将它的关键字与给定值 k 进行比较，若相等，则查找成功，输出有关的信息；如果不等，若根结点关键字大于给定值 k，则向左子树继续查找；否则，向右子树继续查找。

向子树查找又是树型查找，先以子树的根结点数据与 k 进行比较，若不相等，则又转向它的左或右子树继续查找。

树型查找是一种递归的查找过程。

在二叉排序树上查找关键字为 k 的结点，成功时，返回该结点位置；否则，返回 NULL，递归函数如下。

```
btree * search (btree * b, int k)
{
    if (b==NULL)
        return (NULL);
  else
  {
        if(b->data==k)
          return (b);
```

二叉排序树查找递归算法。

```
        if(k<b->data)
          return (search (b->left, k));
        else
          return (search (b->right, k));
    }
}
```

非递归算法。

```
btree * treesearch (btree * b, int k)
{       btree * p;
        p=b;
        while(p!=NULL);
        {   if (p->data==k)
                return (p);
            else if (k<p->data)
                p=p->left;
            else p=p->right;
        }
        return (NULL);
  }
```

7.2.2　二叉排序树的插入

二叉排序树是一种动态树表。特点是树的结构不是一次生成，而是在查找过程中，当树中不存在关键字等于给定值的结点时，再进行插入。新插入的结点一定是一个新添加的叶子结点，并且是查找不成功时查找路径上访问的最后一个结点的左孩子或右孩子结点。

二叉排序树的插入是从空树出发，经过一系列的查找插入操作之后，可以生成一棵二叉排序树。

对于动态查找表，在查找不成功的情况下，尚需要插入关键字等于给定值的记录，并且从查找的过程容易得出插入的算法。

插入算法如下。

首先执行查找算法，找出被插结点的父亲结点。

判断被插结点是其父亲结点的左、右儿子。将被插结点作为叶子结点插入。

若二叉树为空，则新插入的结点为根结点。

注意：新插入的结点总是叶子结点，其插入位置由查找过程中得到。

将数的序列122，99，250，110，300，280作为二叉查找树的结点的关键字值，生成二叉查找树。

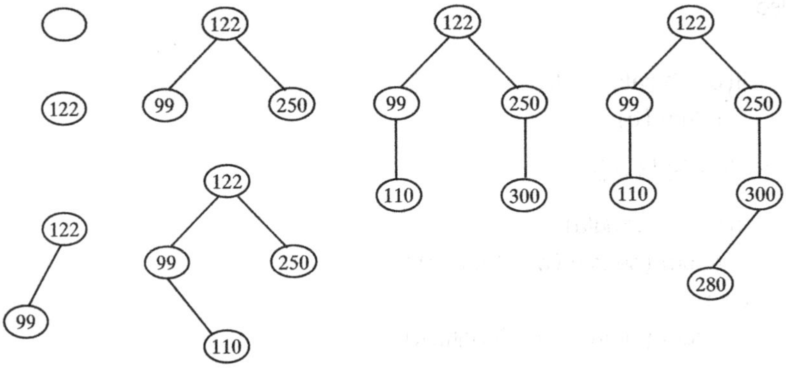

图7.2　二叉查找树

Status SearchBST（BiTree T，KeyType key，BiTree f，BiTree &p）

在二叉分类树查找关键字之值为key的结点。初始时f为NULL。如树空，返回p为NULL及FALSE。如树非空且查找成功，返回p=T及TRUE。如树非空且查不成功，返回p=f及FALSE。f为待插入结点的父亲结点的地址。

```
{ if ( ( !T) { p = f; return FALSE; }
  else if ( EQ( key, T ->data. key ) )
       { p = T; return TRUE; }
    else if ( LT( key, T ->data. key ) )
          return (SearchBST ( T -> lchild, key, T, p ));
    else return (SearchBST ( T -> rchild, key, T, p ));
  } /* SearchBST */
```

7.2.3 二叉排序树的删除

与插入相反，删除在查找成功之后进行，并且要求在删除二叉排序树上某个结点之后，仍然保持二叉排序树的特性。可分为以下三种情况讨论。

① 被删除的结点是叶子。直接删除，更改它的父亲结点的相应指针值为空。

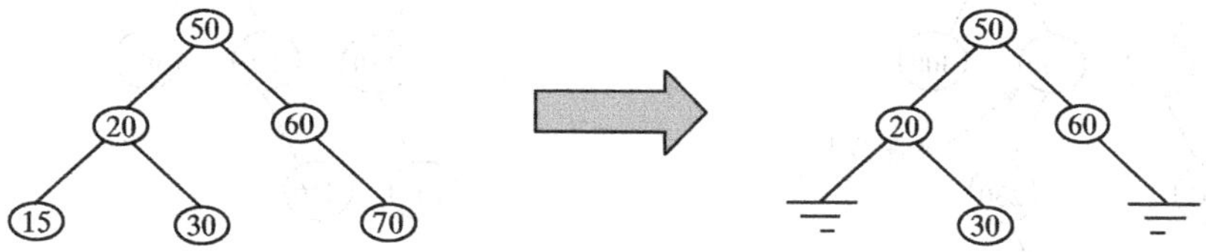

图 7.3 动态查找树表一

② 被删除的结点只有左子树或者只有右子树。选取“替身”，取代被删结点。有资格充当该替身的是谁哪？是左子树中最大的结点或右子树中最小的结点。

要点：维持二叉分类树的特性不变。在中序遍历中，紧靠着被删结点的结点才有资格作为“替身”。

删除数据值为 99 的结点。

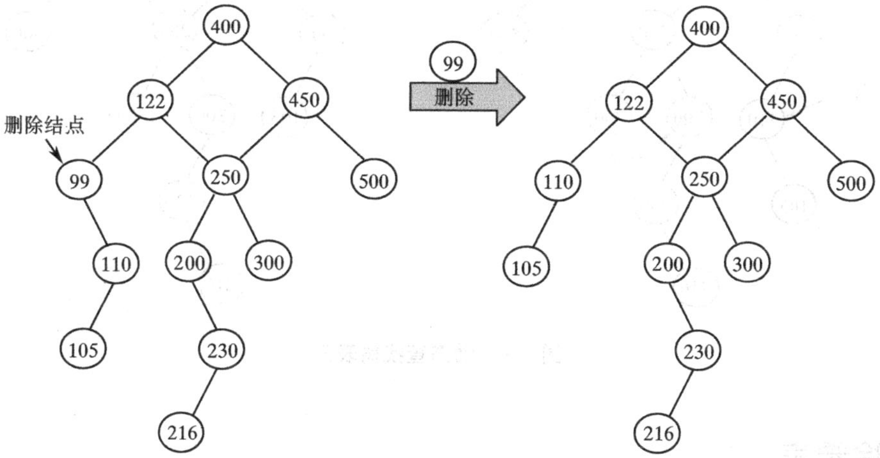

图 7.4 二叉查找树

删除数据值为 200 的结点。

结论：将被删结点的另一儿子作为它的父亲结点的儿子，究竟是作为左儿子还是右儿子，依据原替身结点和其父亲结点的关系而定，然后释放被删结点的空间。

③ 被删除的结点既有左子树，也有右子树，则通常的做法是：选取“替身”，取代被删结点。有资格充当该替身的是谁哪？是左子树中最大的结点（被删结点的左子树中的最右的结点，其右儿子指针值为空）或右子树中最小的结点（被删结点的右子树中的最左的结点，其左儿子指针值为空）。

例如，被删除的结点既有左子树，也有右子树。

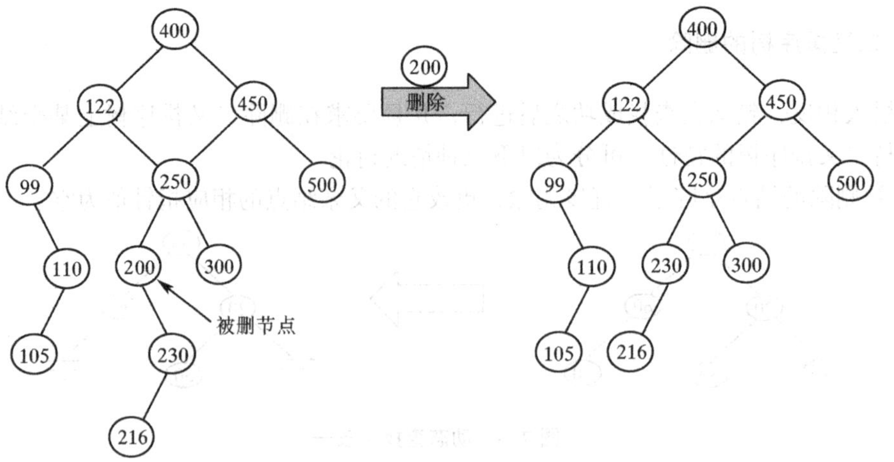

图 7.5 动态查找树表二

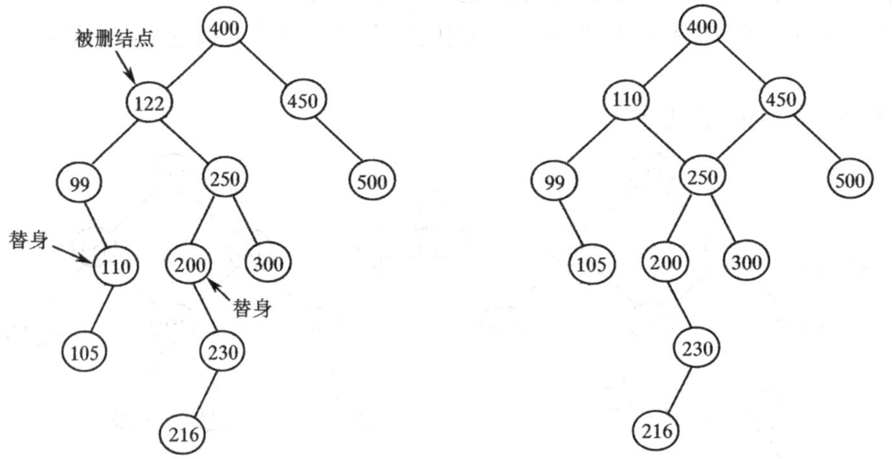

图 7.6 动态查找树表三

7.3 哈希表

7.3.1 哈希表

在前面介绍的各种查找算法中，在查找记录时，需要进行一系列和关键字的比较，这类查找方法建立在“比较”的基础上，查找的效率依赖于查找过程中所进行的比较次数。

理想的情况是希望不经过任何比较，一次存取便能得到所查记录，那就必须在记录的存储位置和它的关键字之间建立一种确定的对应关系 f，使每个关键字和结构中一个唯一的存储位置相对应。因而在查找时，只要根据这种对应关系 f 找到给定值 K 的像 f(K)。若结构中存在关键字和 K 相等的记录，则必定在 f(K) 的存储位置上，由此，不需要进行比较，便可以直接取得所查记录。在此，称这种对应关系 f 为哈希（Hash）函数，按照这种思想建立的表称为哈希表，由对应关系 f 所得的存储位置称为哈希地址或散列地址。

可以举一个哈希表的最简单的例子。假定一个线性表为 A=(21, 78, 63, 46, 57, 94, 49)，假定选取的哈希函数为 f(K)=K mod m，即用元素的关键字 K 除以哈希表的长度 m，取余数作为存储该元素的散列地址。这里假定 K 和 m 均为正整数，并且 m 要大于或等于线性表的长度 n。

在此例中，n=7，取 m=13，则得到每个元素的散列地址为

f(21)=21 mod 13=8　　f(78)=78 mod 13=0　　f(63)=63 mod 13=11

f(46)=46 mod 13=7　　f(57)=57 mod 13=5　　f(94)=94 mod 13=3

f(49)=49 mod 13=10

若根据散列地址把元素存储到哈希表 H（0..m-1）中，则存储映象为

0	1	2	3	4	5	6	7	8	9	10	11	12
78			94		57		46	21		49	63	

从哈希表中查找元素同插入元素一样简单，如从 H 中查找关键字为 46 的元素时，只要利用上面的哈希函数 f(K) 计算出 K=46 时的散列地址为 7，则从下标为 7 的单元中取出该元素即可。

上面讨论的哈希表是一种理想情况，每个元素都能够直接存储到它的散列地址所对应的单元中，不会出现该单元已经被其他元素占用的情况。在实际应用中，通常可能出现一个待插入元素的散列地址单元已经被占用，使得该元素无法直接存入到该单元中，把这种现象称为冲突。

在散列存储中，冲突是很难避免的，但发生冲突的可能性却有大有小，这主要与以下三方面因素有关。

① 装填因子。是指哈希表中已经存入的元素 n 与哈希表空间大小 m 的比值，即 α=n/m，α 越小，发生冲突的可能性就越小；α 越大，发生冲突的可能性就越大。

② 哈希函数。若哈希函数选择得当，就能够使散列地址尽可能均匀地分布在散列空间上，从而减少冲突的发生；否则，如果哈希函数选择不当，就可能使散列地址集中于某些区域，从而加大冲突的发生。

③ 解决冲突的方法。解决冲突方法选择的好坏，也将减少或增加发生冲突的可能性。

7.3.2 哈希函数的构造方法

构造哈希函数的方法很多。在介绍各种方法之前，首先需要明确什么是“好”的哈希函数。

若对于关键字集合中的任一个关键字，经哈希函数映象到地址集合中任何一个地址的概率是相等的，则称此类哈希函数为均匀的哈希函数。换句话说，就是使关键字经过哈希函数得到一个“随机的地址”，以便使一组关键字的哈希地址均匀地分布在整个地址区间中，从而减少冲突。

常用的构造哈希函数的方法如下。

(1) 直接地址法

取关键字或关键字的某个线性函数为哈希地址，即 H(key) =key 或 H(key) =a x key +b，其中 a 和 b 为常数。

例如，建立一个从 1 到 100 岁的人口数字统计表，其中，年龄作为关键字，哈希函数取关键字自身，得到的哈希表如表 7.1 所示。

表 7.1 直接定址哈希函数例之一 万人

地址	01	02	03	…	30	31	32	…	100
年龄	1	2	3	…	30	31	32	…	100
人数	5000	3000	2800	…	2200	1080	2000	…	…
⋮									

又如，有一个新中国成立后出生人口的调查表，关键字是年份，哈希函数取关键字加一常数：H(key) = key + (− 1948)，得到的哈希表如表 7.2 所示。

表 7.2 直接定址哈希函数例之二 万人

地址	01	02	03	…	22	23	24	…	…
年份	1949	1950	1951	…	1970	1971	1972	…	…
人数	8000	7000	9800	…	6200	6080	6000	…	…
⋮									

在直接地址法中，地址集合与关键字集合大小相同，因此，对于不同的关键字，不会发生冲突现象；但当关键字表示的范围很大且无规律时，难以采用这种方法。

(2) 数字分析法

假设关键字是以 r 为基的数（如：以 10 为基的十进制数），并且哈希表中可能出现的关键字都是事先知道的，则可取关键字的若干数位组成哈希地址。

例如，一个表的地址范围为 [0..99]，关键字为 8 位十进制数，则可以取两位十进制组成哈希地址。取哪两位呢？原则是使得到的哈希地址尽量避免产生冲突，因此需要分析这些关键字。设任意取出一些关键字如下：

…
6 8 0 1 4 5 9 0
5 1 1 4 5 7 0 2
6 6 0 4 5 6 1 4
5 5 1 2 4 4 9 7
6 2 0 3 5 3 1 6
5 3 1 8 5 2 0 8
5 7 1 7 5 2 2 3
…

分析其中每一位的位值分布情况，第一位和第七位各出现了 7 种数字，第三位和第五位各出现了 6 种数字，其他各位出现的数字比较集中，故取一、三、五、七中的任意两位值组成哈希函数值，这里取第一位与第七位，因此，有

H(68014590) = 80
H(51145702) = 12
H(66045614) = 64

$$H(55124497)=57$$
$$H(62035316)=26$$
$$H(53185208)=38$$
$$H(57175223)=73$$

此外，也可以取分布比较均匀的两位与另外两位的叠加求和后舍去进位作为哈希地址。

(3) 平方取中法

取关键字平方后的中间几位为哈希地址。这是一种比较常用的构造哈希函数的方法。通常，在选定哈希函数时，不一定能知道关键字的全部情况，取其中哪几位也不一定合适，而一个数平方后的中间几位数和数的每一位都有关，由此使随机分布的关键字得到的哈希地址是随机的。取的位数由表长决定。

例如，为 BASIC 源程序中的标识符建立一张哈希表。假设 BASIC 语言中允许的标识符为一个字母或一个字母和一个数字。在计算机内，可以用两位八进制数表示字母和数字。取标识符在计算机中的八进制数为它的关键字。假设表长为 $512=2^9$，则可以取关键字平方后的中间 9 位二进制数为哈希地址。表 7.3 和表 7.4 列出了一些标识符及其哈希地址。

表 7.3　　字符的八进制表示对照表

A	B	C	…	Z	0	1	2	…	9
01	02	03	…	32	60	61	62	…	71

表 7.4　　标识符及其哈希地址

记录	关键字	(关键字)^2	哈希地址 ($2^{17}\sim2^9$)
A	0100	0010000	010
I	1100	1210000	210
J	1200	1440000	440
I0	1160	1370400	370
P1	2061	4310541	310
P2	2062	4314704	314
Q1	2161	4734741	734
Q2	2162	4741304	741
Q3	2163	4745651	745

(4) 折叠法

将关键字分割成位数相同的几部分（若最后一部分位数不够，则可以空缺），然后取这几部分的叠加和（舍去进位）作为哈希地址。关键字位数很多，而且关键字中每一位上数字分布大致均匀时，可以采用这种方法。

① 移位叠加。把分割后的每一部分右对齐，相加。

例如，设哈希地址范围为 [0000..9999]，K = 8534276891。按照四位一段划分，移位叠加如下：

$$\begin{array}{r} 8534 \\ 2768 \\ 91 \\ \hline 11393 \end{array}$$

舍去进位，将 1393 作为 K 的哈希地址。

② 折叠叠加。把分割后的每一部分来回折叠相加。

上例的 K 折叠相加如下：

$$\begin{array}{r} 8534 \\ 8672 \\ 91 \\ \hline 17297 \end{array}$$

舍去进位，将 7297 作为 K 的哈希地址。

(5) 除留余数法

取关键字被某个不大于哈希表表长 m 的数 p 除后所得余数作为哈希地址。即

$$H(K) = K \bmod p \quad p \leqslant m$$

例如，设表长为 128，取 p = 127，当 K = 6785 时，H(K) = 6785 mod 127 = 54。

从经验得知，在一般情况下，选 p 为质数或不包含小于 20 的质因数的合数，这样可以减少冲突出现的可能性。除留余数法是常用的方法，不仅可以直接取模，也可以利用折叠法或平方取中法之后再取模。

(6) 基数转换法

设关键字原来是十进制数，人为地当做 q 进制，再转换成十进制数后作为哈希地址。

设 $K = 2420_{10}$，q = 12，则

$$H(K) = 2\times12^3 + 4\times12^2 + 2\times12^1 = 4056_{10}$$

(7) 随机数法

选择一个随机函数，取关键字的随机函数值为它的哈希地址，即 H(K) = random(K)，其中 random 为随机函数。通常，当关键字长度不等时，采用此法构造哈希函数比较恰当。

上面介绍了常用的若干种方法，至于选择什么样的哈希函数，视具体情况而定。通常要考虑的因素有计算哈希函数所需时间、哈希表的大小、关键字特性、记录的查找频率等。

7.3.3 处理冲突的方法

一般来说，选择合适的哈希函数可以减少冲突，但仍然不能完全避免，所以处理冲突是哈希造表不可缺少的工作。所谓处理冲突，是指在发生冲突时，为冲突的元素找到另一个哈希地址，以存放该元素。

解决冲突的方法基本上有两大类：一类称为开放地址法。当发生冲突时，用某种方法形成一个探测序列，沿着这个序列一个个单元地查询，直到找到这个关键字或找到一个开放的地址（即没有进行存储的空单元）。若是插入操作，则遇到空单元就可以进行插入；若是查找操作，则遇到空单元就是查找失败。另一类称为链地址法。当发生冲突时，就把发生冲突的结点用单链表链接起来。

下面分别介绍这两类方法的算法。

(1) 开放地址法

开放地址法就是从发生冲突的那个单元开始，按照一定的次序，从哈希表中查找出一个空闲的存储单元，把发生冲突的待插入元素存入到该单元中的一类处理冲突的方法。在使用开放地址法处理冲突的哈希表中，查找一个元素的过程是：首先根据给定的关键字K，利用与插入时使用的同一哈希函数H(K)计算出散列地址（假定下标为d）。然后，用K同d单元的关键字进行比较，若相等，则查找成功；否则，按照插入时处理冲突的相同次序，依次用K与所查单元的关键字进行比较，直到查找成功或查找到一个空单元（表明查找失败）为止。

在开放地址法中，从发生冲突的散列地址为d的单元起进行查找，有多种方法，每一种方法都对应一定的查找次序或称查找路径，都产生一个确定的探测序列（即待比较元素的地址序列）。在查找的多种方法中，线性探查法是一种最简单的探查方法，下面着重加以介绍。

线性探查法是从发生冲突的d单元起，依次探查下一个单元，直到碰到一个空闲单元为止。这种方法的探查序列为d，d+1，d+2，…，或使用递推公式表示为

$$\begin{cases} d_0 = H(K) \\ d_i = (d_{i-1}+1) \bmod m \qquad (1 \leqslant i \leqslant m-1) \end{cases}$$

当然，这里的i在最坏的情况下才能取值到m-1，一般只需要取前几个值即可找到一个空闲单元。找到一个空闲单元后，把发生冲突的待插入元素存入该单元中。

线性探测法思路清晰，算法简单，但存在下列缺点。

① 溢出处理需要另编程序。一般可以另外设立一张溢出表，专门用来存放上述哈希表中放不下的记录。此溢出表的最简单的结构是向量，查找方法可以用顺序查找。

② 在按照上述算法建立起来的符号表上，不能进行删除操作。因为在上述哈希表中删除某一记录后，线性探测序列将被中断，从而无法再查到具有相同哈希函数值的后继记录。

③ 线性探测法很容易产生堆聚现象。所谓堆聚现象，是指存入哈希表的记录在表中连成一片。当哈希函数不能把关键字很均匀地散列到哈希表中时，尤其容易产生堆聚现象。产生堆聚现象后，增加了探测的次数，从而降低了查找效率。

(2) 链地址法

将所有散列地址相同的记录存储在同一张线性链表中。假设某哈希函数产生的哈希地址在区间[0，m-1]上，则建立一个指针型向量

Chain ChainHash[m];

其每个分量的初始状态都是空指针。凡哈希地址为i的记录都插入到头指针为ChainHash[i]的链表中。在链表中的插入位置既可以在表头或表尾，也可以在中间。

例如，已知一组关键字为（16，13，23，01，63，85，27，57，12，10)，则按照哈希函数H(key)=key MOD 11和链地址法处理冲突构造所得的哈希表如图7.7所示。

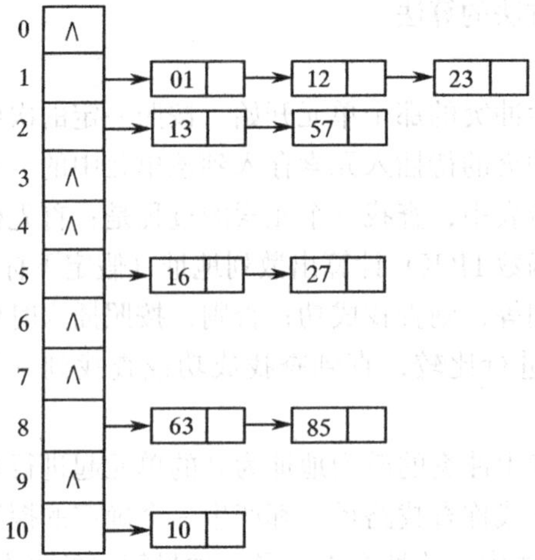

图 7.7 链地址法处理冲突时的哈希表

7.4 实 训

【实训 7.1】 顺序查找和二分法查找。
【实训目的】 理解顺序查找和二分法查找。
【实训内容】 利用本章知识，编写程序来实现顺序查找和二分法查找程序。
【参考代码】

```
#include <stdio.h>
#include <stdlib.h>
#define ElemType int
/*顺序查找*/
int SqSearch(ElemType a[], int n, ElemType x);
int SqSearch2(ElemType a[], int n, ElemType x); /*打印查找过程*/
/*折半查找*/
int BinSearch(ElemType a[], int n, ElemType x);
int BinSearch2(ElemType a[], int n, ElemType x); /*打印查找过程*/
/*打印数组数据*/
void PrintArray(ElemType a[], int n);
int main()
{
    int i, x;
    /*测试数据*/
    const int N = 9;
    ElemType a1[N+1]={0,34,23,12,56,90,78,89,45,67};
    ElemType a2[N+1]={0,12,23,34,45,56,67,78,89,90};
```

```
    /* 顺序查找 */
    printf("\n顺序查找\n");
    printf("a1[]=");
    PrintArray(a1,N);
    printf("\n输入要查找的数据: ");
    scanf("%d", &x);
    if((i=SqSearch(a1,N,x))>0) /* 找到
      printf("\n找到 x==a1[%d]\n",i);
    else /* 未找到 */
      printf("\n找不到 %d \n",x);
    printf("\n查找过程:");
    SqSearch2(a1,N,x);
    printf("\n完成\n");
    /* 二分法查找 */
    printf("\n二分法查找\n");
    printf("a2[]=");
    PrintArray(a2,N);
    printf("\n输入要查找的数据: ");
    scanf("%d", &x);
    if((i=BinSearch(a2,N,x))>0) /* 找到 */
      printf("\n找到 x==a2[%d]\n",i);
    else /* 未找到 */
      printf("\n找不到 %d \n",x);
    printf("\n查找过程:");
    BinSearch2(a2,N,x);
    printf("\n完成\n");
    system("pause");
    return 0;
}
/* 在数组 a[1..n]中顺序查找 x */
/* 找到时返回元素下标,否则返回 0 */
int SqSearch(ElemType a[], int n, ElemType x)
{
    /*------------------------------------------------*/
    /* TODO (#1#): 顺序查找算法 */
    /*------------------------------------------------*/
    return 0; /* 找不到 */
}
int SqSearch2(ElemType a[], int n, ElemType x)
{
```

```
    /*---------------------------------------------------------*/
    /* TODO (#1#): 顺序查找算法,打印每次比较结果 */
    /*---------------------------------------------------------*/
    return 0;
}
/* 在数组 a[1..n]中二分法查找 x */
/* 找到时返回元素下标,否则返回 0 */
/* 前提:a[1..n]是非递减有序的 */
int BinSearch(ElemType a[], int n, ElemType x)
{
    /*---------------------------------------------------------*/
    /* TODO (#1#): 二分法查找算法 */
    /*---------------------------------------------------------*/
    return 0; /* 找不到
}
int BinSearch2(ElemType a[], int n, ElemType x)
{
    /*---------------------------------------------------------*/
    /* TODO (#1#): 二分法查找算法,打印每次比较结果 */
    /*---------------------------------------------------------*/
    return 0;
}
/* 打印数组数据 a[1..n] */
void PrintArray(int a[], int n)
{
    int i;
    printf("{ ");
    for(i=1; i<=n; i++)
      printf("%d ",a[i]);
    printf("}\n");
}
```

【实训 7.2】 二叉排序树查找。

【实训目的】 理解二叉树查找的过程。

【实训内容】 二叉排序树查找的程序实现。

【参考代码】

```
/* SearchBST.c */
/* This function is to find element in the gived BiTree */
#include <malloc.h>
#include <conio.h>
```

```
# include <stdio.h>
# define OK 1
# define ERROR 0
typedef int KeyType;
typedef int TElemType;
typedef struct BiTNode    /* define structure BiTree
{    TElemType data;
     struct BiTNode *lchild, *rchild;
}BiTNode, *BiTree;

int CreateBiTree(BiTree &T, int array[], int &i) /* CreateBiTree() sub-function
{    TElemType ch;
     printf("Pleae input data (0 for NULL node!) : ");
     scanf("%d", &ch);
     ch=array[i];
     i++;
     if(ch==0) T=NULL;
     else
     {       if(!(T=(BiTNode *)malloc(sizeof(BiTNode))))
             { printf("\nOverflow!"; /* no alloction
        return (ERROR);
          }
          T->data=ch;
          CreateBiTree(T->lchild, array, i); /* create lchild
          CreateBiTree(T->rchild, array, i); /* create rchild
     }
     return (OK);
} /* CreateBiTree() end */

int PreOrderTraverse(BiTree T) /* PreOrderTraverse sub-function
{       if(T)
          { printf("%d",T->data);
        if (PreOrderTraverse(T->lchild))
          if (PreOrderTraverse(T->rchild))
          return (OK);
        return (ERROR);
          }
        else
          return (OK);
} /* PreOrderTraverse() end */
```

```
int SearchBST(BiTree T, KeyType key, BiTree f, BiTree &p)  /* SearchBST() Sub-
function
{       if(!T)
        { p=f;
        return (ERROR);
        }
        else if(key==T->data)
        {    p=T;
             return (OK);
        }
          else if(key<T->data)
        SearchBST(T->lchild, key, T, p);
          else
        SearchBST(T->rchild, key, T, p);
}

void main()    /* main() function
{       BiTree T;
        int array[]={49,38,13,0,27,0,0,0,65,50,0,52,0,0,76,0,0};
        int i=0;
        printf("\nSearchBST.c";
        printf("\n===============");
        printf("\nThe gived BiTree is as follows by PreOrderTraverse :";
        CreateBiTree(T, array, i);     /* call CreateBiTree() */
        PreOrderTraverse(T);
        BiTree f, p;
        KeyType key;
   printf("\nPlease input the data to find (eg,27): ");
          scanf("%d", &key);
          if(SearchBST(T, key, f, p))      /* call SearchBST() */
             printf("%d is found !", p->data);
          else
             printf("%d isn't found !", key);
   printf("\n...OK!...");
          getch();
}
```

习　　题

1. 若对大小为n的有序的顺序表和无序的顺序表分别进行顺序查找，试在下列两种情况下，分别讨论在等概率时的平均查找长度是否相同？

① 查找不成功；

② 查找成功。

2. 画出对长度为10的有序表进行折半查找的判定树，并求其等概率时查找成功的平均查找长度。

3. 已知如下所示长度为12的表

(Jan, Feb, Mar, Apr, May, June, July, Aug, Sep, Oct, Nov, Dec)

① 试按照表中元素顺序依次插入一棵初始为空的二叉排序树，请画出插入完成后的二叉排序树，并求其在等概率的情况下查找成功的平均查找长度。

② 若对表中元素先进行排序构成有序表，求在等概率的情况下，对此表进行折半查找时查找成功时的平均查找长度。

③ 按表中元素顺序构造一棵平衡二叉排序树，并求其在等概率的情况下，查找成功的平均查找长度。

4. 设关键字集合为{27, 49, 79, 5, 37, 1, 56, 65, 83}，散列函数为：H(k)＝k mod 7，散列表长度m＝10，起始地址为0，分别用线性探测和链地址法来解决冲突。试画出对应的散列表。

5. 有一个有序文件，其中各记录的关键字为

{3, 4, 5, 6, 7, 8, 10, 17, 19, 20, 27, 32, 43, 54, 65, 76, 87}，

当用折半查找算法查找关键字为4, 20, 65时，其比较次数分别为多少？

6. 若对大小均为n的有序顺序表和无序顺序表分别进行查找，试就下列三种情况，分别讨论两者在等查找概率时的平均查找长度是否相同？

① 查找失败；

② 查找成功；

③ 查找成功，表中有多个关键字等于给定值的记录，一次查找要求找出所有记录。

7. 试按照下列次序将各关键字插入到二叉平衡树中，画出重新平衡的情况。关键字依次为

8, 9, 10, 2, 1, 5, 3, 6, 7, 11, 12

8. 已知长度为12的表

(Jan, Feb, Mar, Apr, May, Jun, Jul, Aug, Sep, Oct, Nov, Dec)。

① 试按照表中元素的顺序，依次插入一棵初始为空的二叉树；试画出插入完成之后的二叉排序树，并求其在等查找概率情况下，查找成功的平均查找长度。

② 若对表中元素先进行排序构成有序表，试求在等查找概率情况下，对此有序表进行二分查找时查找成功的平均查找长度。

第 8 章 排 序

【学习目标】

本章主要介绍数据处理中各种典型排序算法，包括内部排序中的插入排序、选择排序、交换排序、归并排序和基数排序。

【基本要求】

通过本章的学习，读者应该掌握以下内容：

① 排序的定义和各种排序方法的特点，排序方法“稳定”或“不稳定”的含义；

② 各种排序方法的原理、排序过程、时间复杂度的分析和实现算法；

③ 希尔排序、快速排序、堆排序和归并排序等高效方法是本章学习的重点与难点；

④ 要求能够根据各种内部排序方法的优缺点及不同应用场合选择合适的方法进行排序。

如果将数据按照一定的标准进行排序，那么数据处理的效率就会随之提高。例如，如果英语字典没有按照字母表顺序排列，在使用的时候就很难从其中找到需要的单词。电话号簿、学生名单、银行账户和其他按照某种规则顺序组织的材料同样属于这种情况。使用已排好序的数据可以明显地带来许多方便，并且这种方法也适用于计算机。虽然计算机处理数据的能力强、速度快，但是让计算机来操作一个无序的数据集时，其效率也会大幅降低。因此，在对数据进行处理之前，通常需要对其进行排序。

(1) 关键字（Key）

记录（排序中经常把数据元素称为记录）中的某一个可以用来标识一个数据元素（记录）的数据项，被称为关键字项，该数据项的值被称为关键字。

关键字可以作为排序运算的依据，但是应该选取哪一个数据项作为关键字，应该根据具体情况而定。例如，在考试成绩报告表中，一个考生的记录包括考号、姓名、英语成绩、数学成绩、政治成绩、总分等数据项。若要快速查找某一个考生的成绩，应该选取“考号”作为关键字进行排序，因为考号可以唯一标识一个考生的记录。如果想按照学生的总分进行排名，则应该把“总分”作为关键字对成绩表进行排序。

(2) 排序 (Sorting)

排序是计算机程序设计中的一种重要操作，其功能是将一组数据元素（或记录）从任意序列排列成一个按照关键字有序的序列。

为了便于讨论，下面要给排序下一个确切的定义。

假设文件中有一组 n 个记录，为 $\{R_1, R_2, \cdots, R_n\}$，其相应的关键字分别为 $\{k_1, k_2, \cdots, k_n\}$，通过排序重新构造一种排列 $\{R_{j1}, R_{j2}, \cdots, R_{jn}\}$，使其关键字呈如下关系：

$$k_{j1} \leqslant k_{j2} \leqslant \cdots \leqslant k_{jn}$$

这样一种操作被称为排序。

其中，j1，j2，…，jn 属于集合 {1，2，…，n}。也就是说，排序是把一组记录按照关键字递增（或递减）的次序重新排列，使它变成一个按照关键字值大小有序的序列。

注意，上文中的“≤”符号可以理解为一种关系符号（或大于号，或小于号），但在一种算法中，只使用一种含义。

(3) 排序方法的稳定性

如果待排序的文件中存在多个关键字相同的记录，比如在上例的 $\{R_1, R_2, \cdots, R_n\}$ 中，有 $k_i = k_j$ $(1 \leqslant i \leqslant n, 1 \leqslant j \leqslant n, i \neq j)$，且在排序前的序列中 R_i 领先于 R_j（即 $i<j$）。若在排序后的序列中 R_i 仍然领先于 R_j，则称所用的排序方法是稳定的；反之，若可能使排序后的序列中 R_j 领先于 R_i，则称所用的排序方法是不稳定的。

(4) 内部排序和外部排序

排序可以分为内部排序和外部排序两类。

在排序过程中，若线性表的全部结点都在内存，并且在内存中调整它们在线性表中的存储顺序，则称这种排序方法为内部排序，简称为内排序。

在排序过程中，若线性表只有部分结点被调入内存，并且借助内存调整结点在外存中的存放顺序，则称这种排序方法为外部排序，简称为外排序。

本章主要介绍内部排序方法。

(5) 排序方法的性能

排序的方法很多，每种方法都有各自的优点和缺点，适用于不同的环境，比如记录的初始状态、记录数量的多少等。但无论哪种排序方法，一般的性能评价标准主要有如下两条：

① 执行排序算法所需要的附加空间；

② 执行排序算法所需要的时间。

一般排序方法的时间代价以具体排序算法执行过程中的关键字之间的比较次数和记录位置移动次数来反映。因此，排序所花费的时间代价大小是最重要的性能评价因素。在学习各种排序方法时，除了掌握算法的实现过程以外，更重要的是了解它们的设计思想和算法的时间分析。

8.1　插入排序

当把一堆杂乱的考卷按照成绩排序的时候，最常使用的方法就是插入法。假设学生的考卷初始顺序如表 8.1 所示。

表 8.1　　考卷的初始序列

学号	姓名	成绩
004	陈红	81
005	赵伟	60
003	王强	88
001	李明	74
002	张梅	94
…	…	…

排序的时候，由于赵伟的成绩低于陈红，因此二者不用移动位置；而处于第三位的王强的成绩为 88 分，高于陈红，因此要把他的考卷放置在陈红之前；李明的成绩是 74 分，处于陈红的 81 分和赵伟的 60 分之间，因此把李明的考卷插入到陈红和赵伟之间；张梅的成绩是几个人里面最高的，因此要放置在王强之前。调整好的试卷顺序如表 8.2 所示：

表 8.2　　按成绩排序之后的考卷顺序

学号	姓名	成绩
002	张梅	94
003	王强	88
004	陈红	81
001	李明	74
005	赵伟	60
…	…	…

将这种排序理念应用于计算机数据处理就是插入排序。由此可知，插入排序的基本思想是：每一步将一个待排序的记录按照其关键字的大小插入到前面已经排好序的文件中的适当位置，直至所有记录都插入完为止。

插入排序法主要包括直接插入排序、折半插入排序和希尔排序。

8.1.1　直接插入排序

直接插入排序（Straight Insertion Sort）是一种最简单的排序方法之一。它的基本思想是：每一趟将一个待排序的记录按照其关键字值的大小插入到已经排好序的有序表中，直到将所有记录全部插入到有序表中为止。

(1) 算法思想

假设线性表中有 n 个记录，存放在数组 r 中。

① 把线性表中的 n 个元素看成一张有序表和一张无序表，开始时，有序表中只有一个元素 r[0]，无序表中是其余的 n－1 个元素；

② 依次从无序表中取出一个元素，将其和有序表中的记录按照关键字比较，把它插入到合适的位置，使之成为一张新的有序表，这称为一趟排序过程；

③ 重复步骤②，直到无序表中的元素全部插入到有序表中，排序过程结束。

有一组数据（77，83，60，92，55，88，60），直接插入排序的具体过程如图 8.1 所示。

用 C 语言实现的直接插入排序算法如下。

```
1. (77)  83   60   92   55   88   60
2. (77   83)  60   92   55   88   60
3. (60   77   83)  92   55   88   60
4. (60   77   83   92)  55   88   60
5. (55   60   77   83   92)  88   60
6. (55   60   77   83   88)  92   60
7. (55   60   60   77   83   88   92)
```

图 8.1 直接插入排序过程

```
void InsertSort(list r, int n) //待排序元素为 r[1]~r[n]
{
  int i, j;
  for(i = 2; i <= n; i++)
  {
    r[0] = r[i];
    j = i-1;
    while(r[0].key < r[j].key)
    {
      r[j+1] = r[j];
      j--;
    }
    r[j+1] = r[0];
  }
}
```

算法中在 r[0] 处设置监视哨，可以在查找插入位置的过程中避免数组下标出界。

(2) 算法性能分析

从空间性能方面，直接插入排序算法仅用了一个辅助单元。

从时间性能方面，可以分为三种情况。

① 最好情况。即待排序的 n 个记录已经按照关键字有序，则每趟排序仅比较 1 次，做 0 次移动，即

$$总比较次数 = n-1 次$$

$$总移动次数 = 0 次$$

② 最坏情况。即待排序的 n 个记录是按照关键字完全反序的，则在每一趟排序中，需要同前面已经排好序的 i 个记录进行 i 次比较，记录移动次数为 i+1 次。那么，

$$总比较次数 = \sum_{i=2}^{n} i = \frac{1}{2}(n-1)(n+2)$$

$$总移动次数 = \sum_{i=2}^{n}(i+1) = \frac{1}{2}(n-1)(n+4)$$

③ 一般情况。通常上述两种极端情况较少出现，一般来说，待排序记录的顺序是随机的，则可取上述最小值和最大值的平均值作为直接插入排序时需要进行的关键字比较次数和移动记录次数，约为 $n^2/4$。因此，直接插入排序的时间复杂度为 $O(n^2)$。

另外，从图 8.1 所示实例可以看出，相同关键字的记录（即 60 与 $\underline{60}$ 的两条记录）在排序前后的相对位置没有改变，所以直接插入排序是一种稳定的排序方法。

8.1.2 折半插入排序

直接插入排序法不仅易于理解，而且算法比较简单。但是，当待排序的记录量很大时，比较和移动记录的次数也随之大幅增加。那么，如何适当简化排序过程呢？可以尝试将上一章学习过的查找方法引入到排序中。

插入排序的基本操作有两个：一是在有序表中查找合适位置；二是将记录插入到该位置。如果“查找”这个操作利用“折半查找”来实现，那么此时进行的插入排序被称为折半插入排序（Binary Insertion Sort）或二分法插入排序。

(1) 算法思想

假设线性表中有 n 个记录，存放在数组 r 中。

在确定 r[i] 的插入位置时，将它与前面 i-1 个记录依次比较。由于前 i-1 个记录已经按照关键字有序，可以采用二分法，较快地找到 r[i] 的插入点（具体过程可以参考第 7 章“折半查找”的算法思想）。令 i 从 2～n，依次插入每个 r[i]，直至完成整个排序过程。

用 C 语言实现的折半插入排序算法如下。

```
void BSertsort(list r, int n)
{
  int i, j, low, mid, high;
  for(i = 2; i <= n; i++)
  {
    r[0] = r[i];              //保存待插入元素
    low = 1;
    high = i-1;               //设置初始区间
    while(low <= high)        //确定插入位置
    {
      mid = (low+high)/2;
      if(r[0].key < r[mid].key)
        high = mid-1;         //插入位置在低半区
      else low = mid+1;       //插入位置在高半区
    }
    for(j = i-1; j >= high+1; j--)
      r[j+1] = r[j];          //移动元素
    r[high+1] = r[0];         //插入新元素
  }
}
```

(2) 算法性能分析

从空间性能方面，折半插入排序所需附加存储空间与直接插入排序相同。

从时间性能方面，折半插入排序定位一个元素的位置需要比较次数至多为 $\log_2(n+1)$ 次，所以比较次数的时间复杂度为 $O(n\log_2 n)$，但移动记录的次数与直接插入排序相同，因此，时间复杂度仍然为 $O(n^2)$。

折半插入排序也是一种稳定的排序方法。

8.1.3 希尔排序

希尔排序（Shell' s Sort）又称为缩小增量排序，是 1959 年由 D.L.Shell 提出来的，它也是一种插入排序类方法，但在时间效率上，较前两种插入排序方法有较大的改进。

(1) 算法思想

不断地把待排序的一组记录按照间隔值分成若干小组，然后对同一组的记录进行排序。具体做法如下：

① 取定一个正整数 d_1（$d_1<n$）作为间隔值（或称为步长），然后把全部 n 个记录按照此间隔值从第一个记录起进行分组，每组记录的下标相差 d_1，对每组中的记录进行排序（排序方法可以任选，一般常用直接插入排序法）；

② 取定一个正整数 d_2（$d_2<d_1$）作为新的间隔值，对所有记录进行重新分组，再对各组进行组内排序；

③ 重复以上步骤，直到 $d_i=1$ 为止，即间隔为 1 时记录有序，也就是整体达到有序。

对间隔值的取法有多种，希尔提出的取法是：$d_1=\lfloor n/2\rfloor$，$d_{i+1}=\lfloor d_i/2\rfloor$。另外，还有克努特提出的 $d_{i+1}=\lfloor d_{i-1}/3\rfloor$。下面按照希尔排序的方法举例说明。

已知一组记录的关键字值为（43，25，39，29，65，57，76，22，41，39）

由于元素个数 n = 10，根据希尔法，取间隔值为 $d_1=\lfloor n/2\rfloor=\lfloor 10/2\rfloor=5$，$d_2=\lfloor d_1/2\rfloor=\lfloor 5/2\rfloor=2$，$d_3=\lfloor d_2/2\rfloor=\lfloor 2/2\rfloor=1$，排序具体过程如下。

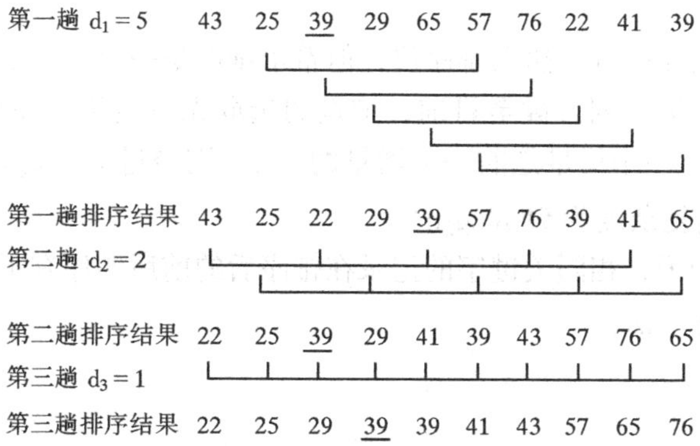

图 8.2 希尔排序过程

由以上实例可以看出，希尔排序每一趟以不同的间隔距离 d 进行分组排序。当 d 较大时，被移动的记录是跳跃式进行的。到最后一次排序时（d = 1），许多记录已经有序，并不需要多少移动，所以提高了排序的速度。

用 C 语言实现的希尔排序算法如下。

```
void ShellSort(list r, int n)
{
    int i, j, d;
    d = n;
    do{
      d = d/2;                       //设置间隔值
      for(i = d+1; i <= n; i++)
      {
        r[0] = r[i];
        j = i-d;
        while((j > 0) && (r[0].key < r[j].key))
        {
          r[j+d] = r[j];             //记录后移
          j -= d;
        }
        r[j+d] = r[0];               //插入记录
      }
    } while(d != 1);
}
```

希尔排序算法一般可以通过三重循环来实现。

① 外层循环是以不同的间隔值 d 进行分组排序，直至 d = 1 为止。

② 中间循环是对各组进行排序，若在某个 d 值下发生了记录的交换，则需要继续循环，直到各组内均无记录交换为止。也就是说，此时各组内已经完成排序。

③ 内层循环是在各组内存在逆序情况时，移动记录查找插入位置。

(2) 算法性能分析

希尔排序的速度一般要比直接插入排序快，但希尔排序是一个比较复杂的问题，因为时间的复杂度依赖于所取增量序列，截至目前，增量的选取无一定论。如果按照 $d_1 = \lfloor n/2 \rfloor$，$d_{i+1} = \lfloor d_i/2 \rfloor$来取，每次后一个增量是前一个增量的 1/2，则经过 $t = \log_2(n+1)$ 次以后，$d_t = 1$，这时该算法的时间复杂度为 $O(n\log_2 n)$。

根据图 8.2 所示的例子，相同关键字的记录在排序后的前后顺序有了改变，所以，希尔排序是一种不稳定的排序方法。

8.1.4 应用举例

【例 8.1】 已知序列（time，kay，eva，roy，dot，jon，kim，ann，tom，jim），请给出采用直接插入排序法对该序列进行升序排序（以字典顺序）时的每一趟的结果。

【解】

初始序列：(time) kay eva roy dot jon kim ann tom jim

第 1 趟：(kay time) eva roy dot jon kim ann tom jim

第 2 趟：	(eva	kay	time)	roy	dot	jon	kim	ann	tom	jim
第 3 趟：	(eva	kay	roy	time)	dot	jon	kim	ann	tom	jim
第 4 趟：	(dot	eva	kay	roy	time)	jon	kim	ann	tom	jim
第 5 趟：	(dot	eva	jon	kay	roy	time)	kim	ann	tom	jim
第 6 趟：	(dot	eva	jon	kay	kim	roy	time)	ann	tom	jim
第 7 趟：	(ann	dot	eva	jon	kay	kim	roy	time)	tom	jim
第 8 趟：	(ann	dot	eva	jon	kay	kim	roy	time	tom)	jim
第 9 趟：	(ann	dot	eva	jim	jon	kay	kim	roy	time	tom)

【例 8.2】　已知序列（15，2，17，38，9，30，5，12，22，17，19，13，26，6，24，30)，请给出采用希尔排序法对该序列进行升序排序时的每一趟结果。

【解】

初始序列：	15	2	17	38	9	30	5	12	22	17	19	13	26	6	24	30
第一趟排序结果（$d_1=8$）：	15	2	17	13	9	6	5	12	22	17	19	38	26	30	24	30
第二趟排序结果（$d_2=4$）：	9	2	5	12	15	6	17	13	22	17	19	30	26	30	24	38
第三趟排序结果（$d_3=2$）：	5	2	9	6	15	12	17	13	19	17	22	30	24	30	26	38
第四趟排序结果（$d_4=1$）：	2	5	6	9	12	13	15	17	17	19	22	24	26	30	30	38

8.2　交换排序

假设有 10 名同学随意站成一对，如果老师想让他们按照身高顺序重新排列，则最常用的方法是让同学们两两比较身高，然后根据比较结果，决定是否交换二者站位。而交换排序法正是基于这种思想：比较两条记录的关键字，若是逆序，则将二者交换位置；否则，保持原序。

交换排序主要包括冒泡排序和快速排序。

8.2.1　冒泡排序

冒泡排序（Bubble Sort）是一种比较简单、常用的排序方法。

(1) 算法思想

每趟排序中只比较相邻两个记录的关键字，若为逆序，则进行交换，使关键字按照既定顺序逐渐“上浮”或“下沉”。具体过程如下。

① 将第 1 条记录的关键字和第 2 条记录的关键字进行比较，若为逆序则交换两个记录的位置，若正序则保持原序不变。

② 比较第 2 条和第 3 条记录的关键字，逆序时交换。以此类推，直至第 $n-1$ 条记录与第 n 条记录的关键字比较完毕为止。

③ 上述①和②的排序过程称做第一趟冒泡排序，其结果使得关键字最大的记录被放置到最后一条记录的位置上。

④ 进行第二趟冒泡排序，从第 1 条记录开始到第 $n-1$ 条记录进行同样的操作，其结果是使关键字次大的记录被放置到第 $n-1$ 条记录的位置；

⑤ 依此类推，直至在一趟排序过程中，没有进行任何记录交换的操作，冒泡排序结束。

一般地，第 i 趟冒泡排序是从第 1 条记录到第 n－i＋1 条记录之间，依次进行比较和交换。其结果是这 n－i＋1 条记录中关键字最大的记录被交换到第 n－i＋1 的位置上。

已知一组记录的关键字值为（30，87，61，70，26，61），用冒泡法排序的具体过程如图 8.3 所示。

第一趟：	30		87	←→	61		70		26		61
	30		61		87	←→	70		26		61
	30		61		70		87	←→	26		61
	30		61		70		26		87	←→	61
	30		61		70		26		61		(87)
第二趟：	30		61		70	←→	26		61		(87)
	30		61		26		70	←→	61		(87)
	30		61		26		61		(70		87)
第三趟：	30		61	←→	26		(61		(70		87)
	30		26		61		(61		70		87)
第四趟：	30	←→	26		61		(61		70		87)
	26		30		(61		(61		70		87)
第五趟：	(26		30		61		61		70		87)

图 8.3　冒泡排序过程

由图 8.3 可知，在冒泡排序过程中，关键字较小的记录好像水中的小气泡逐渐向上漂浮，而关键字较大的记录好像大气泡逐渐沉向水底。因为在第五趟排序过程中没有进行记录交换的操作，冒泡排序至此结束。

用 C 语言实现的冒泡排序算法如下。

```
void BubbleSort(list r, int n)
{
  int i, j, flag;
  flag = 1;
  for(i = 1; (i < n) && flag; i++)
  {
    flag = 0;
    for(j = 1; j <= n-i; j++)
      if(r[j].key > r[j+1].key)
      {
        r[0] = r[j];
        r[j] = r[j+1];
        r[j+1] = r[0];
        flag = 1;
      }
  }
}
```

冒泡排序算法一般需要通过二层循环来实现。

① 外层循环用来控制排序执行的趟数，最少 1 趟，最多则需要 n－1 趟；

② 内层循环用于控制在每一趟排序中相邻记录的比较和交换。

另外，变量 flag 是算法中设置的标志量，当它为 1 时，表示在这次循环中至少进行了一次交换；反之，如果 flag 的值为 0，表示在此趟排序过程中，没有进行记录交换，根据冒泡排序的特性可知，此时整个排序结束。

(2) 算法性能分析

从空间性能方面，冒泡排序法仅用了一个辅助单元。

从时间性能方面，由于冒泡排序算法的执行时间与记录序列的初始状态有很大关系，因此，可能出现以下两种极端情况。

① 最好情况。即待排序的 n 个记录已经按照关键字有序，则比较次数为 n－1 次，交换次数为 0 次；

② 最坏情况：即待排序的 n 个记录按照关键字“逆序”排列，则要进行 n－1 趟排序，每一趟对无序的 i 个记录进行 i－1 次比较，那么总比较次数为 $\sum_{i=2}^{n}(i-1)=\frac{1}{2}n(n-1)$，而交换记录的次数与比较次数数量级相同，因此可以认为总的时间复杂度为 $O(n^2)$。

另外，从图 8.3 所示实例可以看出，相同关键字的记录在排序前后位置没有改变。因此，冒泡排序是一种稳定的排序方法。

8.2.2 快速排序

快速排序（Quick Sort）又称为分区交换法，是 C.R.A.Hoare 于 1962 年提出的一种划分交换排序，是冒泡排序的一种改进。

(1) 算法思想

通过一趟排序，将待排序的记录分割成独立的两部分，其中一部分记录的关键字均比另一部分记录的关键字小，再分别对这两个区间中的记录进行快速排序，直到整个序列有序。具体操作如下。

① 在待排序的 n 条记录中任取一条记录（通常选取第一条记录），把它作为比较的基准记录。

② 将所有记录通过从两端向中间进行比较和交换，把前面单元中关键字比基准记录关键字大的记录交换到后面的单元中，把后面单元中关键字比基准记录关键字小的记录交换到前面的单元中，而基准记录最终被调换到前后两部分单元的交界处。这样，前面单元中所有记录的关键字均小于基准记录的关键字，后面单元中所有记录的关键字都大于或等于基准记录的关键字，基准记录的当前位置就是排序后的最终位置。以上过程称做一趟快速排序。

③ 对所分割的前后两部分分别重复上述过程，直至每个部分只剩下一条记录为止。

一趟快速排序的具体做法：设待排序区间为 r[s]～r[t]，s 称为下限，t 称为上限，以 r[s]为基准元素。附设两个指针 i 和 j，i 的初值设为 s，j 的初值设为 t。从 j 指针开始，依次向前取值，并将每一个记录 r[j]的关键字同基准元素 r[s]的关键字进行比较，直到找到关键字比基准元素小的记录，并将其交换到指针 i 处，i 向后移动一个位置。然后让 i 依次向后取值，并使每一个记录 r[i]的关键字与基准元素的关键字进行比较，当 r[i]的关键字大于或等于基准元素的关键字时，交换 r[i]与 r[j]的值，而 j 指针向前移动一个位置。如此反复，直到 i 与 j 相等，这时表明 i 前面的记录都比基准元素小，j 后面的记录都比基准元素大，i 和 j 所指的这个位置就是基准元素的最后位置，完成一次划分过程。划分后，待排序序列被分成左右两个子区间，分别为 r[s]～r[j-1]和 r[j+1]～r[t]。

设有一组记录的关键字值为（43，15，50，38，31，77，30，$\underline{50}$，61，27），一趟排序的过程如图 8.4 所示。

初始状态：$\boxed{43}$　15　50　38　31　77　30　$\underline{50}$　61　27

（选 43 作为基准）　↑ i　　↑ j

进行第一次交换：27　15　50　38　31　77　30　$\underline{50}$　61　□

↑ i　　↑ j

进行第二次交换：27　15　□　38　31　77　30　$\underline{50}$　61　50

↑ i　　↑ j

进行第三次交换：27　15　30　38　31　77　□　$\underline{50}$　61　50

↑ i　　↑ j

进行第四次交换：27　15　30　38　31　□　77　$\underline{50}$　61　50

↑ i　↑ j

完成一趟排序后：27　15　30　38　31　$\boxed{43}$　77　$\underline{50}$　61　50

↑↑ i j

图 8.4　一趟快速排序过程

由以上为基础，快速排序的全过程如下。

① 以 43 为基准，第一趟排序后：

（27　15　30　38　31）　$\boxed{43}$　（77　$\underline{50}$　61　50）

② 分别以 27，77 为基准，第二趟排序后：

（15）　$\boxed{27}$　（30　38　31）　43　（50　$\underline{50}$　61）　$\boxed{77}$

③ 分别以 30，50 为基准，第三趟排序后：

15　27　$\boxed{30}$　（38　31）　43　$\boxed{50}$　（$\underline{50}$　61）　77

④ 分别以 38，$\underline{50}$ 为基准，第四趟排序后：

15　27　30　31　$\boxed{38}$　43　50　$\boxed{\underline{50}}$　61　77

⑤ 最后的排序结果：

15　27　30　31　38　43　50　$\underline{50}$　61　77

用 C 语言实现的一趟快速排序算法如下。

```
int Partition(list r, int i, int j)
//对 r[i]～r[j]以 r[s]为基准进行划分,算法返回基准元素的最终位置
{
```

```
    r[0] = r[i];          //用子表的第一个记录作为基准,并将其存入辅助存储单元中
    while(i < j)          //从表的两端交替地向中间扫描
    {
      while(i < j && r[j].key >= r[0].key)
          j--;
      if(i < j)           //将比基准元素小的记录交换到前面
      {
          r[i] = r[j];
          i++;
      }
      while(i < j && r[i].key < r[0].key)
          i++;
      if(i < j)           //将比基准元素大的记录交换到后面
      {
          r[j] = r[i];
          j--;
      }
    }
    r[i] = r[0];          //基准记录到位
    return i;             //返回基准记录位置
}
```

经过划分之后，基准元素到了最终排序的位置上，再分别对前后两组记录继续划分下去，直到每一组没有记录或仅有一个记录为止，此时产生的就是最后的有序序列。

递归的快速排序算法如下。

```
void QuickSort(list r, int s, int t)
{
    int i;
    if(s < t)
    {
      i = Partition(r, s, t);          //调用 Partition 函数将表一分为二
      QuickSort(r, s, i-1);            //调用 QuickSort 函数,对低子表递归排序
      QuickSort(r,i+1, t);             //调用 QuickSort 函数,对高子表递归排序
    }
}
```

快速排序的递归过程可用一棵二叉树形象地给出，图 8.5 为上例中序列对应递归调用过程的二叉树。

通常，快速排序被认为是在所有同数量级（$O(n\log_2 n)$）的排序方法中，其平均性能最好的排序方法。这是由于对待排序列不断“一分为二”带来的效益，但这仅就平均性能而言。若初始记录序列按照关键字有序或基本有序时，其排序工作最长。这时，第一趟排序经

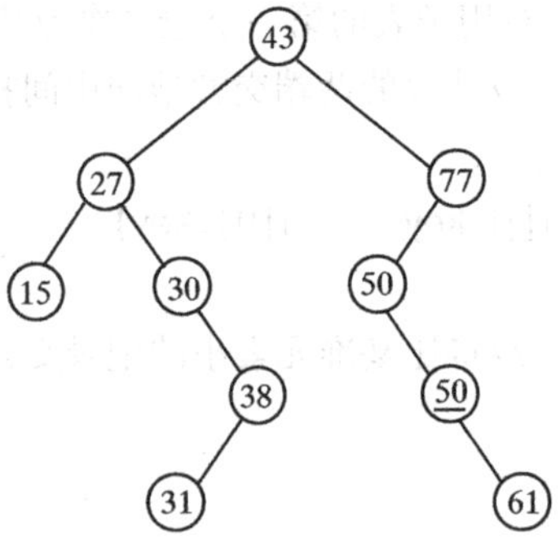

图 8.5 快速排序过程生成的二叉树

过 n－1 次比较后，将第一条记录仍然定位在原来的位置上；第二趟排序经过 n－2 次比较后，将第二条记录仍然定位在原来的位置上……依此类推，总的比较次数为 (n－1)+(n－2)+…+1 = n(n－1)/2，记为 $O(n^2)$，因此，在待排序记录基本有序的情况下，将蜕化为冒泡排序，其时间复杂度为 $O(n^2)$。原因是没有产生将表一分为二的效果，没有达到分而治之的预期目的，所以导致算法恶化。为了改进这种情况，通常可使用“三者取中”的法则来选取基准元素，即比较序列中第一个记录、中间记录和最后一个记录，取三者关键字的中间值记录为基准元素，并将该记录与第一个记录互换。如图 8.4 中的序列（43，15，50，38，31，77，30，$\underline{50}$，61，27），可以从集合{43，31，27}中选取中值 31。

这种取三者中间值的规则可以大大地改善快速排序在最坏情况下的性能。然而，即使如此，也不能使快速排序在待排序列已经按照关键字有序的情况下达到 O(n) 的时间复杂度。为此，可以对“一次划分”算法进行如下修改。

① 在指针 j 减 1 和 i 增 1 的同时，进行“冒泡”操作，即在相邻两个记录处于“逆序”时进行互换。

② 在算法中附设两个布尔型变量，分别指示指针 i 和 j 在从两端向中间移动过程中是否进行过交换记录的操作。若指针 i 在从低端向中间移动过程中，没有进行交换记录的操作，则不再需要对低端子表进行排序；若指针 j 在从高端向中间移动过程中，没有进行记录交换操作，则不再需要对高端子表进行排序。

显然，这种改进的“划分”方法将进一步改善快速排序的平均性能。

(2) 算法性能分析

从空间复杂度方面，快速排序是递归的，每层递归调用时的指针和参数均要用栈来存放，递归调用层数与上述二叉树的深度一致。因此，在理想情况下，即每一趟排序都将记录序列均匀地分割成长度相接近的两个子序列，则需要栈空间为 $O(\log_2 n)$；在最坏情况下，即每趟排序之后，基准元素位置均偏向子序列的一端，此时二叉树是一个单链，则需要的栈空间为 O(n)。

从时间复杂度方面，快速排序在一般情况下是效率很高的排序方法。在理想情况下，时间复杂度为 $O(n\log_2 n)$；在最坏情况下，时间复杂度为 $O(n^2)$。

快速排序算法不适合对小型序列进行排序。对于小于 10 个数据项的小序列来说，插入排序比快速排序更加有效。

快速排序是一种不稳定的排序方法，如序列（4，3，6，$\underline{3}$）排序之后序列为（$\underline{3}$，3，4，6）。

第一趟：20　15　14　18　24　36　10　17

15　20　14　18　24　36　10　17

15　14　20　18　24　36　10　17

15　14　18　20　24　36　10　17

15　14　18　20　24　10　36　17

第一趟排序结果：15　14　18　20　24　10　17（36）

第二趟：15　14　18　20　24　10　17（36）

14　15　18　20　24　10　17（36）

14　15　18　20　10　24　17（36）

第二趟排序结果：14　15　18　20　10　17（24　36）

第三趟：14　15　18　20　10　17（24　36）

14　15　18　10　20　17（24　36）

第三趟排序结果：14　15　18　10　17（20　24　36）

第四趟：14　15　18　10　17（20　24　36）

14　15　10　18　17（20　24　36）

第四趟排序结果：14　15　10　17（18　20　24　36）

第五趟：14　15　10　17（18　20　24　36）

第五趟排序结果：14　10　15（17　18　20　24　36）

第六趟：14　10　15（17　18　20　24　36）

第六趟排序结果：10　14（15　17　18　20　24　36）

第七趟：10　14（15　17　18　20　24　36）

第七趟排序结果：（10　14　15　17　18　20　24　36）

第七趟无元素交换，排序至此结束。

【例 8.3】 下列关键字序列采用快速排序法进行排序时，请问：

① 哪一种情况速度最快？哪一种情况速度最慢？

② 任意由 7 个记录组成的序列进行快速排序，最快的情况下需要多少次比较？为什么？

③ 在最慢的情况下，需要进行多次比较？并说明理由。

① 19 23 3 15 7 21 28

② 23 21 28 15 19 3 7

③ 19 7 15 28 23 21 3

④ 3 7 15 19 21 23 28

⑤ 15 21 3 7 19 28 23

【解】

① 当选择快速排序法进行排序时，第①种情况速度最快，第④种情况速度最慢。

② 在最快的情况下，由于快速排序是一个划分子区间的排序，每次划分的区间最好长度相等。设文件的长度为 $n=2^k-1$，那么第一趟划分得到两个长度均为$\lfloor n/2 \rfloor$的子序列。第二趟划分得到长度均为$\lfloor n/4 \rfloor$的子序列……依此类推，总共进行 $\log_2(n+1)$ 趟划分，各序列的长度均为 1，此时排序结束。

由于 $n = 7$，在最好的情况下，第一趟排序选取的基准元素是 7 个记录中关键值正好居中的那个，这时需要经过 6 次比较，基准元素定位于序列正中；第二趟分别对两个等长子序列进行排序，若选取的两个基准元素值在各自的序列中仍然居中，那么各需要比较 2 次，第二趟排序完毕，与此同时，整个序列也排序完毕。

综上，当元素个数为 7 时，最快需要比较 10 次。如序列①。

③ 在最慢的情况下，如果每次划分时用的基准元素的关键字值是当前记录中最大值(或最小值)，那么每次划分只能得到一个子序列，而且子序列长度只比上级序列少一条记录。因此，如果初始序列是按照关键字有序的，那么此时的快速排序蜕化为与冒泡排序相似，时间复杂度为 $O(n^2)$，速度反而降低了。对于元素个数为 7 的序列，在最坏的情况下，比较次数为 $6+5+4+3+2+1=21$（次）。如序列④。

8.3 选择排序

假设一位教授批完了一个班级的考卷，而这些考卷被散乱地堆放在教授的办公桌上。此时，教授想要把这些考卷按照成绩由高到低排序，那么他可能采取如下方法。

首先，教授从头至尾查看考卷，找出成绩最高的那份，将其移出，放到新的一堆；然后查找出成绩第二高的考卷，将其移出，放置于新堆中最高分试卷之后；接着在剩余考卷中查找其中最高分的考卷，放在新堆最下层……依此类推，直到所有考卷都被移动到新堆中，排序过程结束，而所有考卷就按照分数高低排好了。

将以上排序思想在计算机中实现，就形成一种新的排序方法——选择排序法。

选择排序（Selection Sort）的基本思想是：每一趟在 $n-i+1$（$i = 1, 2, \cdots, n-1$）个记录中选取关键字最小的记录作为有序序列中第 i 个记录。

选择排序主要包括直接选择排序、树形选择排序和堆排序三种。

8.3.1　直接选择排序

直接选择排序（Simple Selection Sort）是一种最简单且最为广大读者熟悉的选择排序法。

(1) 算法思想

设 n 个待排序的记录存放在数组 r 中，对 n 个待排序记录进行 n－1 趟排序。

① 第一趟排序，从待排序的所有记录中选取关键字值最小的记录，并将它与原始序列的第一条记录交换位置；

② 第二趟排序，在剩余的 n－1 条记录中选择关键字最小的记录，与初始序列的第二条记录交换位置；

③ 依此类推，每一趟排序都要在未排序的 n－i+1（i ＝ 1，2，…，n－1）条记录中选取关键字最小的记录，并和第 i 条记录交换，直至第 n－1 趟排序结束，所有记录有序为止。

设待排序记录的关键字值为（49，34，30，<u>34</u>，56，23，29，40），直接选择排序过程如下。

初始序列：	49	34	30	<u>34</u>	56	23	29	40
第一趟排序结果：	(23)	34	30	<u>34</u>	56	49	29	40
第二趟排序结果：	(23	29)	30	<u>34</u>	56	49	34	40
第三趟排序结果：	(23	29	30)	<u>34</u>	56	49	34	40
第四趟排序结果：	(23	29	30	<u>34</u>)	56	49	34	40
第五趟排序结果：	(23	29	30	<u>34</u>	34)	49	56	40
第六趟排序结果：	(23	29	30	<u>34</u>	34	40)	56	49
第七趟排序结果：	(23	29	30	<u>34</u>	34	40	49)	56
排序后序列：	(23	29	30	<u>34</u>	34	40	49	56)

图 8.6　直接选择排序过程

用 C 语言实现的直接选择排序完整程序如下。

```
#include <stdio.h>
#include <conio.h>
#define m 100

typedef struct{
      int key;
      float inf;
}element;

typedef element list[m];
int i, n;
```

```
list r;
void selectsort(list r, int n);
int maxkey(int i, int j);
void swap(int x, int y);

main( )
{
    int h1;
    printf("please input the number of the records:");
    scanf("%d", &n);
    printf("\ninput the records:");
    for(i = 1; i <= n; i++)
    {
      scanf("%d", &h1);
      r[i].key = h1;
    }
    selectsort(r, n);
    printf("\noutput the records:");
    for(i = 1; i <= n; i++)
      printf("%d", r[i].key);
    getch( );
}

void selectsort(list r, int n)
{
    int i, m1;
    for(i = n; i >= 2; i--)
    {
      m1 = maxkey(1, i);
      swap(m1, i);
    }
}

int maxkey(int low, int high)
{
    int k = 1, j;
    for(j = low+1; j <= high; j++)
      if(r[k].key < r[j].key)
        k = j;
    return k;
```

```
}

void swap(int x, int y)
{
    element t;
    if(x != y)
    {
      t = r[x];
      r[x] = r[y];
      r[y] = t;
    }
}
```

在 SelectSort 函数中，swap 函数被调用 n－1 次，每调用一次，可能要作 3 次记录交换，总交换次数为 3(n－1)；maxkey 函数被调用 n－1 次，它处理记录个数为 n～2（每次减少 1)，每调用一次，比较的次数为它这次被调用时处理的记录数减 1，因此，总比较次数为

$$C=(n-1)+(n-2)+\cdots+1=\frac{1}{2}n(n-1)$$

(2) 算法性能分析

① 对一个具有 n 条记录的线性表进行直接选择排序，所需要进行记录移动的操作次数比较少。当初始序列有序时，移动记录次数为 0；当初始序列是逆序时，移动记录次数最大为 3(n－1)；总比较次数为$\frac{1}{2}n(n-1)$次。因此，直接选择排序的时间复杂度为 $O(n^2)$。

② 如图 8.6 实例所示，相同关键字（34，<u>34</u>）在排序前后位置改变，因此，直接选择排序是一种不稳定的排序方法。

虽然直接选择排序算法简单、易于理解，但是它也存在一个问题值得人们思考：第一趟从 n 个记录中找出关键字最小记录的比较次数为 n－1 次，第二趟要从余下的 n－1 个记录中找出关键字最小记录需要比较 n－2 次……依此类推，直至排序完毕。可以发现，在整个排序期间，许多记录相互之间重复比较 2 次或更多，这大大地影响了排序的效率。

为了避免重复操作，可以对算法作相应的改进，以减少比较的次数。而树形排序就是对直接选择排序的改进方法之一。

8.3.2 树形选择排序

实际上，体育比赛中的锦标赛便是一种选择排序。例如，在 8 个运动员中决出前三名至多需要 11 场比赛，而不是 7+6+5 = 18 场比赛（它的前提是，若乙胜丙，甲胜乙，则认为甲必能胜丙）。图 8.7(a) 中，最底层的叶子结点的 8 位选手之间经过第一轮的四场比赛之后，选拔出 4 位优胜者“白兔”“狮子”“乌鸦”“猎豹”，然后经过两场半决赛和一场决赛之后，选拔出冠军“猎豹”。显然，按照锦标赛的传递关系，亚军只能产生于分别在决赛、半决赛和第一轮比赛中输给冠军的三位选手之中，即“狮子”“乌鸦”“灰狼”。由此，在经过“乌鸦”和“灰狼”、“狮子”和“乌鸦”的两场比赛之后，选择出亚军“狮子”。同理，选拔

季军的比赛只要在“大象”“白兔”“乌鸦”三位选手之间进行即可。具体过程如图 8.7 所示。而按照这种锦标赛的思想可以导出树形选择排序。

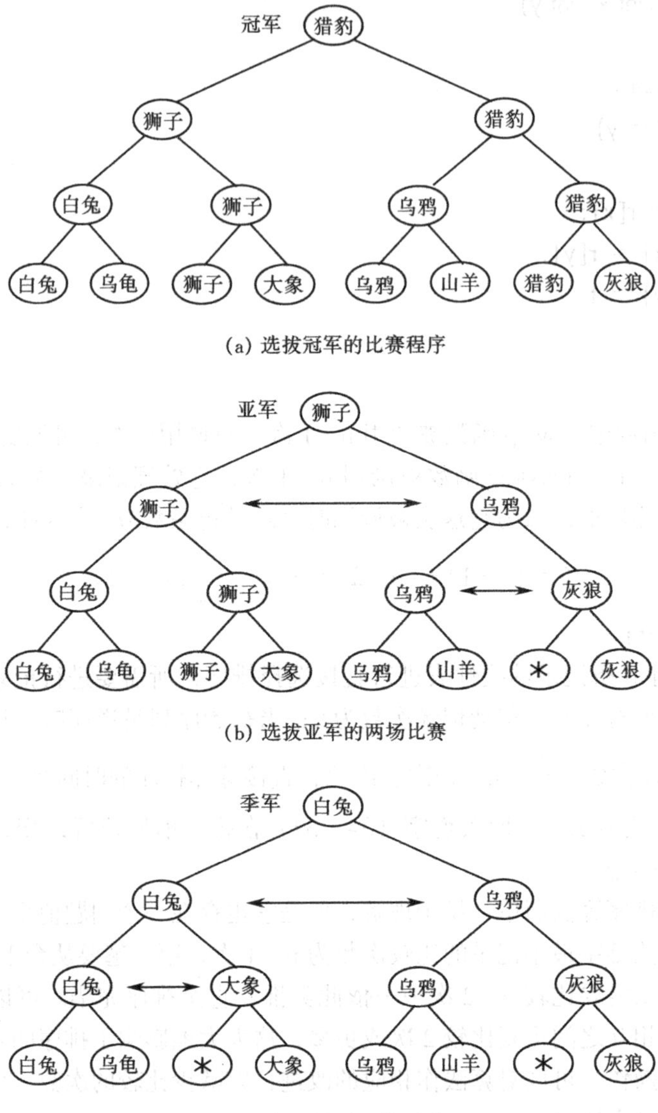

(a) 选拔冠军的比赛程序

(b) 选拔亚军的两场比赛

(c) 选拔季军的两场比赛

图 8.7 锦标赛过程示意图

树形选择排序（Tree Selection Sort）又称锦标赛排序，是一种按照锦标赛的思想进行选择排序的方法。

(1) 算法思想

① 对 n 个记录的关键字进行两两比较，将其中关键字较小的 $\lceil n/2 \rceil$ 个记录取出，然后将这 $\lceil n/2 \rceil$ 个关键字进行两两比较，如此重复，直至选出最小关键字的记录为止。这个过程可用一棵有 n 个叶子结点的完全二叉树表示，如图 8.8(a) 所示。设待排序的 n 个记录关键字为（5，3，7，1，4，6，2，8）。

② 在输出最小关键字之后，根据关系的可传递性，将叶子结点中的最小关键字用“最

大值”（一般设为∞）替代，然后从该叶子结点开始，与其左（右）兄弟结点的关键字进行比较，修改从叶子到根的路径上各结点的关键字，则根结点的关键字即为次小关键字。图 8.8(b) 所示是选择次小关键字记录的过程。

③ 依此类推，可以依次选出从小到大的所有关键字。具体过程如图 8.8 所示。

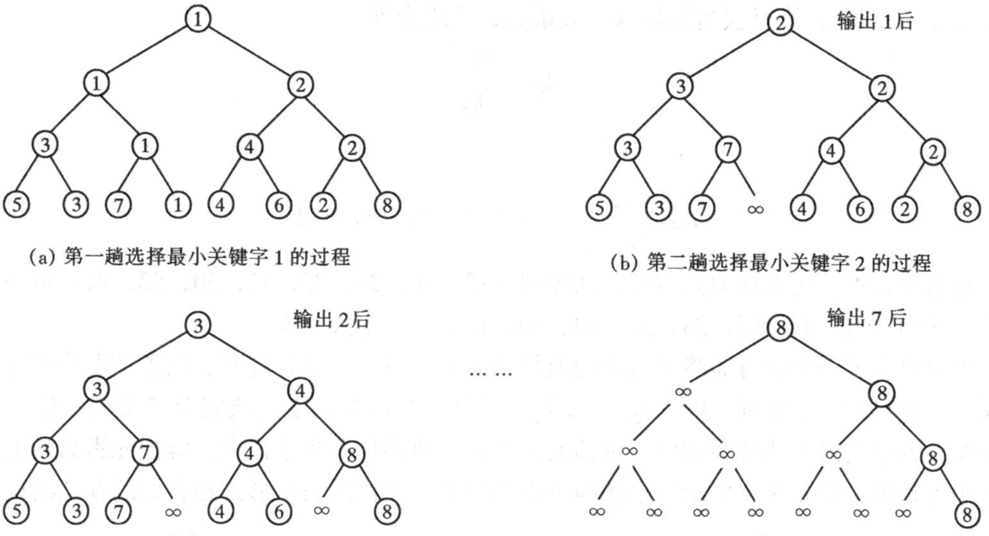

(a) 第一趟选择最小关键字 1 的过程　(b) 第二趟选择最小关键字 2 的过程　(c) 第三趟选择最小关键字 3 的过程　(d) 第八趟选择最小关键字 8 的过程

图 8.8　树形选择排序过程

(2) 算法性能分析

从空间性能方面，树形选择排序算法的空间性能并不十分理想，因为该方法占用空间较多，除需要输出排序结果的 n 个单元外，尚需要 n－1 个辅助单元。

从时间性能方面，对于 n 条记录组成的序列，树形排序构成的完全二叉树的深度为 $\lceil \log_2 n \rceil + 1$，则除了最小关键字之外，每选取一个次小关键字仅需 $\lceil \log_2 n \rceil$次比较，那么整个过程的比较次数为

$$(n-1)+(n-1)\lceil \log_2 n \rceil$$

故时间复杂度为 $O(n\log_2 n)$。

另外，树形选择排序是一种稳定的排序算法。

树形选择排序克服了直接选择排序中比较次数过多的缺点，可以把每趟比较的结果保存下来，比较的过程就是修改从树根到刚改为“∞”的叶子结点这一路径上各结点的值的过程。这种方法的缺点是占用了比较多的存储空间来保存比较结果。因此，1964 年威洛姆斯 (J. Willioms) 提出了对树形选择排序方法的改进方法——堆排序。

8.3.3　堆排序

堆排序 (Heap Sort) 是在直接选择排序的基础上，利用完全二叉树结构形成的一种排序方法。从数据结构的观点看，堆排序是对完全二叉树的顺序结构的应用。堆排序需要一个记录大小的辅助存储空间，与树形选择排序相比，在存储空间和比较次数方面做了一些改进。

堆排序的基本思想是：在排序过程中，把待排序的记录看成一棵完全二叉树，利用完全

二叉树中双亲结点和孩子结点之间的内在关系来选择关键字最小或最大的记录，以此来完成排序的方法。

(1) 堆的定义

堆的一般定义是：一组有 n 条记录的线性序列为 $\{R_1, R_2, \cdots, R_n\}$，其关键字序列为 $\{k_1, k_2, \cdots, k_n\}$，当且仅当满足以下关系时，称之为堆

$$k_1 \leqslant \begin{cases} k_{2i} \\ k_{2i+1} \end{cases}$$

或

$$k_i \geqslant \begin{cases} k_{2i} \\ k_{2i+1} \end{cases} \quad (i = 1, 2, \cdots, n/2)$$

前者称为小顶堆，后者称为大顶堆，如序列（12，36，24，85，47，30，53，91）是一个小顶堆，序列（91，47，85，24，36，53，30，16）是一个大顶堆。

堆可以看成一个所有非终端结点的值均不大于（或不小于）其左右孩子结点值的完全二叉树。由此可知，若序列 $\{k_1, k_2, \cdots, k_n\}$ 是堆，则堆顶元素（或完全二叉树的根）必为这 n 个元素中的最小值或最大值。堆顶元素为最小值的堆称为小顶堆，堆顶元素为最大值的堆称为大顶堆。如图 8.9 所示是上述两个堆的完全二叉树的表示形式和它们的存储结构。

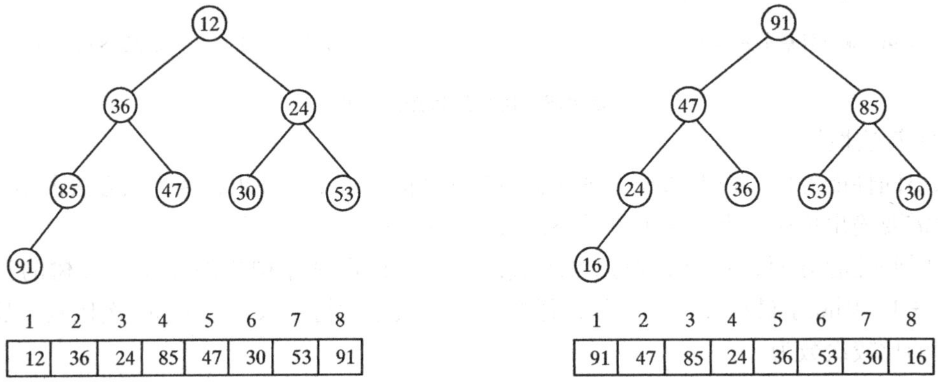

(a) 一个小顶堆及其存储结构　　(b) 一个大顶堆及其存储结构

图 8.9　两个堆示例及其存储结构

若在输出堆顶的最小值（或最大值）之后，使得剩余 n－1 个元素的序列重又建成一个堆，则得到 n 个元素中的次小值（或次大值）。如此反复执行，便可以输出一个有序序列，这个过程被称为堆排序。

实现堆排序需要解决两个问题：

第一个是如何由一个无序序列建成一个堆？

第二个是如何在输出堆顶元素之后，调整剩余元素，成为一个新的堆？

首先讨论第二个问题——调整堆，然后讨论第一个问题——构造堆。

① 调整堆。如图 8.10(a) 所示是一个小顶堆，假设输出堆顶元素后，以堆中最后一个元素来代替根结点，如图 8.10(b) 所示。此时根结点的左、右子树均为堆，则仅需要由上至下调整即可。首先将堆顶元素与其左、右子树根结点的元素值相比较。如图 8.10(b) 所示，此时的左子树根结点的值为 20，右子树根结点的值为 35，由于左子树根结点的值小于

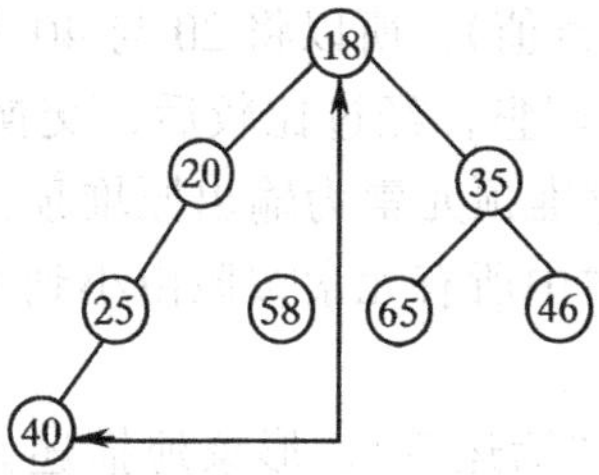

(a) 初始堆

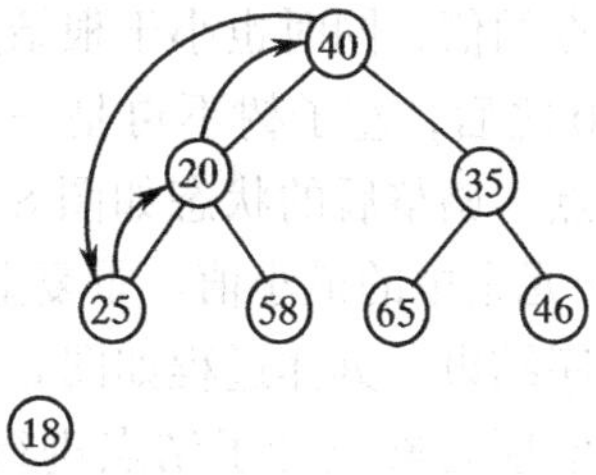

(b)18 和 40 交换后

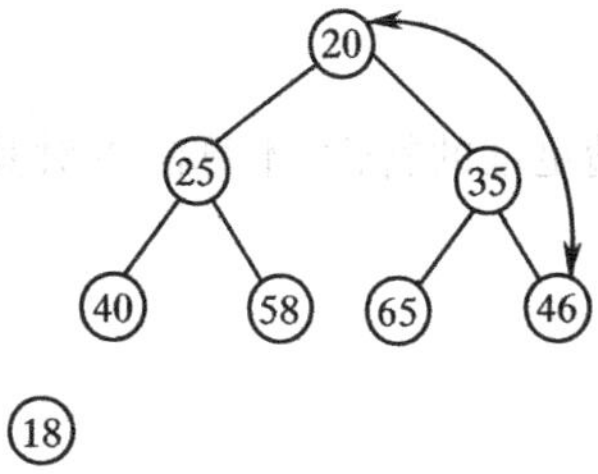

(c) 调整后的新堆

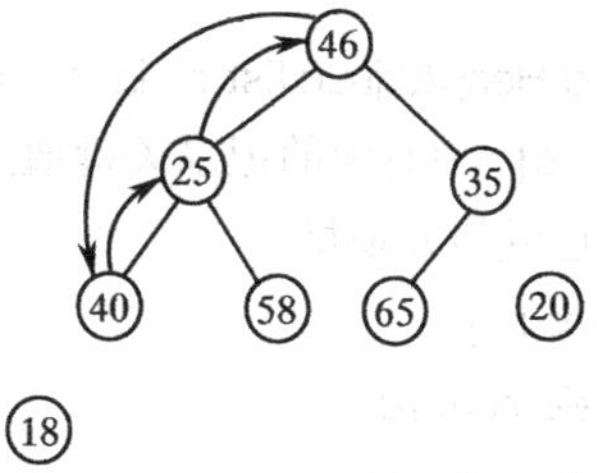

(d) 20 和 46 交换后

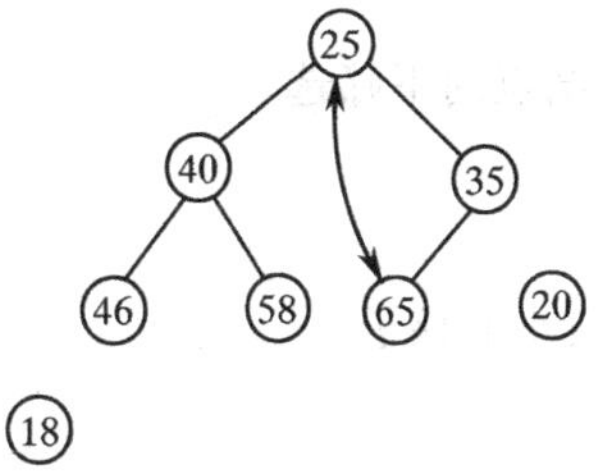

(e) 调整后的新堆

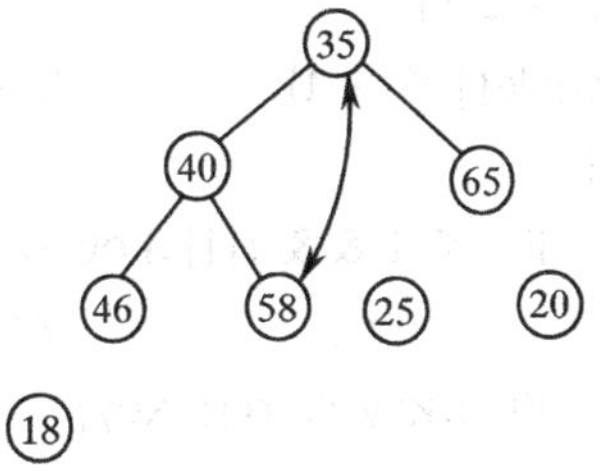

(f) 25 和 65 交换并调整后的新堆

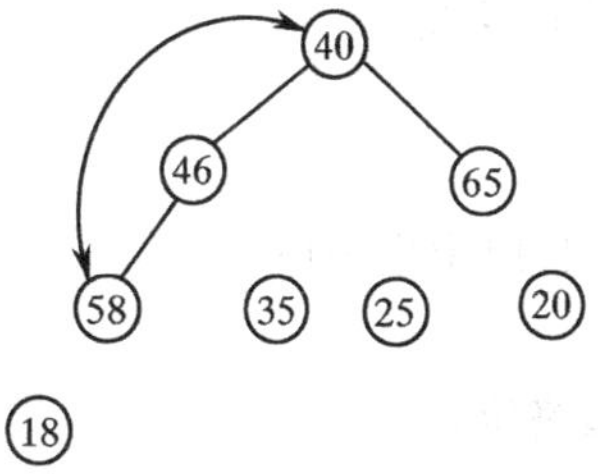

(g) 35 和 58 交换并调整后的新堆

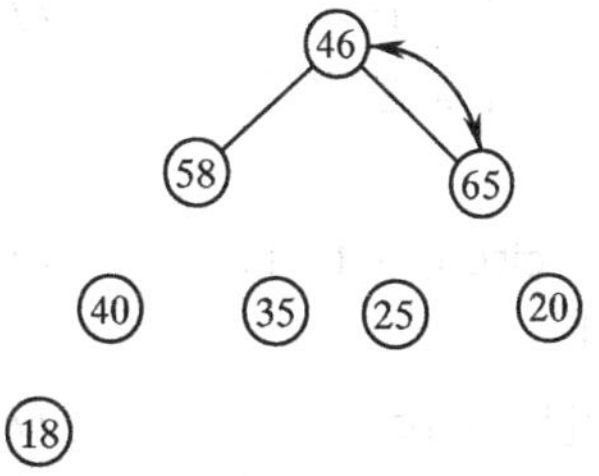

(h) 40 和 58 交换并调整后的新堆

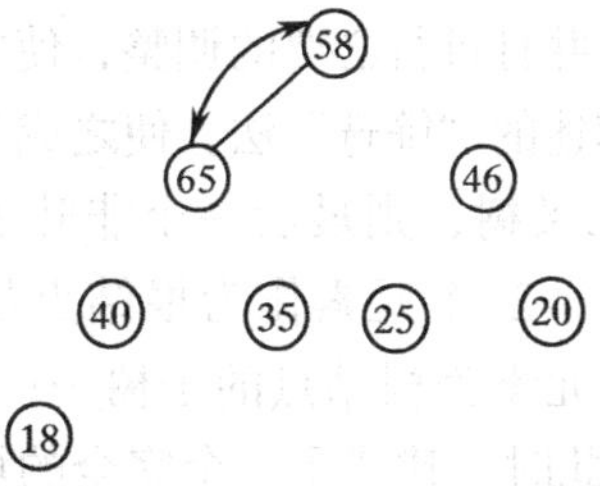

(i) 46 和 65 交换并调整后的新堆

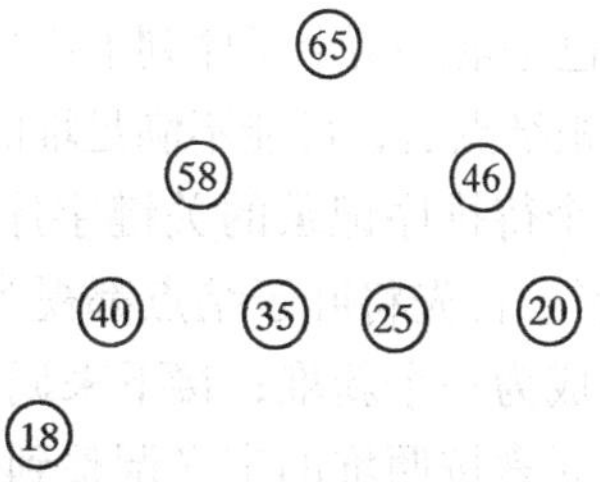

(j) 58 和 65 交换并调整后的新堆

图 8.10　输出堆顶元素并调整新建堆的过程

右子树根结点的值，同时也小于根结点的值（即堆顶元素值），所以将 20 与 40 互换；由于 40 替换了 20 之后，左子树不再是一个堆，需要进一步调整，经过比较后，交换 25 与 40，直至叶子结点。调整后的状态如图 8.10(c) 所示。此时堆顶元素为输出原堆顶元素后，剩余的 n－1 个元素中的最小值。重复上述过程，直到将树中所有元素按照由小到大的顺序全部输出，排序结束。具体过程如图 8.10 所示。

这种自堆顶元素至叶子结点进行调整的过程称为“筛运算”，形象地描述为大者“上浮”，小者“下沉”，被筛选出来。

用 C 语言实现的筛运算算法如下。

```
void HeapAdjust(list r, int s, int t){
//r[s]~r[t]中的记录关键值除 r[s].key 之外均满足堆的特性,本算法将对其进行筛选,
使它成为大顶堆
  int i, j;
  element rc;
  rc = r[s];
  i = s;
  j = 2*i;
  while(j <= t)          //沿关键字较大的孩子结点向下筛选
  {
    if(j < t && r[j].key < r[j+1].key)
      j++;               //j 指向 r[i]的关键值较小的孩子
    if(rc.key < r[j].key)
    {
      r[i] = r[j];       //将 r[j]调整到双亲位置
      i = j;             //修改 i,j 的值,继续向下筛选
      j = 2*i;
    }
    else j = t+1;        //筛选完成,令 j = t+1,以中止循环
  }
  r[i] = rc;             //被筛结点的值放入最终位置
}
```

② 构造堆。从一个无序序列创建堆的过程就是一个反复“筛选”的过程。为了构造初始堆，可以在已是堆的两个子序列上面再加上一个根结点，并且进行必要的调整，使之成为更大的堆。加上根结点后，可能不满足堆的定义，则可以用前述的“筛选”法，使之成为堆。

若将 n 个待排序记录的关键字序列看成一棵完全二叉树，则最后一个非叶子结点是第 $\lfloor n/2 \rfloor$ 个元素。首先将叶子结点都视为堆，然后对以第 $\lfloor n/2 \rfloor$ 个元素作为根结点的子树进行调整，使之成为一个新堆；接下来调整以第 $\lfloor n/2 \rfloor - 1$ 个元素为根结点的子树……依此类推，直至第一个元素按照堆的定义调整到合适的位置为止。此时，建成了一个完全的堆。具体过程可参考以下实例。

设待排序记录的关键字值为（60，14，8，89，75，71，44，68，33），利用“大顶堆”

排序法将下列待排序列进行排序。

结点	①	②	③	④	⑤	⑥	⑦	⑧	⑨
数据	60	14	8	89	75	71	44	68	33

将序列用完全二叉树表示，如图 8.11(a) 所示。

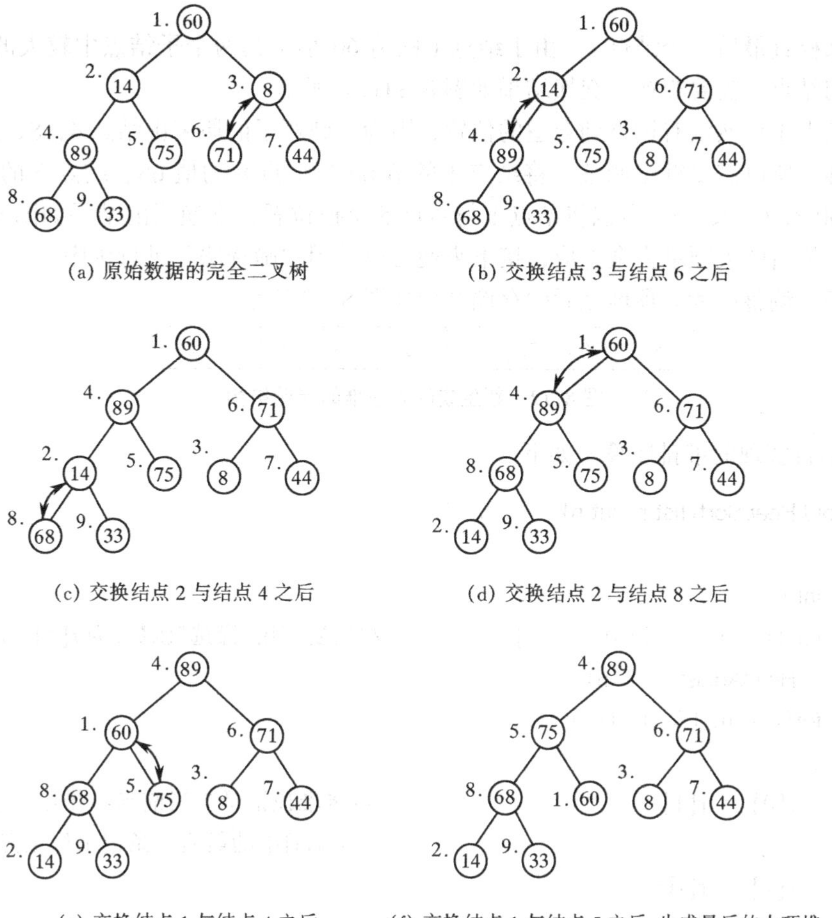

(a) 原始数据的完全二叉树　　(b) 交换结点 3 与结点 6 之后

(c) 交换结点 2 与结点 4 之后　　(d) 交换结点 2 与结点 8 之后

(e) 交换结点 1 与结点 4 之后　　(f) 交换结点 1 与结点 5 之后，生成最后的大顶堆

图 8.11　生成一个大顶堆的过程

操作从$\lfloor n/2 \rfloor$的位置开始，将$\lfloor n/2 \rfloor$位置的元素与其他两个子结点中最大的元素相比较，若$\lfloor n/2 \rfloor$位置元素较小，则与两个子结点中值最大的那个结点交换；否则，不交换。此后调整位置$\lfloor n/2 \rfloor - 1$，$\lfloor n/2 \rfloor - 2$ 的元素……直至操作位置 1 为止。

以本例中的二叉树为例，由于$\lfloor 9/2 \rfloor = 4$，则从结点 4 开始调整。将结点 4 的元素 89 与其子结点 8 和 9 的值 68 和 33 中较大的一个 68 相比较，因为 $89 > 68$，所以不必交换。此时结点 4，8，9 已经构成一个大顶堆。然后查看结点 4 的上一个结点 3，因为结点 3 的值 8 小于其两个子结点中较大的那个值 71，所以结点 3 与结点 6 要互换。结果如图 8.11(b) 所示。

交换完毕后，结点 4，8，9 与结点 6，3，7 分别构成两个大顶堆。

接下来要检查结点 2。由于结点 2 的值为 14，而它的两个子结点 4 和 5 的值分别为 89 和 75，因为 $14 < 75 < 89$，所以结点 2 与结点 4 交换。交换后结果如图 8.11(c) 所示。

由图 8.11(c) 可知，在结点 2 与结点 4 交换之后，破坏了原来由结点 4，8，9 共同构成的堆，因此还需要继续调整。将结点 2 的值 14 与结点 8 的值 68、结点 9 的值 33 相比较，由于 14 < 33 < 68，所以将结点 2 与结点 8 交换位置，交换后的结果如图 8.11(d) 所示。

由图 8.11(d) 可知，交换完毕后，结点 4，8，5，2，9 与结点 6，3，7 分别构成两大顶堆。

接下来检查最后一个结点 1。由于结点 1 的值 60 小于其两个子结点中较大的值 89，因此结点 1 与结点 4 需要交换，交换结果如图 8.11(e) 所示。

此时结点 1 仍然没有调整到合适的位置，因为它破坏了的原来由结点 4，8，5，2，9 组成的大顶堆，所以需要继续调整。将结点 1 的值 60 与结点 8 的值 68、结点 5 的值 75 相比较，由于 60 < 68 < 75，所以将结点 1 与结点 5 交换位置，交换后的结果如图 8.11(f) 所示。而此时最后的大顶堆完全生成，接下来便可以采用“筛选法”进行排序。

将原序列调整成为大顶堆之后的存储结构如图 8.12 所示。

89	75	71	68	60	8	44	14	33

图 8.12 新生成的大顶堆的存储结构

用 C 语言实现的堆排序算法如下。

```
void HeapSort(list r, int n)
{
  int i;
  for (i = n/2; i > 0; i--)          //反复调用“筛选”函数,为 r[1]…r[n]建成堆
    HeapAdjust(r, i, n);
  for(i = n; i > 1; i--)
  {
    r[0] = r[1];                     //将堆顶记录与当前未经排序的子序列 r[1]
                                       …r[i]中的最后一条记录相互交换
    r[1] = r[i];
    r[i] = r[0];
    HeapAdjust(r, 1, i-1);           //将 r[1]…r[i-1]重新调整为堆
  }
}
```

HeapSort 函数的第一个 for 循环建立初始堆，设待排序的 n 个记录组成一棵深度为 h 的完全二叉树，因此，有 $2^h-1<n\leqslant 2^{h+1}-1$，完全二叉树的第 i 层（设根结点的层次为 0）上最多有 2^i 个结点。对每个非叶结点，都要调用 HeapAdjust() 函数。第 i 层上的结点可能要移动的最大距离为 h−i。若设向下移动一层花费的时间为 C，则第 i 层 2^i 个结点调整的时间最多为 $C\times(h-i)\times 2^i$，建立初始堆的全部时间为

$$\sum C\times(h-i)\times 2^i$$

令 j = h−i，则 i = h−j，所以有

$$C\times\sum(h-i)2^i = C\times\sum j\times 2^{h-j} = C\times\sum(j\times 2^h\times 2^{-j})$$

$$= C \times 2^h \sum j \times 2^{-j} \leqslant 2Cn = O(n)$$

对于第二个 for 循环，调用 HeapAdjust() 函数 $n-1$ 次，每次总是由根结点向下调整，调整的最大距离为 $\log_2 n$（实际上，调整的距离是逐渐变小的），所以总的时间不多于 $C \times (n-1) \times \log_2 n = O(n\log_2 n)$ 。

综上，堆排序总的时间为

$$O(n) + O(n\log_2 n) = O(\max(n, n\log_2 n)) = O(n\log_2 n)$$

(2) 算法性能分析

从空间性能方面，堆排序仅需要一个记录大小的辅助存储空间，供交换元素时使用。

从时间性能方面，堆排序算法的运行时间主要耗费在构造初始堆和调整新建堆时进行的反复“筛选”上。对深度为 h 的堆，HeapAdjust 算法中进行的关键字比较次数至多为 $2(h-1)$次。n 个结点的完全二叉树的深度为 $\lfloor \log_2 n \rfloor + 1$，则调整新建堆时调用 HeapAdjust()函数 $n-1$ 次，总共进行的比较次数不超过下式的值：

$$2(\lfloor \log_2(n-1) \rfloor + \lfloor \log_2(n-2) \rfloor + \cdots + \lfloor \log_2 2 \rfloor) < 2n\lfloor \log_2 n \rfloor$$

由此，堆排序在最坏的情况下，其时间复杂度也为 $O(n\log_2 n)$，相对于快速排序来说，这是堆排序的最大优点。

另外，堆排序是一种不稳定的排序方法。堆排序也不适用于记录较少的情况。

8.3.4 应用举例

【例 8.4】 已知有一无序序列为（20，15，14，18，24，$\underline{15}$，36，17），分别用以下方法进行升序排序，并写出排序过程。

① 直接选择排序；

② 树形选择排序。

【解】

① 直接选择排序过程如下。

初始序列：	20	15	14	18	24	$\underline{15}$	36	17
第一趟排序结果：	(14)	15	20	18	24	$\underline{15}$	36	17
第二趟排序结果：	(14	15	20)	18	24	$\underline{15}$	36	17
第三趟排序结果：	(14	15	$\underline{15}$)	18	24	20	36	17
第四趟排序结果：	(14	15	$\underline{15}$	17)	24	20	36	18
第五趟排序结果：	(14	15	$\underline{15}$	17	18)	20	36	24
第六趟排序结果：	(14	15	$\underline{15}$	17	18	20)	36	24
第七趟排序结果：	(14	15	$\underline{15}$	17	18	20	24)	36
排序后序列：	(14	15	$\underline{15}$	17	18	20	24	36)

② 树形选择排序过程如下。

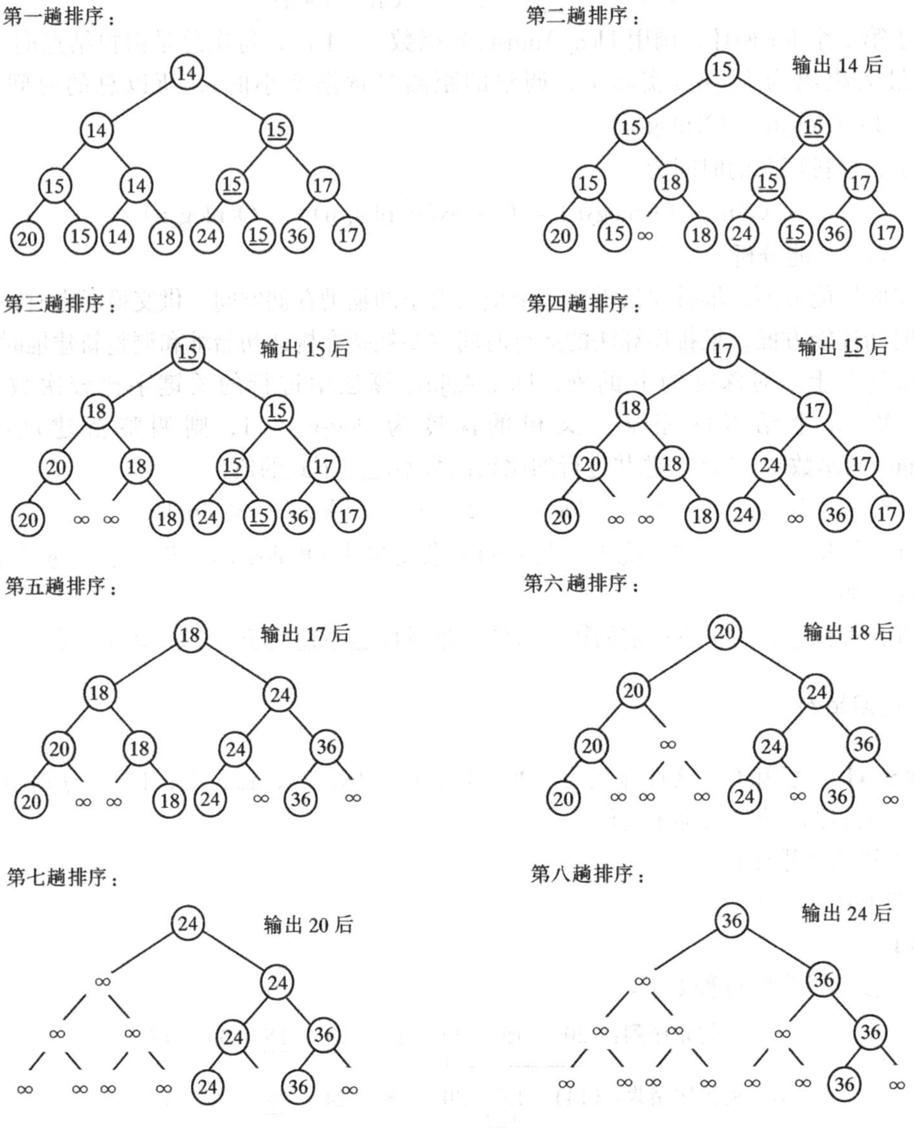

图 8.13　树形选择排序过程

排序后序列为 14，15，<u>15</u>，17，18，20，24，36

【例 8.5】　判断下列序列是否为堆（大顶堆或小顶堆），若不是堆，则把它们调整为小顶堆。

① {100，85，95，75，80，60，82，40，20，10，65}

② {100，95，85，82，80，75，65，60，40，20，10}

③ {100，85，40，75，80，60，65，95，82，10，20}

④ {10，20，40，60，65，75，80，82，85，95，100}

【解】

将序列①构造表如下：

序号	1	2	3	4	5	6	7	8	9	10	11
结点值	100	85	95	75	80	60	82	40	20	10	65
左右孩子	85，95	75，80	60，82	40，20	10，65						

表中序号与结点之间有这样的关系：当某结点的序号为偶数时，其二分之一值为该结点的父亲结点的序号；当某结点的序号（大于 1）为奇数时，其减一后的二分之一值为该结点的父亲结点的序号。观察表中序号 1～5 的结点发现，父结点的值均大于其左右孩子的结点的值，故该序列是一个大顶堆。

将序列②构造表如下：

序号	1	2	3	4	5	6	7	8	9	10	11
结点值	100	95	85	82	80	75	65	60	40	20	10
左右孩子	95，85	82，80	75，65	60，40	20，10						

观察表中序号 1～5 的结点发现，父结点的值均大于其左右孩子结点的值，故该序列是大顶堆。

将序列③构造表如下：

序号	1	2	3	4	5	6	7	8	9	10	11
结点值	100	85	40	75	80	60	65	95	82	10	20
左右孩子	85，40	75，80	60，65	95，82	10，20						

观察表中序号 1，2，5 的结点发现，父结点的值均大于其左右孩子的值，而结点 3，4 的值均小于其左右孩子的结点值，因此该序列不是堆。

将序列④构造表如下：

序号	1	2	3	4	5	6	7	8	9	10	11
结点值	10	20	40	60	65	75	80	82	85	95	100
左右孩子	20，40	60，65	75，80	82，85	95，100						

观察表中序号 1～5 的结点发现，父结点的值均小于其左右孩子的值，故该序列是一个小顶堆。

对序列③进行调整，使其成为一个小顶堆。具体过程如下。

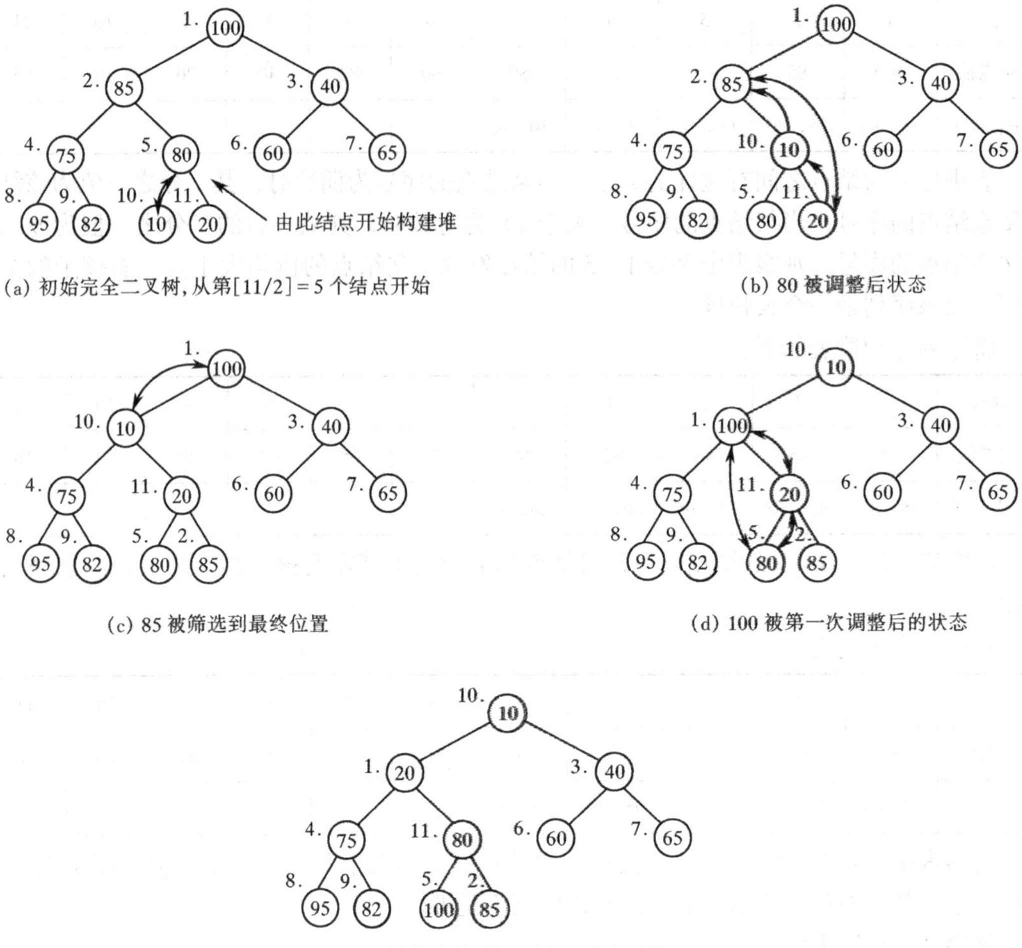

(a) 初始完全二叉树，从第[11/2]=5 个结点开始

(b) 80 被调整后状态

(c) 85 被筛选到最终位置

(d) 100 被第一次调整后的状态

(e) 100 被筛选到最终位置，建成小顶堆

图 8.14　构造堆的过程

8.4　归并排序**

归并排序（Merging Sort）的基本方法是：将两个或两个以上的有序数据序列合并成一个新的有序序列的过程。

8.4.1　两个有序序列的归并

将两个有序序列合并为一个新的有序序列，称为 2－路归并；将 3 个有序序列合并为一个新的有序序列，称为 3－路归并；将多个有序序列归并为一个新的有序序列，称为多路归并。以 2－路归并为例，设数组 r 由两个有序子序列 r[s]～r[m]和 r[m+1]～r[t]组成，将两个有序子序列合并成一个有序序列。

将两个有序序列归并成一个有序序列的算法如下。

```
void Merge (list R, list R1, int s, int m, int t){
//将有序的R[s]~R[m]和R[m+1]~R[t]归并为有序的R1[s]~R1[t]
  int i, j, k;
  i = k = s;
  j = m+1;
  while(i <= m && j <= t)              //将记录由小到大的并入R1
  {
    if(R[i].key <= R[j].key)
      R1[k++] = R[i++];
    else R1[k++] = R[j++];
  }
  while(i <= m)                        //将剩余的R[i]~r[m]复制到R1
    R1[k++] = R[i++];
  while(j <= t)                        //将剩余的R[j]~R[t]复制到R1
    R1[k++] = R[j++];
}
```

在该算法中，首先假定待归并的两个有序序列分别存于数组 R 中下标 s 到下标 m 的单元，以及从下标 m+1 到下标 t 的单元中，并令变量 i，j，k 分别指向两个有序序列的第一个单元。归并的过程为：比较 R[i].key 与 R[j].key 的大小，若 R[i].key ≤ R[j].key，则将第一个有序序列中的元素 R[i]复制到 R1[k]中，之后令 i 和 k 分别增加 1，使之分别指向下一个单元；若 R[i].key > R[j].key，则将第二个有序序列中的元素 R[j]复制到 R1[k]中，并令 j 和 k 分别增加 1。如此反复，直至两个有序序列中有一个比较完毕(即 i>m 或 j>t)时，将另一个有序表中剩余的元素全部复制到 R1 中从下标 k 到下标 t 的单元中。

8.4.2　2-路归并排序

现在讨论 2-路归并排序，在排序过程中，要对原始序列进行若干次 2-路归并排序。在每次 2-路归并排序中，其子序列的长度是上次子序列长度的 2 倍，当子序列的长度大于或等于 n 时，排序结束。

(1) 算法思想

对于一个有 n 个记录的无序序列进行归并排序：

① 将 n 个待排序的记录分成只含有 1 个记录的 n 个有序子序列；

② 将这 n 个有序子序列依次两两归并，得到$\lfloor n/2 \rfloor$个长度为 2 的有序子序列（当 n 为奇数时，有一个长度为 1 的子序列）；

③ 再将这些子序列两两合并……如此反复，直到得到一个长度为 n 的有序序列为止，归并排序完成。

设待排序记录的关键字序列为

49　38　65　97　76　13　27　<u>49</u>

则 2-路归并排序的具体过程如图 8.15 所示。

实现 2-路归并排序算法，先要给出一趟归并排序的算法。设数组 a[n]中每个有序序列

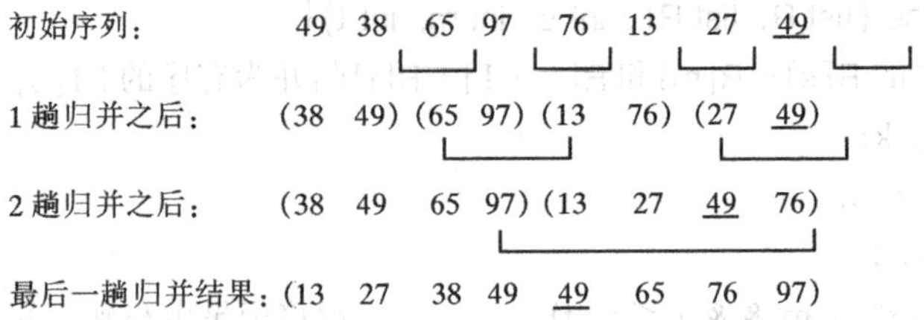

图8.15　2-路归并排序过程

的长度为len（最后一个序列的长度可能小于len），进行两两归并后的结果存于数组r[n]中。进行一趟归并排序时，对于a中除最后一个有序序列（当a中有序序列个数为奇数时）或最后两个有序序列（当a中有序序列个数为偶数，但最后一个序列的长度小于len时），共余有偶数个长度为len的有序序列，由前往后，对每两个假定从下标i元素开始的有序序列调用Merge(a, r, i, i+len-1, i+2*len-1)，则把它直接复制到r中的对应区间即可。

用C语言实现的一趟2-路归并算法如下。

```
void MergePass(list a, list r, int len, int n){
//把线性表a中每个长度为len的有序序列两两归并到线性表r中
  int i;
  for(i = 1; i+2*len-1 <= n; i = i+2*len)
    Merge(a, r, i, i+len-1, i+2*len-1);   //对两个长度为len的有序序列的合并
  if(i+len-1 < n)
    Merge(a, r, i, i+len-1, n);          //长度不足len的情况
  else if(i <= n)                        //把余下的最后一个有序序列复制到r中
    while(i <= n)
      r[i++] = a[i++];
}
```

2-路归并排序过程需要进行若干趟。第一趟len等于1，以后每进行一趟，将len加倍。假定待排序的n个记录保存在数组a[n]中，归并过程中使用的辅助数组为r[n]，第一趟由a归并到r，第二趟由r归并到a。如此反复进行，直到n个记录成为一个有序序列为止。

在归并过程中，为了将最后的排序结果仍然置于数组a中，需要进行的趟数为偶数，但如果实际只需要奇数趟（即$\lceil \log_2 n \rceil$为奇数），最后还需要进行一趟，将r中的n个有序元素直接复制到a中。

用C语言实现的2-路归并算法如下。

```
void MergeSort(list a, list r, int n){
//采用归并排序对数组a中的n个记录进行排序
  int len;
  len = l;
  while(len < n)
  {
    MergePass(a, r, len, n);
    len = 2*len;
```

```
        MergePass(r, a, len, n);
        len = 2 * len;
    }
}
```

(2) 算法性能分析

从空间性能方面，归并排序需要一个与表等长的辅助元素数组空间，因此，空间复杂度为 O(n)。

从时间性能方面，2-路归并排序的时间复杂度等于归并趟数与每一趟时间复杂度的乘积。归并趟数为$\lceil \log_2 n \rceil$（当$\lceil \log_2 n \rceil$为奇数时，则为$\lceil \log_2 n \rceil + 1$）。由于每一趟归并都是对两两有序序列进行归并，而每一对有序序列归并时，记录的比较次数均小于或等于记录的移动次数（即由一个数组复制另一个数组中的记录个数），而记录的移动次数等于这一对有序序列的长度之和，所以每一趟归并的移动次数均等于数组中记录的个数 n，即每一趟归并的时间复杂度为 O(n)。因此，2-路归并排序的时间复杂度为 $O(n\log_2 n)$。

另外，为了便于理解，也可以将待排序序列的 n 个元素看成叶子结点，若将两两归并生成的子序列看做它们的父结点，则归并过程对应由叶向根生成一棵二叉树的过程。因此，归并趟数约等于二叉树的高度-1，即 $\log_2 n$，每趟归并需要移动记录 n 次，故时间复杂度为 $O(n\log_2 n)$。

2-路归并排序是一种稳定的排序方法。因为在排序过程中，每两个有序序列归并时，若分别在两个有序序列中出现相同关键字的元素，根据 Merge() 函数使前一个有序序列中同一关键字的元素被复制，后一个有序序列中相同关键字的元素被后复制，从而确保它们的相对次序不变。

综上所述，在一般情况下，2-路归并排序法的效率介于快速排序与堆排序之间。但在归并过程中，需要 O(n) 级辅助空间，这是它的不足之处。

8.4.3 应用举例

【例 8.6】 已知序列（43，15，50，38，31，77，30，50，61，27），请用 2-路归并排序法对该序列进行排序，写出具体排序过程。

【解】

初始序列：43 15 50 38 31 77 30 50 61 27

1 趟归并后：(15 43) (38 50) (31 77) (30 50) (27 61)

2 趟归并后：(15 38 43 50) (30 31 50 77) (27 61)

3 趟归并后：(15 30 31 38 43 50 50 77) (27 61)

4 趟归并后：(15 27 30 31 38 43 50 50 61 77)

第 4 趟归并完毕，排序结束。

8.5　基数排序**

基数排序（Radix Sorting）是一种与前面介绍的几种排序方法完全不同的方法。之前介绍的几种排序方法主要是通过待排序记录关键字之间的比较和交换（移动）记录两种操作实现的，而基数排序在排序过程中，不需要进行关键字的比较和记录的交换（移动），它是一种基于多关键字排序的思路对单逻辑关键字进行排序的一种内部排序方法。

8.5.1　多关键字排序

下面通过一个例子来说明多关键字的排序思想。

期末考试结束后，学习委员要负责将全班同学的期末成绩按照由高到低的次序排序，期末成绩相同的学生，再按照本学期操行评定的高低等级排序。初始的成绩单如表 8.3 所示，而按照要求排序后的成绩单如表 8.4 所示。

表 8.3　　学生成绩单

学号	期末成绩	操行评定
001	B	C
002	A	A
003	A	B
004	C	B
005	B	B
006	D	D
007	E	C
008	D	B
009	C	D
010	B	A

表 8.4　　按照要求排序后的成绩单

学号	期末成绩	操行评定
002	A	A
003	A	B
010	B	A
005	B	B
001	B	C
004	C	B
009	C	D
008	D	B
006	D	D
007	E	C

由表 8.4 所示成绩单可以看出：在排序过程中，每个学生记录最终的位置由两个关键字决定。第一个关键字是期末成绩，设为 k_1；第二个关键字是操行评定等级，设为 k_2。则排序后每一个学生的成绩记录的位置由关键字 k_1 和 k_2 决定，通常称其为复合关键字。多关键字的排序按照复合关键字进行。

以表 8.3 所示学生成绩表为例，要实现表 8.4 所示的排序结果，可以采取的方法一般有两种：最高位优先 MSD 法和最低位优先 LSD 法。

(1) 最高位优先 MSD 法

① 将所有学生按照期末成绩分成五大组（A～E)，第一大组是期末成绩为 A 的学生，第二大组是期末成绩为 B 的学生……最后一组是期末成绩为 E 的学生；

② 对分在同一大组中的所有学生按照操行评定等级分成若干小组，每一大组中的第一小组是操行评定等级为 A 的学生，第二小组是操行评定等级为 B 的学生……最后一个小组是操行评定为 D 的学生；

③ 将各组学生记录依次排列起来，最前面的是第一大组中的第一小组的学生记录，紧接着是第一大组中第二小组的学生记录……最后面是最后一个大组中的最后一个小组的学生记录。此时排序完成。

分组过程如表 8.5 所示。

表 8.5　　按照期末成绩分成五大组

关键字	A	B	C	D	E
各组成员	AA AB	BC BB BA	CB CD	DD DB	EC

再按照操行评定等级在每一大组内分若干小组，如表 8.6 所示。

表 8.6　　按照操作评定等级分成小组

小组 \ 大组	A	B	C	D	E
A	A A	B A			
B	A B	B B	C B	D B	
C		B C			E C
D			C D	D D	

按照由上到下、由左到右的顺序将各组元素收集起来，得到关键字序列

AA　AB　BA　BB　BC　CB　CD　DB　DD　EC

可以看出，这个关键字的序列已经按照要求排好序了。

以上的关键字排序方法是按照高位关键字进行排序，因此，称为"最高位优先（Most Significant Digit First)"法，简称 MSD 法。由上面的例子可以看出：MSD 法是首先按照高位关键字将待排序数据分成若干子序列，然后对各子序列按照下一个关键字排序。

(2) 最低位优先 LSD 法

① 将所有学生按照操行评定等级分成若干组，第一组中是所有操行评定等级为 A 的学生，第二组中是所有操行评定等级为 B 的学生……最后一组是所有操行评定等级为 D 的学生；

② 将所有学生的记录依次排列起来，第一组的学生记录在最前面，紧接着是第二组的学生记录……最后一组的学生记录排在最后；

③ 将初步排序后的学生记录按照期末成绩依次分到五个组内，而且每组内的学生记录要保持在初步排序后未分组前的相对先后关系，第一组是期末成绩为 A 的所有学生，第二组是期末成绩为 B 的所有学生……第五组是期末成绩为 E 的所有学生；

④ 再次将所有学生的记录依次排列起来，第一组的学生记录排在最前面，紧接着是第二组的学生记录……第五组的学生记录排在最后面。此时，排序结束。

具体的分组排序过程如表 8.7、表 8.8 所示。

表 8.7　按照操行评定等级分组

关键字	A	B	C	D
各组成员	AA BA	AB CB BB DB	BC EC	DD CD

按照从上到下、从左到右的顺序将各组中元素收集起来，得到关键字序列

AA　BA　AB　CB　BB　DB　BC　EC　DD　CD

再按照期末成绩由高到低，将以上序列再次分组。

表 8.8　按照期末成绩再次分组

关键字	A	B	C	D	E
各组成员	AA AB	BA BB BC	CB CD	DB DD	EC

再按照从上到下、从左到右的顺序，将它们收集起来，得到关键字序列

AA　AB　BA　BB　BC　CB　CD　DB　DD　EC

可以看出，这个关键字序列已经是有序的。

以上方法是先按照低位关键字排序，因此被称为“最低位优先（Least Significant Digit First）”法，简称为 LSD 法。由上面例子可以看出：LSD 法进行排序时，首先将整个序列按照关键字分组，按照顺序收集，然后再分组，再收集，直到排序完成。

MSD 法和 LSD 法只约定按照什么样的“关键字次序”来进行排序，而未规定对每个关键字进行排序时采用的方法。但是这两种排序方法不同：若按照 MSD 法进行排序，则必须将序列逐层分制成若干子序列，然后对每个子序列分别进行排序。若按照 LSD 法进行排序，则不必分成若干子序列，对每个关键字都是整个序列参加排序，而且可以不用前几节所述的各种利用关键字比较的方法，而是通过若干次“分配”和“收集”来实现排序，并最终把它用到单逻辑关键字的排序上。

8.5.2　链式基数排序

基数排序是借助于“分配”和“收集”两种操作来实现对单逻辑关键字排序的一种内部排序方法。

下面通过具体的例子来说明链式基数排序的排序过程。将关键字拆分为若干项，每项作为一个“子关键字”，则对单关键字的排序可以按照多关键字排序方法进行。假设对 10 个记录进行排序，每条记录的关键是 1000 以下的正整数，那么就可以把每个关键字看成由三个子关键字（k^1，k^2，k^3）构成，k^1 代表关键字的百位数，k^2 代表关键字的十位数，k^3 代表关键字的个位数，每一个子关键字的范围相同（$0 \leqslant k^1, k^2, k^3 \leqslant 9$）。又如，关键字是由 5 个字符组成的字符串，那么就可以把关键字看成由 5 个子关键字（k^1，k^2，k^3，k^4，k^5）构成，假如只能是小写字母，每个关键字的范围相同（‘a’ $\leqslant k^1, k^2, k^3, k^4, k^5 \leqslant$ ‘z’）。

在上述实例中，将关键字拆分后，每一个子关键字都在相同的范围内（对数字是 0～9，对字符是‘a’～‘z’），称这样的子关键字可能出现的符号个数为“基数”，记做 Radix。上述取数字为子关键字的“基数”为 10；取字符为子关键字的“基数”为 26。基于这一特性，用 LSD 法排序较为方便。

(1) 算法思想

按照 LSD 方法进行排序，从最低位关键字开始，按照关键字的不同值，将序列中的记录“分配”到 Radix 各个队列中，再“收集”回到序列中，称之为一趟排序；第一趟之后，排序表中的记录已经按照最低位关键字有序，再对次最低位关键字进行一趟“分配”和“收集”，如此反复，直到对最高位关键字进行一趟“分配”和“收集”，则排序表按照关键字有序。

在一般情况下，关键字的排序不是一次分配和一次收集就能完成的，为了防止大量的数据的移动，采用静态链表作为存储结构，通过指针来完成分配和收集，所以这种排序方式又被称为链式基数排序。

下面通过一个实例介绍链式基数排序的过程和方法。

假设待排序记录的关键字为

2781　0906　3930　5891　0081　5052　6900　8086

查看实例中的关键字均在 0～9999 之间，可以将其看成由 4 个子关键字（k^1，k^2，k^3，k^4）组成，k^1 代表关键字的千位数，k^2 代表关键字的百位数，k^3 代表关键字的十位数，k^4 代表关键字的个位数，而且每个子关键字的取值范围相同（$0 \leqslant k^1, k^2, k^3, k^4 \leqslant 9$）。

具体操作过程如下。

① 以静态链表存储 n 个待排序的记录，令表头指针指向第一个记录，并初始建立 10 个空队列，令 f[i]和 e[i]为第 i 个队列的头指针和尾指针。

② 第一趟分配。根据最低位子关键字 k^4 对记录进行分配，按照每个记录关键字的个位数将记录分配至 10 个队列中的相应位置，如图 8.16(b) 所示，此时每个队列中记录的关键字的个位数字相同。

③ 第一趟收集。表头指针指向第一个非空队列的头指针 f[0]，改变所有非空队列队尾结点的 next 指针，令其指向下一个非空队列的头记录，从而将分配到不同队列中的记录重新链接成一张链表，第一趟收集完成后的结果如图 8.16(c) 所示。

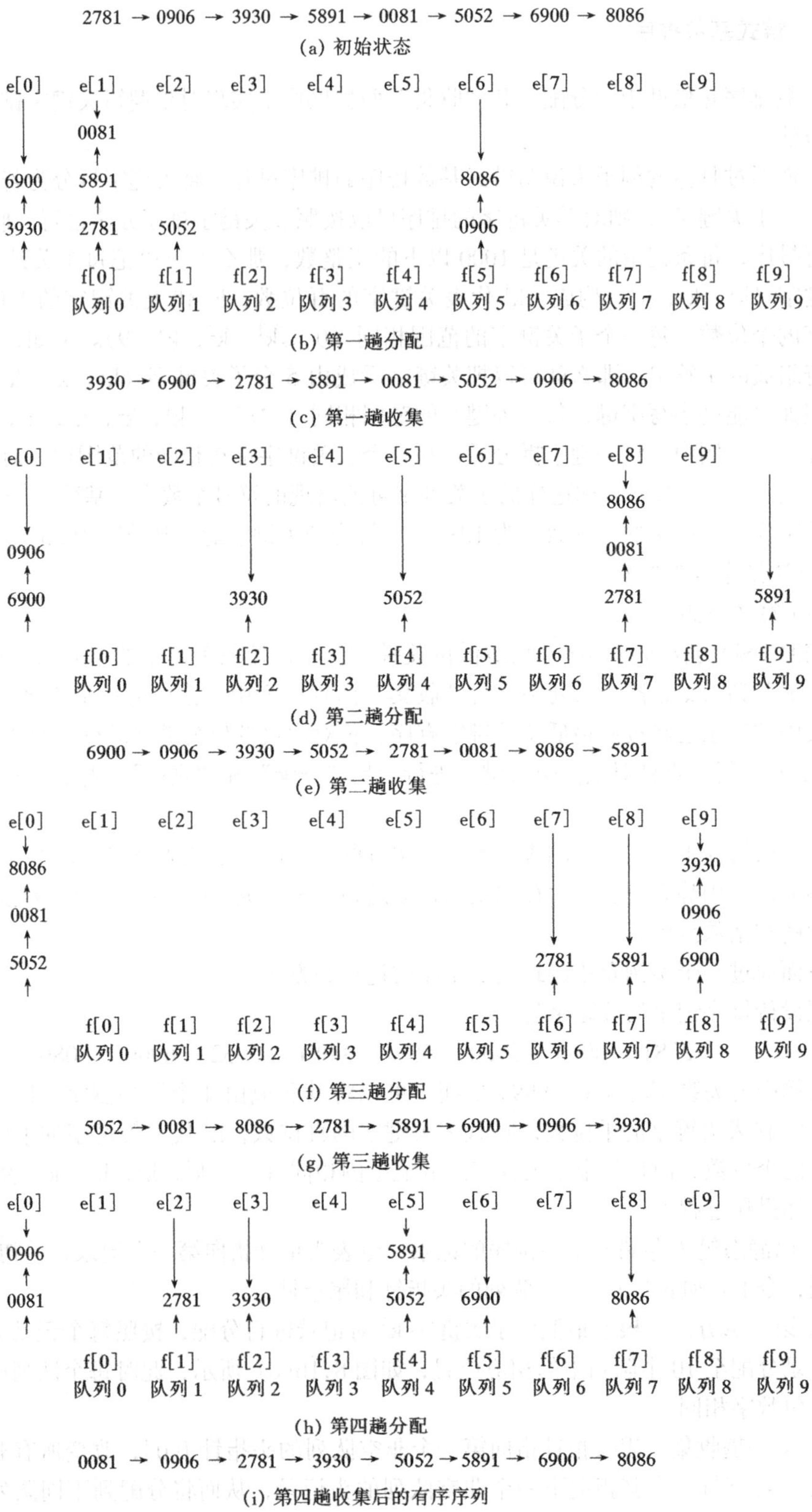

图 8.16　链式基数排序示例

④ 第二趟分配。先将10个队列置空，根据子关键字 k^3 对记录进行分配，按照每个记录关键字的十位数将记录分配至10个队列中的相应位置，如图8.16(d) 所示，此时每个队列中记录的关键字的十位数字相同。

⑤ 第二趟收集。表头指针指向第一个非空队列的头指针 f[0]，改变所有非空队列队尾结点的 next 指针，令其指向下一个非空队列的头记录，从而将分配到不同队列中的记录重新链接成一张链表，第二趟收集完成后的结果如图8.16(e) 所示。

⑥ 第三趟分配。先将10个队列置空，根据子关键字 k^2 对记录进行分配，按照每个记录关键字的百位数将记录分配至10个队列中的相应位置，如图8.16(f) 所示，此时每个队列中记录的关键字的百位数字相同。

⑦ 第三趟收集。表头指针指向第一个非空队列的头指针 f[0]，改变所有非空队列队尾结点的 next 指针，令其指向下一个非空队列的头记录，从而将分配到不同队列中的记录重新链接成一张链表，第三趟收集完成后的结果如图8.16(g) 所示。

⑧ 第四趟分配。先将10个队列置空，根据子关键字 k^1 对记录进行分配，按照每个记录关键字的千位数将记录分配至10个队列中的相应位置，如图8.16 (h) 所示，此时每个队列中记录的关键字的千位数字相同。

⑨ 第四趟收集。表头指针指向第一个非空队列的头指针 f[0]，改变所有非空队列队尾结点的 next 指针，令其指向下一个非空队列的头记录，从而将分配到不同队列中的记录重新链接成一张链表，第四趟收集完成后的结果如图8.16(i) 所示。此时，链式基数排序结束。

上述过程如图8.16所示。

用C语言实现的链式基数排序算法如下。

① 相关的数据结构。

```
#define Key_Num 8              //关键字项数
#define Radix 10               //关键字基数,此时是十进制整数的基数
#define Max_Space 1000         //分配的最大可利用存储空间

typedef struct {
    KeyType keys[Key_Num];     //关键字
    InfoType otheritems;       //其他数据项
    int next;                  //指向下一个记录的关键字
} SLCell;

typedef struct {
    SLCell r[Max_Space];       //静态链表可利用空间
    int keynum;                //记录的当前关键字个数
    int recnum;                //静态链表的当前长度
} SLList;

typedef int Arr[Radix];        //指针数组类型
```

② 排序算法。

```
void Distribute(SLCell &r, int i, Arr f, Arr e) {
//静态链表 L 的 r 域中记录已按(keys[0],keys[1],…,keys[i-1])有序
//本算法按第 i 个关键字 keys[i]建立 Radix 个子表,使同一个子表中记录的 keys[i]相同
//f[0..Radix-1]和 e[0..Radix-1]分别指向各个子表中的第一个记录和最后一个记录
int j, p;
  for(j = 0; j < Radix; j++)                //各个子表初始化为空表
  {
    f[j] = 0;
    e[j] = 0;
  }
  for(p = r[0].next; p; p = r[p].next)
  {
    j = Ord(r[p].keys[i]);                  //函数 Ord 将记录中第 i 个关键字映射
到[0..Radix-1]
    if(!f[j])
      f[j] = p;
    else r[e[j]].next = p;
    e[j] = p;                               //将 p 所指的结点插入到第 j 个子表中
  }
}
void Collect(SLCell &r, int i, Arr f, Arr e) {
//本算法按 keys[i]从小至大地将 f[0..Radix-1]所指各个子表依次链接成一个链表
//e[0..Radix-1]为各个子表的尾指针
  int j, t;
  for(j = 0; !f[j]; j = Succ(j));           //找出第一个非空子表,Succ 为求后继
函数
  r[0].next = f[j];                         //r[0].next 指向第一个非空子表中的
第一个结点
  t = e[j];
  while(j < Radix)
  {
    for(j = Succ(j); j < Radix-1 && !f[j]; j = Succ(j));  //找下一个非空子表
    if(f[j])                                //链接两个非空子表
    {
      r[t].next = f[j];
      t = e[j];
    }
  }
  r[t].next = 0;                            //t 指向最后一个非空子表中的最后一
```

```
个结点
}

void RadixSort(SLList &L){
// L是采用静态链表表示的顺序表
//对L作基数排序,使得L成为按关键字由小至大的有序静态链表,L.r[0]为头结点
  int i;
  for(i = 0; i < L.recnum; i++)
    L.r[i].next = i+1;
  L.r[L.recnum].next = 0;                    //将L改造为静态链表
  for(i = 0; i < L.keynum; i++)              //按最低位优先,即LSD法依次对各个
关键字进行分配和收集
  {
    Distribute(L.r, i, f, e);                //第i趟分配
    Collect(L.r, i, f, e);                   //第i趟收集
  }
}

int Ord(int KeyBit){
//将记录中第i个关键字映射到[0..Radix-1]中去
  int j;
  for(j = 0; j <= Radix-1 && j != KeyBit; j++);
  if(j != KeyBit)
    return ERROR;
  else return j;
}

int Succ(int j)                              //求j的后继函数
{
  j++;
  return j;
}
```

(2) 算法性能分析

假设有 n 个待排序记录，其中每个记录含 d 个关键字，每个关键字的取值范围为 rd。

从空间性能方面，在排序的时候，需要 rd 个队列的头指针和尾指针，故算法需要 2rd 个队列头尾指针辅助空间。而且由于用链表作为存储结构，则相对于其他以顺序结构存储记录的排序方法而言，还增加了 n 个指针域的空间。

从时间性能方面，每一趟分配的时间复杂度为 O(n)，每一趟收集的时间复杂度为 O(rd)，所以进行链式基数排序的时间复杂度为 O (n+rd)。整个排序需要进行 d 趟分配和

收集，故整个排序的时间复杂度为 O(d(n+rd))。

另外，基数排序是一种稳定的排序方法，但它只适用于字符串和整数这类有明显结构特征的关键字，且适用于 n 较大、d 较小的场合。

8.5.3　应用举例

【例 8.7】　将十进制的关键字用二进制数表示，对基数排序所需要的计算时间和附设空间分别有什么影响，各是多少？

【解】　因为基数排序所需要的时间不仅与文件的大小 n 有关，而且与关键字的位数和关键字的基数有关。设关键字的基数为 r，显然，十进制数基数为 10，二进制数基数为 2。要建立 r 个空队列所需要的时间为 O(r)；把 n 个记录分放到各个队列中，再重新收集起来所需要的时间为 O(n)，因此，一趟排序所需要的时间复杂度为 O(n+r)；如果每个关键字有 d 位，那么总共需要进行 d 趟排序，所以基数排序的时间复杂度为 O(d(n+r))。由于关键字的位数 d 和基数 r 与最大关键字的值有关，因此，不同的 r 和关键字将需要不同的时间。

综上所述，例 8.7 总的计算时间复杂度为 O(d(n+2))，复杂度增大，d 为关键字最大值对应的二进制数位数。另外，只需要设置两个指针队列，因而空间复杂度减少。

【例 8.8】　设有 1500 个无序的元素，希望使用最快的速度挑选出其中前 10 个最大的元素。在以下排序方法中：快速排序、堆排序、归并排序、基数排序和希尔排序，采用哪种方法最好？并说明理由。

【答】　在例 8.8 指定的几种排序方法中，其排序速度都很快，但快速排序、归并排序、基数排序和希尔排序都是在排序结束后，才能确定涉及元素的全部序列，而排序过程中无法知道部分连续位置上的最终元素。而堆排序则是每次输出一个堆顶元素（即最大值或最小值的元素），然后对堆进行再调整，保证堆顶元素总是当前剩下元素的最大值或最小值。从而可知，要在一个含有大量数据（比如含有 1500 个元素）的记录文件中选取前 10 个最大的元素，可以采用堆排序进行。

8.6　各种排序方法的比较和选择

排序在计算机程序设计中非常重要，前面所述的各种排序方法各有其优缺点，适用场合也不尽相同。

8.6.1　排序方法的比较

综合比较本章内讨论的各种内部排序方法，大致如表 8.9 所示。

由表 8.9 可以得出如下几个结论。

① 从时间性能而言，直接插入排序、折半插入排序、直接选择排序和冒泡排序的时间复杂度为 $O(n^2)$，而快速排序、堆排序和归并排序的时间复杂度为 $O(n\log_2 n)$。从最好情况考虑，直接插入排序和冒泡排序的时间复杂度最理想为 O(n)。若从最坏情况考虑，则快速

排序最坏为 $O(n^2)$，直接插入排序、冒泡排序等同平均情况相同，只是待排序元素个数增加 1 倍，运行速度会降低一半。

表 8.9　　几种内部排序方法的比较表

排序方法	平均时间	最坏情况	辅助空间	稳定性
直接插入排序	$O(n^2)$	$O(n^2)$	$O(1)$	稳定
折半插入排序	$O(n^2)$	$O(n^2)$	$O(1)$	稳定
冒泡排序	$O(n^2)$	$O(n^2)$	$O(1)$	稳定
希尔排序	$O(n^{1.3})$	$O(n^{1.4})$	$O(1)$	不稳定
快速排序	$O(n\log_2 n)$	$O(n^2)$	$O(\log_2 n)$	不稳定
直接选择排序	$O(n^2)$	$O(n^2)$	$O(1)$	不稳定
堆排序	$O(n\log_2 n)$	$O(n\log_2 n)$	$O(1)$	不稳定
归并排序	$O(n\log_2 n)$	$O(n\log_2 n)$	$O(n)$	稳定
基数排序	$O(d(n+rd))$	$O(d(n+rd))$	$O(n+2rd)$	稳定

② 从空间性能而言，快速排序、归并排序和基数排序的空间复杂度相对较大，其他排序方法的空间复杂度均为 $O(1)$。

③ 从稳定性方面比较，直接插入排序、折半插入排序、冒泡排序、归并排序和基数排序是稳定的，然而，希尔排序、直接选择排序、快速排序和堆排序等时间性能较好的排序方法都是不稳定的。一般来说，排序过程中的“比较”是在“相邻的两个记录关键字”之间进行的，排序方法是稳定的。值得注意的是，稳定性是由方法本身决定的，对不稳定的排序方法而言，不管其描述形式如何，总能举出一个说明不稳定的实例来。由于大多数情况下，排序是按照记录的主关键字进行的，因此所用的排序方法是否稳定无关紧要。但是，若排序按照记录的次关键字进行，则应根据问题所需，慎重地选择排序方法及其描述算法。

④ 从算法的简单性比较，直接插入排序、折半插入排序、直接选择排序和冒泡排序都是简单排序方法，排序过程易于理解、实现算法也简单。而快速排序、希尔排序、堆排序和归并排序等是前面几种简单排序方法的改进型排序方法，所以相对于简单排序来讲，排序过程比较难以理解，实现算法也复杂一些。

8.6.2 各种内部排序方法的选择

(1) 选择排序方法的依据

在选择排序方法时，需要考虑的因素有如下几点：

① 待排序的记录数目 n 的大小；

② 记录本身数据量的大小，也就是记录中除关键字外其他信息量的大小；

③ 关键字的结构及其分布情况；

④ 对排序稳定性的要求。

在选取排序方法时，首先应考虑排序的稳定性，其次考虑排序记录个数的多少，从而选取适当的排序方法。

(2) 选择排序方法的规则

① 若待排序记录的初始状态已经按照关键字基本有序，则选择直接插入排序法或冒泡

排序法为宜。

② 若待排序记录的个数 n 较小，则可以采用直接插入排序或直接选择排序。由于直接插入排序所需的记录移动操作比直接选择排序多，因此，当记录本身信息量较大时，用直接选择排序比较好。当对算法的稳定性有要求时，直接插入排序为宜。

③ 若待排序记录的个数 n 较大，则应该采用时间复杂度为 $O(n\log_2 n)$ 的排序方法，如快速排序、归并排序、堆排序等。

快速排序是目前基于比较的内部排序法中被认为是最好的排序方法。当待排序序列的关键字是随机分布时，快速排序的平均时间复杂度最优，但是在待排序序列基本有序时，将蜕化为冒泡排序，其时间性能不如堆排序和归并排序。

堆排序所需要的辅助空间少于快速排序，并且在最坏的情况下，时间复杂度不会发生变化。

归并排序所需要的时间比堆排序少，但是它需要的辅助存储空间最多。如果对算法的稳定性有要求，那么选择归并排序为宜。

④ 基数排序可以在 $O(d(n+rd))$ 时间内完成对 n 个记录的排序，其中，d 是指单逻辑关键字的个数，rd 是单关键字的取值范围，即基数。基数排序只适用于字符串和整数这类有明显结构特征的关键字。当 n 很大、d 较小的时候，用基数排序比较好。

⑤ 在基于比较的排序方法中，每次比较两个关键字的大小之后，仅仅出现两种可能的转移，因此，可以用一棵二叉树来描述比较判定过程，由此可以证明：当文件的 n 个关键字随机分布时，任何借助于“比较”的排序算法至少需要 $O(n\log_2 n)$ 的时间。

本章讨论的排序算法，除了基数排序外，都是在向量存储结构上实现的。当记录本身信息量很大时，为了避免大量时间用在移动数据上，可以利用链表作为存储结构。插入排序和归并排序都容易在链表上实现，但是有的排序方法（比如快速排序和堆排序）在链表上却很难实现。

8.7 实 训

【实训 8.1】 学生成绩系统。

【实训目的】 综合运用各种排序算法。

【实验内容】 设计一个系统，用于统计学生成绩。按照分数高低次序打印出每个学生在考试中获得的名次，要求分数相同的为同一名次，最后按照名次列出每位同学的姓名和分数。

在本设计中，首先要输入每一位同学的信息，并存储在一张顺序表中。学生信息包括学生姓名和学生成绩。按照学生成绩进行排序时，可以采用本章介绍的多种排序方法，如直接插入排序、冒泡排序、快速排序、直接选择排序等。在本设计中，为了便于理解，主要采用直接选择排序。

【参考代码】

① 学生的信息类型定义。

```
typedef struct{
    char name[9]; //学生姓名
    int key; //学生成绩
    int place; //排名
}stu;
```

② 算法实现。

```
#include <stdio.h>
#include <conio.h>
#define m 100
typedef struct{
  char name[9];
  int key;
  int place;
}stu;

stu r[m];
void ranklist(stu r[ ], int n);
void CountSort(stu r[ ], int n);
void selectsort(stu r[ ], int n);
void swap(int x, int y);
int maxkey(int low, int high);

/*主程序*/
main( )
{
  int i, n;
  printf("请输入待排序学生总数:");
  scanf("%d", &n);
  printf("\n请输入每位同学的姓名及成绩:\n");
  for(i = 1; i <= n; i++)                //输入每一位同学的姓名和成绩
    scanf("%s%d", r[i].name, &r[i].key);
  ranklist(r, n);                        //调用函数排序并按成绩排名
  getch( );
}

/*对r按key域进行降序排列,并根据排名给其place域赋值,然后按名次打印输出*/
void ranklist(stu r[ ], int n)
{
  int i;
```

```
    CountSort(r, n);
    printf("——————————————————————\n");
    printf(" 名次 姓名 成绩\n");
    printf("——————————————————————\n");
    for(i = 1; i <= n; i++)
        printf("第%d名%12s %8d\n", r[i].place, r[i].name, r[i].key);
}

/* 对r按关键字key进行降序排序,然后根据排名给其place域赋值 */
void CountSort(stu r[ ], int n)
{
    int i, p;
    p = 1;
    selectsort( r, n );
    r[1].place = 1;
    for(i = 2; i <= n; i++)
    {
        if(a[i].key != a[i-1].key)
            p++;
        r[i].place = p;
    }
}

/* 直接选择排序算法 */
void selectsort(stu r[ ], int n)
{
    int i, m1;
    for(i = n; i >=2; i--)
    {
        m1 = maxkey(1,i);
        swap(m1, i);
    }
}

int maxkey(int low, int high)
{
    int k = 1, j;
    for(j = low+1; j <= high; j++)
        if(r[k].key >= r[j].key)
            k = j;
```

```
    return k;
}

void swap(int x, int y)
{
    stu t;
    if(x != y)
    {
        t = r[x];
        r[x] = r[y];
        r[y] = t;
    }
}
```

【运行测试】

请输入待排序学生总数：8↙

请输入每位同学的姓名及成绩：

陈 红	81
赵 伟	60
王永强	88
李 明	74
张 梅	94
刘莉莉	74
许晓文	68
王 希	94

编译运行后显示结果为：

名 次	姓 名	成 绩
第 1 名	张 梅	94
第 1 名	王 希	94
第 2 名	王永强	88
第 3 名	陈 红	81
第 4 名	李 明	74
第 4 名	刘莉莉	74
第 5 名	许晓文	68
第 6 名	赵 伟	60

习　题

一、填空题

1. 排序是指将无序的数据元素序列转变成一个有序序列，把序列中的记录，通过某些方法整理成按照________递增或递减次序排列的处理过程。

2. 在直接插入排序和直接选择排序中，若初始数据基本有序，则选用________；若初始数据基本反序，则选用________。

3. 对含有 n 个元素的序列进行冒泡排序，最少的比较次数是________，此时元素的排列情况为________。在________情况下，比较次数最多，其比较次数为________。

4. 在直接插入排序、直接选择排序、快速排序和归并排序中，________方法要求内存量最大。

5. 在堆排序、快速排序和归并排序中，若只从存储空间考虑，则应该选取________方法，其次选取________方法，最后选取________方法；若只从排序结果的稳定性考虑，则应该选取________方法；若只从最坏情况下排序最快并且要节约内存考虑，则应该选取________方法。

6. 一组记录的关键字为（46，79，56，38，40，84），则利用堆排序的方法建立的小顶堆为____________________。

7. 一组记录的关键字为（46，79，56，38，40，84），则利用快速排序的方法，以第一个记录为基准得到的一次划分结果为____________________。

8. 一组记录的关键字为（17，8，3，25，16，1，13，19，18，4，6，24），利用希尔排序法，按照增序排序，若初始增量 d = 4，则进行一趟排序之后的结果为____________________。

9. 对序列（80，31，33，12，48，57，86，92）进行排序，则使用直接插入排序法的比较次数为________，使用冒泡排序法的比较次数为________，使用直接选择排序法的比较次数为________，使用快速排序法的比较次数为________。

10. 用某种方法对序列（25，84，21，47，15，27，68，35，20）进行排序，元素序列变化情况如下：

① 25，84，21，47，15，27，68，35，20

② 20，15，21，25，47，27，68，35，84

③ 15，20，21，25，35，27，47，68，84

④ 15，20，21，25，27，35，47，68，84

则采用的排序方法是________。

11. 假设待排序序列为（5，4，3，2，1），应用________排序方法进行增序排序，得到第一趟排序的结果为（1，4，3，2，5）；应用________排序方法进行增序排序，得到第一趟排序的结果为（4，5，3，2，1）；应用________排序方法进行增序排序，得到第一趟排序的结果为（4，5，2，3，1）；应用________排序方法进行增序排序，得到第一趟排序的结果为（1，5，4，3，2）。

12. 在下面冒泡排序算法中，填入适当的语句，使该算法在发现有序时，能及时地停止排序。

```
void Bubble(DataType r[ ])
{
  int i, j, exchange;
  DataType temp;
  i = 1;
  do{
    exchange = 0;
```

```
      for(j = n; j >= ________; j--)
        if(r[j] < r[j-1])
        {
          temp = r[j-1];
          r[j-1] = r[j];
          r[j] = temp;
          __________;
        }
      __________;
    }while(______);
  }
```

二、单项选择题

1. 排序趟数与序列原始状态有关的排序方法是（　　）。

(A) 插入排序　　(B) 选择排序　　(C) 冒泡排序　　(D) 快速排序

2. 堆排序本质上属于（　　）。

(A) 插入排序　　(B) 交换排序　　(C) 选择排序　　(D) 归并排序

3. 在下列排序方法中，（　　）法可能在初始数据有序时，花费的时间反而最多。

(A) 插入排序　　(B) 堆排序　　(C) 冒泡排序　　(D) 快速排序

4. 下列排序方法中，（　　）是稳定的排序方法。

(A) 希尔排序　　(B) 直接选择排序　　(C) 快速排序　　(D) 直接插入排序

5. 在一个有序序列中，随机地插入一个元素，即该元素的位置是随机的，这时采用（　　）方法对其进行排序，效率较高。

(A) 直接插入排序　　(B) 直接选择排序　　(C) 快速排序　　(D) 冒泡排序

6. 假设待排关键字序列为（2，1，$\underline{2}$），应用选择排序法降序排序得到的结果为（　　）

(A) $\underline{2}$，2，1　　(B) 2，$\underline{2}$，1　　(C) 1，$\underline{2}$，2　　(D) 1，2，$\underline{2}$

7. 对以下几个关键字序列进行快速排序，以第一个元素为基准元素，一次划分结果最不好的是（　　）。

(A) 4，1，2，3，6，5，7　　(B) 4，3，1，7，6，5，2

(C) 4，2，1，3，6，7，5　　(D) 1，2，3，4，5，6，7

8. 一组记录的关键字序列为（8，9，10，4，5，6，20，1，2），只能是下列排序方法中（　　）的两趟排序后的结果。

(A) 冒泡排序　　(B) 选择排序　　(C) 插入排序　　(D) 堆排序

9. 对关键字序列（15，9，7，8，20，1，4）进行排序，一趟排序后，数据的排列变为（4，9，1，8，20，7，15），则采用的是（　　）方法。

(A) 冒泡排序　　(B) 选择排序　　(C) 快速排序　　(D) 希尔排序

10. 一组记录的关键字序列为（46，79，56，38，40，84），则利用堆排序的方法建立的初始堆为（　　）。

(A) 79，46，56，38，40，84　　(B) 84，79，56，38，40，46

(C) 84，79，56，46，40，38　　(D) 84，56，79，40，46，38

三、问答题

1. 什么是排序方法的稳定性？对于本章介绍的几种内部排序方法，哪几种是稳定的？哪几种是不稳定的？试举例说明不稳定的排序方法。

2. 设待排序序列的关键字为（28，13，72，85，39，41，6，20），按照折半插入排序已经使前七个记录有序，中间结果如下：

```
  6    13    28    39    41    72    85    20
  ↑                ↑                 ↑
 i=1              m=4               j=7
```

试在此基础上，沿用上述表达方式，给出继续采用折半插入第八条记录的比较过程，并回答以下问题：

① 使用折半插入排序所要进行的比较次数，是否与待排序的记录的初始状态有关？

② “在一些特殊情况下，折半插入排序比直接插入排序要执行更多的比较”这句话对吗？

3. 对长度为 n 的记录序列进行快速排序时，所需要的比较次数依赖于这 n 个元素的初始序列。

① 当 $n = 8$ 时，在最好的情况下，需要进行多少次比较？试说明理由。

② 给出 $n = 8$ 时的一个最好情况的初始排序实例。

4. 设待排序序列的关键字为（3，87，12，61，70，97，26，45），试根据堆排序原理，对其进行升序排序。

5. 设待排序记录的关键字为

976，034，123，462，500，614，018，434，745，243

按照 LSD 法写出基数排序的过程和结果。

四、编写算法题

1. 设计一种算法，一个线性表中的元素为正整数或负整数：

① 将正整数和负整数分开，使线性表的前一半为负整数，后一半为正整数；

② 不要求对这些整数排序，但是要求尽量减少交换的次数。

2. 已知奇偶交换排序算法描述如下：第一趟对所有奇数的 i，将 a[i]和 a[i+1]进行比较；第二趟对所有偶数的 i，将 a[i]和 a[i+1]进行比较。每次比较时，若 a[i]>a[i+1]，则将二者交换。以后重复上述两趟过程，直至整个数组有序。

① 试问排序结束的条件是什么？

② 编写一种实现上述排序过程的算法。

3. 给定 n 个记录的有序序列 A[n]和 m 个记录的有序序列 B[m]，将它们归并成一个有序序列，存放到 C[n+m]中，试写出这一算法。

4. 设计一种算法，在含有 n 个元素的堆中增加一个元素，且重新调整为堆。

5. 假设 n 个不同的元素存于数组 A[n]中，则可以按照如下所述的方法实现计数排序：另设数组 C[n]，对每个元素 A[i]，统计 A 中值比它小的元素个数存入 C[i]中，则 $C[i] = 0$ 的元素必定是最小的元素，然后依据 C[i]中值的大小，将 A 中的元素重新排列。试编写算法，实现计数排序。

参考文献

［1］ 严蔚敏，吴伟民. 数据结构：C语言版［M］. 北京：清华大学出版社，1997.
［2］ 张晓莉，罗文劼，刘振鹏，等. 数据结构与算法［M］. 北京：机械工业出版社，2003.
［3］ 杨秀金. 数据结构［M］. 西安：西安电子科技大学出版社，2000.
［4］ 李筠，姜学军. 数据结构［M］. 北京：清华大学出版社，2008.
［5］ 曹桂琴，郭芳. 数据结构学习指导［M］. 大连：大连理工大学出版社，2003.
［6］ 彭波. 数据结构［M］. 北京：清华大学出版社，2005.